中国人事科学研究院学术文库

# 新中国科技人事管理制度发展历程

吴雨晨 著

社会科学文献出版社
SOCIAL SCIENCES ACADEMIC PRESS (CHINA)

# 前　言

　　人类的发展史就是一部科技进步史，从石器时代最简单的工具应用和对自然界种种现象的观察，到刀耕火种、部落建立；从青铜铁器时代的工艺革新和生产工具的完善，到邦国初建、文明渐成；从工业革命后的生产力大发展，到如今的高铁飞驰、巨轮轰鸣；不断迭代的科技促进生产力的跃升，进而推动社会变革是其中亘古不变的本质规律。伴随人类社会的发展，科技活动日益频繁，开始出现专门从事科技研究的群体，即科技人员；当科技人员数量增加到一定程度时，政府就需要成立一个专门的组织并基于一定的管理体制对该群体加以管理，这一组织便是科技组织，这一管理体制便是科技人事管理制度。中华人民共和国成立后，在吸收古今中外科技人事管理制度有益经验的基础上，以科技干部、科技人员、专业技术人员等所有科技人才作为管理对象，制定并实施了一系列人事管理工作细则与法令规章，创建了具有中国特色的科技人事管理制度。

　　科技人事管理制度是国家治理体系的重要组成部分之一，历届党和国家领导人均对科技干部、科技人才发展、培养和管理等工作作出过重要指示和论述。全书正文包括八章，首先全面梳理了中华人民共和国成立至今整整75年科技人事管理制度的发展沿革（第一章），并按照人事制度的事理逻辑和工作实际建构了框架体系，以国家科技人才人事管理的制度规范、政策措施及具体实施为描述和分析对象，系统阐述了包含所有科技干部、科技人员、专业技术人员、科研事业单位人员在内的新中国科技人事管理制度下的职称制度（第二章）、科技专家管理制度（第三章）、科技表彰与奖励制度（第五章）、继续教育与培训制度（第六章）、考核制度（第七章）、工资制度（第八章）等基本人事制度，以及博士后制度（第四章）等特定管理制度的历史沿革与主要内容，以期全景展现新中国科技人事管理制度的发展历程，力图在资政方面能产生些许贡献。

由于笔者学术积累有限、写作时间紧张，本书不当之处在所难免，恳请广大读者批评指正，以便未来将相关研究不断引向深入，日臻完善。

吴雨晨

2024 年 12 月

# 目　录

# 第一章
# 新中国科技人事管理制度发展沿革

　　我国科技人事管理制度在新中国成立后，经历了一系列的发展和变革。[①] 科技人才概念的诞生较晚，在改革开放前，我国实行计划经济，人员分类简单，身份相对固化，我国的科技人事管理就是对具有干部身份的科技人员的管理，科技干部是对科技科研工作者较为统一的称呼，新中国成立之初，曾设立专门的科技干部管理部门、制定相关政策对其进行管理。在这一时期，科技干部管理体制经历了初创时的多次变革，《科学技术干部管理工作条例试行草案》制定，早期科技人才队伍建设，20世纪50年代后期至70年代后期，受到经济困难的影响，科技干部人事制度经历了曲折发展。党的十一届三中全会开启了人事制度发展新的历史时期，中央以党和国家领导制度改革为突破口，不断深化科技干部人事制度改革。

　　改革开放后，社会组织与市场主体日益多元、复杂，人员流动的规模大、跨度大，科技干部身份与党和政府干部人事管理已经难以建立完全对应的关系，具有市场化特色的科技人事管理制度开始建立，科技人才队伍建设提上日程。党的十八大以来，中央进一步加强和改进科技人事管理工作，调整有关科技人员、科技人才的人事管理机构的设置，进一步提升科技人事管理的科学化、民主化和制度化水平。经过中华人民共和国成立75年来的不

---

① 张志坚主编《行政管理体制改革新思路》，中国人民大学出版社，2008。

断调整与改革，中华人民共和国科技人事工作在构建制度体系、完善运行机制、提升管理水平等方面取得了显著成就，积累了宝贵经验，为加强科技人才队伍建设、创建世界重要人才中心和创新高地提供了重要的制度保障和核心力量。

## 第一节　新中国成立初期的科技干部管理制度

1949 年 10 月 1 日，中华人民共和国成立，中华民族的科学技术事业从此走出谷底，迅速恢复，蒸蒸日上，进入崭新的发展阶段。新中国刚刚诞生，百废待兴，专业技术人才奇缺，中共中央和人民政府立即着手发展新中国的科学技术事业，建立科技研究队伍，完善科技人员管理制度。改革开放前，我国的科技人员管理基本参照政府干部管理制度执行，即科技干部管理制度。

### 一　新中国成立后的科技人才工作

新中国成立初期，科技领域的实力尚显不足，科研人才十分稀缺，无论是从人才的数量还是从质量层面来看，均未能达到国家进行宏大经济建设的标准需求。截至 1952 年末，我国总人口数逼近 5.75 亿人，但科技工作者总数却仅有 42.5 万人，换句话说，平均每万人口，科技人员的数量不足 7.5人。这批超过 40 万人的科技人才，若按专业类别划分，其中工程技术领域有 16.4 万人，医疗卫生领域有 12.6 万人，教育行业有 12.1 万人，农林业领域有 1.5 万人，而从事科学研究的仅有 8000 人。至 1955 年末，科技人员略有增长，例如科研人员数量上升至 1.8 万，而高校毕业生的数量也增至21 万有余。为了迅速改变这一状况，党中央明确了"向科学进军"的指导思想，为确立科技事业发展方向、重建新的国家科技教育体系、团结和改造科技人才、认真探索科技发展之路打下了理论基础。①

① 黄云：《新中国成立后科技思想及科技政策演变研究》，重庆师范大学硕士学位论文，2010。

科学技术工作方针确定之后，科学技术人才就成为发展科技事业的决定性因素。[1] 中央人民政府及时选派熟悉科学技术工作的干部担任各级科学技术工作的领导职务，进行科技队伍的建设。

新中国成立以后，中央人民政府作出重大努力来改变教育事业落后的状况，如开办工农速成中学，发展业余教育，挑选优秀中共党员和在职干部进入高等院校深造。同时加紧修缮、扩建校舍，挖掘实验设备潜力，提高工作效率，扩大招生名额与办学规模。到 1954 年，全国高等院校在校学生人数已增加到 25.5 万人，中等专业学校在校学生已增加到 66.9 万人。[2] 中、小学普通教育和其他各类教育也获得了很大发展。这样，新中国自己培养的科技人员数量迅速增加、质量迅速提高，他们后来成为中国科学技术攻关中的骨干力量。[3]

新中国的成立，使许多侨居海外的科学家、学者极为振奋，他们纷纷回国参加社会主义建设。[4] 至 1956 年末，陆续有 1805 位寓居海外的科研人员回归祖国怀抱。这些人大多数已成长为各领域的学术先锋和科研领域的引航者，他们在推动我国科学技术领域的发展上，尤其是在科研难题的攻克上，铸就了辉煌的成就，留下了永恒的印记。[5]

## 二　科技工作者的主要组成

这一阶段科技工作者主要由第 I 类的 5 类主体科技工作者组成。

### （一）科技工作者的存量

1949 年，我国科技领域的从业者总计达到 26.12 万人。具体细分，从事科技教育的有 4.31 万人，从事科学研究的有 0.12 万人，工程技术领域的有 11.46 万技术人员，农业技术领域拥有 0.99 万技术人才，而医疗卫生领域则

---

[1]　崔禄春：《建国以来中国共产党的科技政策研究》，中共中央党校博士学位论文，2000。

[2]　崔永华：《当代中国重大科技规划制定与实施研究》，南京农业大学博士学位论文，2008。

[3]　崔禄春：《建国以来中国共产党的科技政策研究》，中共中央党校博士学位论文，2000。

[4]　崔禄春：《建国以来中国共产党的科技政策研究》，中共中央党校博士学位论文，2000。

[5]　武衡等主编《当代中国的科学技术事业》，当代中国出版社，1991。

有 9.25 万技术人员。[①]

### （二）科技工作者的增量

自新中国成立以来，教育领域迎来了飞跃式发展，我国在较短的历史阶段内迅速实现了小学和中学教育的全面普及，同时高等教育也获得了国家财政的坚强支持。我国明确了将科技发展定位为服务于人民的根本宗旨和核心价值。此外，为了适应国家建设的迫切需求，我国出台了首个长期科技发展规划，构建了全新的科研教育架构，为科技领域的进步打下了坚实的基础，工程技术领域实现了显著的增长，加速了我国的工业化步伐。在此期间，我国自主研制成功原子弹、氢弹和人造卫星，科技岗位数量也显著增加。

新中国成立的头 17 年，我国高等教育体系共培育出约 151.69 万名科学技术领域的专业人才，平均每年增长率高达 31%。这些人才纷纷充实到科技人员的行列，构成了推动我国科技领域发展的根本支柱和核心动力（所述科技领域毕业生涵盖理学、工学、农学及医学四大类别的普通高等教育培养出的毕业生）。在上述时间段内，可以划分为两个发展时期，分别是1949~1956 年，以及 1957~1965 年。在第一个时期，由于对知识分子政治身份的认定存在变动，科技专业毕业生的培养规模出现了显著波动，整体上表现为一个曲折上升的轨迹。然而，科技专业的招生比例大体保持在六成以上，尽管在某些年份有所起伏，但总体上仍呈逐年增长的态势。直至1965 年，这一比例攀升至 70.73%，而科技专业毕业生的比例也达到了76.29%。

1949~1965 年，归国投身科技领域的留学人员总计约为 9000 人。这批归国人才涵盖了多个时期，其中包括新中国成立之初，从海外返回的民国时期留学生及访问学者。另外，自 20 世纪 50 年代起，随着我国与苏联及东欧国家签订留学生交换协议，我国教育机构选派的留学生学成后也纷纷回国。此外，在"一五"计划期间，由我国工业部门单独派遣至苏联和东欧的工厂、矿山进行实习、学习工艺技术和管理的工程技术人员，他们在完成学业后也返回

---

[①]　刘薇：《新中国成立以来科技工作者队伍的发展》，《科技导报》2019 年第 18 期。

祖国。归国之后，他们毫无保留地遵循组织的安排，义无反顾地投身国家迫切需求的地区，成为国家工业进步和科研体系构建的中坚支柱。

### 三　科技工作者的总量和结构

遵循前面的定义和测算原则，结合这一时期的实际情况，涉及的数据仅有科学研究人员、工程技术人员、农业技术人员、卫生技术人员和科技类专任教师。

#### （一）科技工作者总量在1949~1965年增长了13倍

1949~1965 年，科技工作者数量由 26.13 万人增至 351.55 万人（见图 1-1），实现了飞跃性的增长。尽管在 1962 年科技工作者数量有过短暂的下滑，但总体上，这一数字保持了相对平稳且积极向上的增长态势。在新中国成立初期，大约 1949~1955 年，由于国家各项基础设施尚不完善，科技工作者的增长速度与后期相比显得较为缓慢。到了 1956 年，科技工作者数量出现了显著的增长。在我国社会主义变革稳步前行与国家经济建设版图不断拓宽的背景下，对科技人才的需求急剧攀升，这一趋势极大地推动了科技教育行业的迅猛发展。

#### （二）科技工作者的结构

专业结构逐步向"实用性"转型。在这一阶段，医疗卫生领域的专业人才数量及其占比激增，主要归因于新中国成立之后，我国进入了一个持续繁荣的时期，居民数量的激增促使医疗健康服务的需求激增，随着人民生活品质的提高，人们对于医疗健康服务也提出了更高的期待（见图 1-2）。工程技术领域的专家人数显著上升，这与我国当时着力推动工业化，尤其是工业发展的战略方向紧密相连。此外，科研人员的数量同样实现了较大幅度的增长，标志着科技领域的进步和发展趋于有序化。

中级及以上科技人才增长趋缓。《全国专业技术人员统计资料汇编》披露了自 1952 年起的相关数据，从职称构成分析来看，高级科技人才的增速明显减缓。

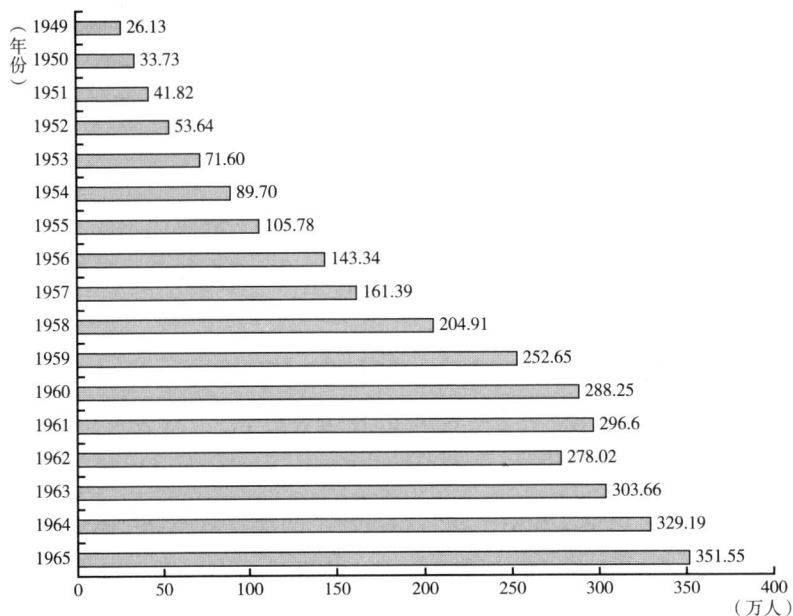

图 1-1　1949~1965 年科技工作者数量

数据来源：中国科协创新战略研究院《创新研究报告》，2019 年第 57 期。

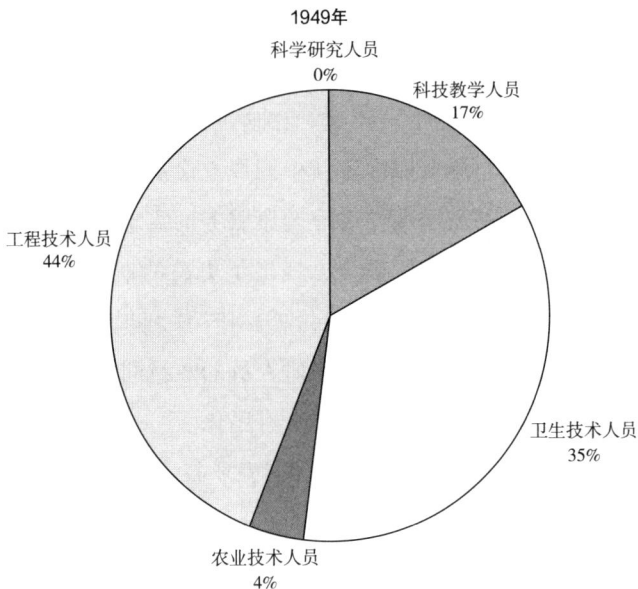

1949年

科学研究人员 0%

科技教学人员 17%

工程技术人员 44%

卫生技术人员 35%

农业技术人员 4%

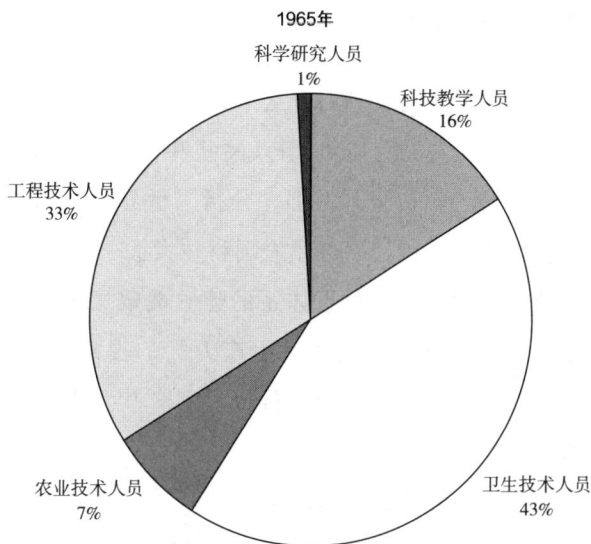

图 1-2 1949 年和 1965 年专业技术人员结构情况

数据来源：中国科协创新战略研究院《创新研究报告》，2019 年第 57 期。

## 第二节 改革开放后的科技干部管理制度探索（1978~1986年）

1978 年，中共十一届三中全会上，党作出了重大战略调整，决定将工作重点转移到推动社会主义现代化进程的核心任务上来，为适应经济体制改革和社会发展形势的需要，中央要求改变一切不适应的管理方式、活动方式和思想方式，改革干部管理体制，下放干部管理权限，加强干部队伍建设，提出并实行干部"四化"方针，逐步推进包括专业技术人员在内的人事管理制度改革，科技干部管理制度建设迎来了前所未有的探索。本节将从党的科技人事思想、科技人事管理制度、科学技术队伍建设三部分进行介绍。

## 一 改革开放初期的科技人事思想

在党的第十一届三中全会胜利召开之后，以邓小平同志为核心的党的第二代中央领导集体，深刻梳理了自中华人民共和国成立以来的科学发展历程，吸取了其中的宝贵经验和深刻教训，分析了世界科技革命产生的影响，率先在科技教育领域拨乱反正，召开了全国科技大会，从而实现了党的科技思想的转折，为新时期党的科技思想体系的建立奠定了理论基础。[①] "尊重知识、尊重人才"和"科学技术是第一生产力"的提出，标志着党的科技思想进入发展深化阶段，迎来了新中国科技人才培养、科技人事管理制度完善的第二个"黄金期"。

### （一）"尊重知识、尊重人才"的提出

"尊重知识、尊重人才"，意味着需要在整个社会层面提升人才的影响力和地位，进而促使全社会树立崇尚智慧、热衷求知与重视英才、呵护才俊的优良风尚，为科学技术文化的进步与普及、人才的培育与选拔营造优越的环境。"尊重知识、尊重人才"不仅是改革开放进程中中国共产党关于人才、科技、教育理念的精髓，更是中国共产党对知识分子秉持的一项根本国家策略，[②] 它包括正确评价人才价值的标准、人才的待遇和使用问题等。

通过对我国知识分子阶层的历史分析，邓小平提出一个观点，在旧有统治阶层掌控的时代中……众多投身于科技研究领域的知识分子，正如列宁曾经指出，他们虽然深受资产阶级偏见的熏陶，但本质上并非资本家，而是科研工作者。他们的智慧结晶被统治者所占取，这种情况往往是由社会体制所决定的，并非他们自主选择的产物。[③] 因此，知识分子已经是工人阶级的一部分。邓小平的这些论述，彻底地恢复了党对知识分子地位的正确认识。邓小平还认为，知识分子是我们党依靠的一支力量。这就肯定了知识分子在改革开放和社会主义现代化建设中的主力军作用。1982 年，第五届全国人

① 修志君：《我国教育立法的回顾与展望》，《青岛大学师范学院学报》1999 年第 4 期。
② 于世梁：《邓小平科技创新思想简论》，《求实》2000 年第 8 期。
③ 邓小平：《邓小平文选》第三卷，人民出版社，1993。

民代表大会第五次会议颁布了新的《中华人民共和国宪法》，其中明确指出，推进社会主义现代化进程，务必借助工人阶级、农耕大众以及知识分子的力量，凝聚所有能够团结的积极因素。此举标志着将知识分子的社会地位及其在社会主义体系中的重要性正式写入宪法，这在中国历史上尚属首次。[①]

1. 正确评价人才价值的标准问题

"又红又专，德才兼备"是党对科技人才的一贯要求。早在1958年1月，党内曾强调，政治与业务的融合，政治与技术的协调，这是毫无疑问的。这就是红与专的完美结合。[②] 在1978年全国科学大会上，邓小平从理论高度论述了红与专、政治与业务的辩证关系，提出了科学技术人员是为社会主义科学事业辛勤劳动和付出的，不是白的观点。[③]

在辨明红与白是政治标准、专是业务标准和两个不同的范畴的基础上，邓小平提出了新时期党对科技队伍建设的迫切要求是打造一支又红又专的科学技术队伍。朝着科技现代化的目标迈进。[④] 他号召广大科技工作者"红透专深"，不能将红专标准对立起来。将个人抱负融入国家发展大局，主动投身社会主义事业，全心全意为人民谋福祉。这样才符合党对知识分子的要求，符合德才兼备的人才标准。邓小平的这些观点，体现了新时期党的知识分子红专问题的内涵，体现了马克思主义的辩证法思想，也体现了党的主要领导人的实事求是的精神，是新时期科技人才价值标准的实际运用。

2. 人才待遇和使用问题

科技人员是科学技术工作的主体，他们积极性发挥得如何，直接影响科学技术工作的进展。邓小平强调，激发科研人员的热情不能只停留在口头，更需为他们营造良好的环境，解决实际的问题。[⑤] 为此，国家出台了多项关

① 陈雪薇：《建国以来党的知识分子政策的变化和历史经验》，《中国党政干部论坛》1999年第9期。
② 中共中央文献研究室编《思想方法工作方法文选》，中央文献出版社，1990。
③ 邓小平：《邓小平文选》第二卷，人民出版社，1994。
④ 邓小平：《邓小平文选》第二卷，人民出版社，1994。
⑤ 于世梁：《邓小平科技创新思想简论》，《求实》2000年第8期。

心和培养知识分子的具体措施。首先，尽可能地改善科技人才的工作条件，使科技人才专心致志地从事科研工作、多出成果、快出成果。其次，逐步改善科技人才的生活条件，帮助科技人才解决诸如房子、夫妻两地分居等实际生活上的困难，对于生活上确有困难的科技人才，给予津贴补助。最后，形成一整套激励机制，调动科技人才的积极性。因此，邓小平强调，在科学研究单位务必重新确立科研工作者的职级称号，高等教育机构同样应当恢复教授、讲师、助教等专业技术职称体系。[1] 此体系的重新确立，有效激发了知识分子追求进步的热情。[2] 充分信赖并重用科技领域的专业人才是邓小平同志的坚定不移的理念。他始终坚持选拔有德有才之人，勇于突破常规，大胆起用那些具有真才实学的人才，尤其强调要摒弃在人才选拔中按照资历深浅来决定的做法。[3] 他明确表示，关于人才问题，必须着重提出，务必突破传统框架，致力于发掘、挑选以及培育出卓越人才。[4] 论资排辈选用人才，是与任贤用能背道而驰的错误做法，直接影响了中青年知识分子的成长，不符合中国共产党的一贯人才政策。因此，邓小平明确指出，眼下的核心工作，就是要善于挖掘、培养乃至勇于创新，破格晋升中青年杰出人才。[5] 在培养人才问题上，邓小平既注意在实践中培养人才，也特别重视通过学校培养人才。他认为，科学技术人才的培养，基础在教育。邓小平把科学、教育的基本任务概括为"出成果、出人才"，此做法凸显了党的第二代领导集体将现代科技、教育以及知识分子紧密融合在一起，深刻认识到教育在培育人才以及推动现代化进程中的根本性地位。[6]

---

[1] 邓小平：《邓小平文选》第二卷，人民出版社，1994。

[2] 黄少成、吴东华：《邓小平的科技观新论》，《辽宁工学院学报》（社会科学版）2003年第2期。

[3] 黄少成、吴东华：《邓小平的科技观新论》，《辽宁工学院学报》（社会科学版）2003年第1期。

[4] 邓小平：《邓小平文选》第二卷，人民出版社，1994。

[5] 邓小平：《邓小平文选》第二卷，人民出版社，1994。

[6] 黄少成、吴东华：《邓小平的科技观新论》，《辽宁工学院学报》（社会科学版）2003年第1期。

（二）"尊重知识、尊重人才"的意义

"尊重知识、尊重人才"是党的第二代领导集体把马列主义基本理论与中国特色社会主义建设的实践相结合，借鉴国内外人才培养与建设的宝贵经验，继承和发展马列主义的人才思想，立足现在、放眼世界和未来所提出的对知识分子的一项基本国策。

1. 继承和发展了马列主义的人才思想

在《共产党宣言》及《资本论》等经典作品中，马克思对知识分子的社会地位、职能以及其所属阶级属性进行了深入的理论探讨与总结。他在本质上区分了从事智力工作的群体，即普通知识分子，与资本家阶级，也就是资产阶级之间的对立关系。① 邓小平在谈及这一问题时指出，马克思曾经指出，一般的工程技术人员也参与创造剩余价值。这就是说，他们也是受资本家剥削的。② 实际上，在中共第八次全国代表大会期间，邓小平便阐述了一个观点，即大部分知识分子在政治立场方面已经与工人阶级保持一致。此后，他更是进一步将大部分知识分子归类为工人阶级的一部分。通过对知识分子的阶级分析进而发展了马克思主义的人才观，在此基础上提出了"尊重知识、尊重人才"的思想。

科技人才拥有知识优势，从事较复杂的脑力劳动，随着科学技术与人文知识的深入融合，其在人类日常活动和产业制造中的重要性日益凸显，这促使从事智慧型工作的科研精英逐渐成长为推动物质文明与精神文明建设的核心力量，他们成为社会进步的中坚力量。③ 列宁于 1918 年提出观点：缺乏各类掌握不同学识、技艺以及经济领域的专业人才进行引领，实现社会主义的转变便无从谈起。④ 邓小平在马克思和列宁关于人才理念的基础上，进一步阐释了知识分子的时代价值。他强调，翻阅科学史，不难发现，一个具备

---

① 王新岭：《邓小平对马克思主义科学技术论的建树》，《发展论坛》1998 年第 1 期。
② 邓小平：《邓小平文选》第二卷，人民出版社，1994。
③ 王新岭：《邓小平对马克思主义科学技术论的建树》，《发展论坛》1998 年第 1 期。
④ 中共中央马克思恩格斯列宁斯大林著作编译局编译《列宁选集》第三卷，人民出版社，2012。

卓越才能的人对科学领域的推动作用是何等巨大。全球不少科学家都将挖掘和塑造后继之才视为自己科研生涯的最高荣誉，这种观点确实颇具见地。当前我国不少卓越的数学人才，在他们的青春岁月里，得益于前辈数学家的发掘与扶持，逐渐崭露头角。即便这些后起之秀在科研领域取得了超越恩师的成就，他们导师的辛勤付出依然不应被遗忘，功勋永存。① 邓小平将人才问题的处理精髓提炼为"尊重知识、尊重人才"，使之成为中国共产党人才策略的核心，同时在政治和理论层面，对毛泽东关于人才的理念进行了丰富和拓展。②

2. 顺应了时代发展的需要

在时代不断发展的背景下，知识的作用在推动经济腾飞与社会发展中愈加关键，国与国之间的较量逐渐演变为知识的较量。知识的存在与进步，始终依赖于人类的掌握、创新、积累以及传承与发展。掌握了人才资源，便能在新世纪的较量中抢占先机。正因如此，全球各国在人才领域的竞争愈加白热化。③

围绕人才这个核心问题，各国纷纷将人才资源的使用与科研创新置于重要位置。在资本主义发达国家的顶尖公司中，技术人员、管理干部以及产业工人按照实际需求被分配适宜的职位比例，公司针对这三类不同级别的人员实施分级别的岗位培训和技术教学，并且竞相投入人才的研究与培养。例如，美国出台了《国防教育法》以培育高素质人才；英国对提升国民素质的研究及其提升措施极为关注；日本则将人才的研究与培养视为一项系统的工程来积极推进。④

面对我国不容乐观的人才形势，邓小平在总结吸收国外经验的同时，对党的人才建设进行了总结和归纳。他认为，我国在人才建设方面有着正反两方面的经验和教训。一方面支持和鼓励人才的培养和成长，另一方面极

① 邓小平：《邓小平文选》第二卷，人民出版社，1994。
② 吴荣秀、刘保峰：《再谈邓小平尊重知识尊重人才思想》，《求实》2006 年第 S1 期。
③ 吴荣秀、刘保峰：《再谈邓小平尊重知识尊重人才思想》，《求实》2006 年第 S1 期。
④ 赵世均：《略论邓小平的人才思想》，《江西社会科学》1997 年第 4 期。

"左"路线给党的人才建设造成了巨大破坏。邓小平在党人才建设实践的基础上提出，人才问题，主要是个组织路线问题。[①] 因为，我们党的政治路线的贯彻、政治任务的完成需要靠组织路线来保证，所以，制定、贯彻执行党的组织路线目的在于加强和改善党的领导，把真正又红又专的知识分子选任到党的领导层，借以加强党的战斗力，同时还可以把一大批又红又专的知识分子团结在党的周围是完成党的政治任务的保证。唯有如此，方能在党组织内部营造出崇尚学识与才干的气氛，进而有效吸纳并保留杰出人才，打造一支人数众多、架构优化、素养卓越的人才梯队，从而显著增强国家的核心竞争力与国际综合实力，满足时代进步的需求，助力中华民族伟大复兴之路。[②]

## （三）"科学技术是第一生产力"的提出

科学技术即生产力量，这一观点是马克思和恩格斯在 19 世纪中期，依据科学技术进步及其与生产活动的融合情况，提炼的与当时时代特征相契合的理论总结。[③] 然而，20 世纪以来，在世界范围内兴起和发展的现代科学技术革命，使科学、技术和生产的关系有了新的变化，由过去彼此分离和平行发展的状况走向一体化。科学技术的发展正以史无前例的速度和庞大的规模渗透至社会生产的诸多层面，其影响范围之广、程度之深以及力度之大，正促使社会经济构造、生产关联体系以及意识形态等多个维度产生根本性的转变。这一现象表明，科技作为生产力的本质特征正在逐步强化，其对推动社会生产力发展的作用也在日益凸显，科学技术不仅是生产力，而且是第一生产力。[④] "科学技术是第一生产力"这一重要论断，由邓小平同志在 1988 年 9 月 5 日接见捷克斯洛伐克国家元首胡萨克时首次提出。从科学技术的生产力性质的论述到"科学技术是第一生产力"这个思想的提出，充分表明邓小平一贯重视科学技术，重视科学技术与生产力之间

① 邓小平：《邓小平文选》第二卷，人民出版社，1994。
② 吴荣秀、刘保峰：《再谈邓小平尊重知识尊重人才思想》，《求实》2006 年第 S1 期。
③ 高巍：《浅谈邓小平的科技观》，《河南教育学院学报》（哲学社会科学版）2001 年第 2 期。
④ 陈汉英：《科技传播对经济发展的影响研究》，中国地质大学硕士学位论文，2004。

的内在关系。回溯邓小平关于科技与生产力关系的论述，可以发现其"科学技术是第一生产力"的理念经历了三个阶段的逐步提炼，这反映了这一科技观念从雏形到成熟的逐步深化轨迹。[①] 第一个提法是"科学技术是生产力"。追溯至 1952 年，在一次政务院针对中国科学院职能的研讨会上，邓小平强调，科研活动是一项根本性的建设事业，对其的投入应视为基本建设投资。这一言论反映出，新中国成立之初，邓小平便深刻认识到科研的至关重要的地位，这一观点实质上揭示了将科技视为生产要素的理念。[②] 1961年邓小平同志主持制定了我国第一个《国营工业企业工作条例（草案）》，提出要重视科学技术与企业的生产活动相结合，重视科技人员在国民经济建设中的重要作用。1975 年，邓小平主持中央日常事务，当聆听胡耀邦对中国科学院工作情况的报告时，他对报告中提及的"科学技术也是生产力"的观点表示赞同，并且鲜明地提出，科技本身即生产力，科研工作者便是劳动大军的一员。[③]

第二个提法是"科学技术是越来越重要的生产力"。1978 年 3 月 18 日，于全国科学大会之际，邓小平同志再次强调了科技作为生产力核心地位的理论，并对这一观点进行了深入的阐释和系统化阐述。[④] 他表示科技进步是推动力的源泉，这一点是马克思主义一以贯之的立场。不仅如此，邓小平还联系全球范围内涌动的新技术革命浪潮，阐释了科技与生产力之间的联系是如何随着时代的进步而演进的，并明确提出了科学理论与生产技术间的关联迎来了新的进展，科学已经上升为指引生产趋势的核心力量，自然科学正以惊人的速度和广度融入生产领域，极大地促进了社会生产力的提升。[⑤] 正是基于这样的分析与理解，邓小平精辟地提出，随着现代科技不断进步，科学与

---

① 赵向标、贾润莲：《邓小平提出"科学技术是第一生产力"思想的主体条件》，《甘肃理论学刊》1997 年第 2 期。

② 文兴吾：《当代中国的科学文化变革》，《经济体制改革》2000 年第 10 期。

③ 邓小平：《邓小平文选》第二卷，人民出版社，1994。

④ 赵向标、贾润莲：《邓小平提出"科学技术是第一生产力"思想的主体条件》，《甘肃理论学刊》1997 年第 2 期。

⑤ 段治文：《当代中国的科学文化变革》，浙江大学博士学位论文，2004。

生产之间的联系日益紧密。科技作为生产力的角色，其重要性日益凸显，发挥着越来越显著的效能。此外，他还强调科技正逐步转变为愈加关键的生产力要素。① 邓小平深刻洞察现代科技变革的脉络，对马克思主义理论中科技作为生产力理论进行了深入阐释，标志着其在科技是生产力这一认识领域的重大进步，并推动了这一观念的进一步发展。

第三个提法是"科学技术是第一生产力"。1978～1988年，这是改革开放取得进展的10年，是现代化建设取得成就的10年。这10年，又是邓小平科技是生产力思想不断丰富的10年。1988年，在邓小平重申科学技术是生产力10年以后，针对全球科技与经济进步的新趋势，他运用创新性的理论思考，总结并提炼了人类在实践活动中的新体验与新成就，首次鲜明地阐述了"科学技术是第一生产力"这一划时代的科学论断。② 1988年9月，邓小平在与捷克斯洛伐克国家元首会晤时提出，时代在演进，我们的思维与作为也需同步更新。曾经闭关自守、孤芳自赏，这样的做法对社会主义建设有何裨益？时代不断进步，如果我们止步不前，就会陷入落后的境地。马克思曾言，科技即生产力，现实情况充分证明了这一论断的正确性。马克思认为，科技应当被视为推动发展的首要生产力。③ 在当年9月12日的会议中，针对价格与工资改革初步计划的汇报，邓小平再次强调，其与胡萨克交流时提及，马克思曾言科技是生产力，这一点极为准确。但目前看来，这样的表述或许已显不足，科技恐怕应被视为首要生产力。到了1992年，邓小平在南方发表重要讲话时，再次肯定了这一理念，指出这几年的经济发展离不开科技的推动，因此必须倡导科学精神，依赖科学才是未来的希望所在。

邓小平提出，科技作为首要生产力，是对当今时代科技进步日新月异及其在促进社会经济发展中发挥的巨大驱动力的精炼总结和理论提炼，此论述

① 邓小平：《邓小平文选》第二卷，人民出版社，1994。
② 胡正生：《邓小平同志南巡重要谈话是中国加快改革开放的强大动力》，《理论学刊》1992年第5期。
③ 邓小平：《邓小平文选》第三卷，人民出版社，1993。

不仅加深了我们对科技促进现代化道路的理论理解，奠定了邓小平科技战略理念的根本内涵，而且也代表了对马克思主义科技与生产力关系的理论有了突破性的进展。①

## 二 改革开放初期的科技人事管理制度

中共十一届三中全会后，科技干部管理机构立即着手重建，科技干部管理工作也逐渐恢复，如科技干部局的恢复、科学技术委员会的重建等。在这一时期，为适应经济体制改革和社会发展形势的需要，党中央对科技人事管理制度进行了较大的改革与调整，一系列相关政策与改革方案陆续出台，以便更好、更快地贯彻落实国家对科技研究领域工作者的政策、法令。

### （一）科技干部管理机构的恢复与重建

1977 年初，部分机关、事业单位纷纷恢复。当年 9 月，为了加强全国科学技术工作的领导，中央决定成立国家科学技术委员会，委员会内设科技干部局，负责科技队伍的培养和管理使用，争取尚在国外的专家回国并安排他们的工作。1978 年 8 月，邓小平主持召开科学教育座谈会，发表《关于科学和教育工作的几点意见》的讲话，提出要"尊重劳动、尊重人才"。②

1979 年 1 月，国务院发出《关于恢复国务院科技干部局的通知》，恢复国务院科技干部局，由国家科学技术委员会代管，对科技干部进行统一管理。从国务院科技干部局的职责任务可以看到，其核心目的是做好科技干部的培养、配备和合理使用工作，落实好科技干部政策，充分发挥科技干部的积极性。③

1981 年 4 月，中央组织部和国务院科技干部局重新制定了《科学技术干部管理工作试行条例》，再次强调必须加强对科技干部的管理，科技干部管理体制在改革开放初期得以较早恢复并制度化。试行条例指出，对科技干部的管理，应当同国民经济管理体制和干部管理体制相适应，在中央及各级

---

①　段治文：《当代中国的科学文化变革》，浙江大学博士学位论文，2004。

②　邓小平：《邓小平文选》第二卷，人民出版社，1994。

③　张志坚、苏玉堂：《当代中国的人事管理》，当代中国出版社，1994。

党委领导下，在中央及各级党委组织部统一管理下，按照科技干部的特点，依据他们的科学技术水平、技术职称和级别，实行由国务院、国务院各部委和省（自治区、直辖市）分级管理的制度；国务院科技干部局是国务院管理科技干部的职能机构，协助中央组织部统一管理科技干部；科技干部的培养、调动、考核、晋升、奖惩，由各级分管部门办理；属于上级主管的科技干部，下级应当协助管理，提出建议；国务院各部委和省（自治区、直辖市）双重管理的单位，科技干部的培养、调动、考核、晋升、奖惩等工作，以各部委管理为主的，由主管部委办理，省（自治区、直辖市）协助；以省（自治区、直辖市）管理为主的，由省（自治区、直辖市）办理，各部委协助；跨地区、跨行业科技干部的调动，则由主管的各级组织人事部门办理。[①]

1982年，国务院进行大规模机构改革。国务院所属部、委、直属机构和办公机构减少近一半，工作人员减少约1/3，国务院科技干部局与国家劳动总局、国家人事局和国家编制委员会合并，组建劳动人事部。劳动人事部内设科学技术干部局，负责科技干部的管理工作。[②]

1984年7月，为了有效使用科技干部，国务院办公厅发出《关于改变科技干部局隶属关系的通知》，把劳动人事部所属科技干部局划归国家科委领导，规定今后凡属对外科技人员（包括出国进修人员、留学毕业的研究生和大学生）积压浪费和使用不当的，由国家科委科技干部局及地方各级科技干部管理部门进行了解、干预，予以调整。[③]

**（二）改革专业技术人员管理制度**

1978年3月，首都北京举办了全国科学盛会，在此次会议上，与会代表一致通过了《1978—1985年全国科学技术发展规划纲要（草案）》，该草案明确指出，我国科研机构的科技人才队伍目前已达到36万之众，1985年专业科学研究人员要达到80万人；逐步提高科学技术人员和业务辅助人

---

① 余兴安主编《当代中国人事制度》，中国社会科学出版社，2022。

② 徐颂陶、孙建立主编《中国人事制度三十年》，中国人事出版社，2008。

③ 张志坚、苏玉堂：《当代中国的人事管理》，当代中国出版社，1994。

员在科学研究机构总人数中的比重，1980 年前普遍要求达到 80% 以上；实施对国内各科研机构的分层次管理体系；在科研机构内部，确立在党委指导下，所长分管工作的领导责任制；构建科技人员职务、岗位职责体系以及培训、评审等相关制度。同年 10 月，党中央正式下发了《1978—1985 年全国科学技术发展规划纲要》。

1983 年 10 月，中共中央组织部颁布了《关于改革干部管理体制若干问题的规定》，明确提出了对专业技术人才管理体系的改革势在必行。该规定强调，不能再将适用于党政干部的管理模式简单套用于专业技术人才，需针对专业技术人才的调配、流动、培养教育、职务使用、工资待遇、激励奖赏以及职称晋升等方面，进行系统的制度改革与优化。

1985 年上半年，中央先后发布《关于科学技术体制改革的决定》和《关于教育体制改革的决定》，教育、科研事业单位开始了人事制度改革的探索，包括：按照政事分开的原则，扩大事业单位自主权，制定下发符合事业单位特点的人员编制标准；根据管少、管好、管活的原则，适当下放了事业单位人事管理权限；[1] 改革限制过多的科学技术人员管理制度，促使科技人员合理流动，允许业余兼职；研究、设计机构和高等学校，可以逐步实行聘任制；研究所实行所长负责制；选拔有组织管理能力和开拓精神的科学技术人员担任各级领导职务；等等。1986 年 2 月，国务院印发《关于实行专业技术职务聘任制度的规定》，标志着全国范围内正式推行专业技术职务聘任制度，从此专业技术人员的管理体系日益规范和完善。[2]

（三）国务院科技干部局（1979年1月至1982年5月）

1979 年 1 月，国务院发出《关于恢复国务院科技干部局的通知》，经党中央批准，恢复国务院科技干部局，由国家科学技术委员会代管（在此之前，1977 年 9 月，"中共中央关于成立国家科学技术委员会的决定"中，已决定国家科委设科技干部局）。国务院科技干部局的主要任务如下。

---

① 徐颂陶、孙建立主编《中国人事制度三十年》，中国人事出版社，2008。
② 余兴安、苗月霞：《干部管理制度的百年历程与核心特质》，《国家治理现代化研究》2021 年第 2 期。

（1）督促检查有关科学技术干部的方针政策的贯彻执行情况。

（2）调查了解全国科学技术干部的状况。

（3）根据国民经济建设规划和科学技术发展规划的要求，向中央和国务院提出合理配备科学技术力量的建议。

（4）会同有关部门制定科学技术干部培养计划，检查督促贯彻实施。

（5）合理解决用非所学科学技术干部的调整归队，充分发挥现有科学技术干部的特长。

（6）制定派遣和分配留学生计划，争取尚在国外的科学技术专家回国并安排他们的工作。

（7）协助中央组织部统一管理科学技术干部。

国务院科技干部局下设办公室、一（综合政策）处、二（引进专家）处、三（继续教育）处、四（专家管理）处、五（信访）处。

1982年5月，五届全国人大常委会第二十三次会议通过了《关于国务院部委机构改革实施方案》的决议，国务院科技干部局与国家人事局、国家劳动总局、国家编制委员会合并，成立劳动人事部。

1988年4月，第七届全国人大第一次会议原则上同意了国务院提出的机构改革方案，决定成立中华人民共和国人事部，国家科委科技干部局并入人事部。

（四）国家科学技术委员会（1977年9月至今）

1977年9月，中共中央发出文件，为了加强全国科学技术工作的领导，中央决定成立中华人民共和国国家科学技术委员会。其主要任务如下。

（1）贯彻执行毛主席的革命科技路线，调查研究有关科学技术工作的方针、政策的执行情况，向中央、国务院反映或提出建议。

（2）组织编制全国科学技术发展的长远规划和年度计划，作为整个国家计划的一个组成部分，并检查实施状况。[①]

---

① 吴家睿：《新中国主要科技政策纪事（续）（1949—1989）》，《中国科技史料》1989年第4期。

（3）组织需要各部门参加的重大科研任务的分工协调，组织军用科研与民用科研之间的协调。[1]

（4）组织重要科研成果、发明创造的鉴定、奖励和推广应用。

（5）研究并组织解决科技队伍的培养提高和管理使用问题。

（6）研究并组织解决科研工作的条件问题（如情报、图书、仪器设备、化学试剂等）。

（7）组织争取尚在国外的专家回国和安排他们的工作，聘请外籍科学家短期来华工作或讲学。

（8）组织协调对外科学技术交流活动，包括邀请外国科学家来华访问，派遣人员出国考察、学习，参加国际学术活动等。[2]

国家科委机关设：办公厅、政策研究室、计划局、一局（基础科学及高校科技）、二局（动力、资源调查、综合利用及材料科技）、三局（工交科技）、四局（农林、卫生、财贸、环保科技）、科技干部局、外事局（外国专家和对外科技交流）、科研成果局（鉴定、奖励、推广）、工作条件局（情报、图书、编译出版、器材）。

国家科委成立后，国家标准计量局由国家科委、国家计委代管。

1979年1月，国务院发出通知，经党中央批准，恢复国务院科学技术干部局，并由国家科学技术委员会管理。原国家科委主要任务中，有关科技干部工作及其机构，均划归国务院科学技术干部局。

1979~1981年，国家科委撤销了科技干部局；成立了第五局（同位素）、新型材料办公室、计算机委员会办公室。

在1982年国务院机构改革中，国务院对国家计委、经委、科委进行了分工，并作出了规定。机构改革后，国务院批准国家科委的主要任务和职责如下。

---

[1] 钟柯吉：《当代中国科技政策纪事（续）（1949—1989）》，《科技进步与对策》1990年第1期。

[2] 吴家睿：《新中国主要科技政策纪事（续）（1949—1989）》，《中国科技史料》1989年第4期。

国家科学技术委员会（以下简称国家科委）的主要任务是：统筹管理国家科学技术事务，研究科学技术政策，与有关部门联合拟定科学研究课题，组织协调科学技术力量进行攻关。

国家科委的主要职责如下。

（1）研究我国科学技术发展的方针政策，提出重大的科学政策和技术政策，并调查了解贯彻实施情况，向中央、国务院提出报告和建议。负责起草和拟订科技方面的法规、条例、制度等。

（2）对国内外科学技术发展趋势和方向，以及科技发展对社会经济发展的影响进行预测，并提出我国优先发展的领域和重大的研究课题。

（3）会同国家计委制订（编者注：根据国务院关于两委分工的规定和国务院批准的国家计委的主要任务和职责，应是协同国家计委制订）科学技术的中长期计划、年度计划和重点攻关项目计划，分配和管理国家科技经费。

（4）对国家确定的特别重大的新产品和科技成果，或有争议的重大科技项目、成果，组织有关方面进行论证、评价、鉴定。协同国家计委对限额以上的引进技术、利用外资、进口成套设备进行咨询论证。掌握和安排进行预测论证必需的专项经费。

（5）对国家科技计划中开拓性的、较长期的、新兴科学技术的重点项目，负责组织力量，协调攻关并督促检查，并按项目管理所需经费和物资等。协同国家计委、国家经委等部门制定科技成果推广应用计划。

（6）组织协调重大自然科学基础研究，以及有关科学技术研究、科学技术管理方面的基础性和综合性工作。

（7）研究科学技术的体制改革和管理工作。研究全国科研机构的布局，组织对现有科研机构的调整、整顿，负责审批新设立的独立科研机构。组织和推动科技管理干部的教育培训工作。

（8）组织协调科技情报、图书、信息处理、分析测试、大型精密仪器等方面的科技服务和科技条件工作。

（9）执行国家《发明奖励条例》和《自然科学奖励条例》。实施《科学技术保密条例》。负责技术出口的审查工作。负责科技成果的登记，以及奖励、鉴定等工作。

（10）调查研究国际科学技术动态，组织协调国际科技交流与合作事宜（苏联、东欧及第三世界国家政府间技术合作除外），负责由国家科委代表政府出面的外事工作，指导和管理驻外科技机构的工作，派遣、调整驻外科技干部。

1982年6月，国务院批准国家科委机关设：办公厅、科技政策局、发展预测局（1985年改为综合局）、基础研究和新技术局（1985年改为新技术局）、协调攻关局（1985年改为工业技术局）、科学管理局（1985年改为科技成果局）、条件财务局、国际科技合作局。

1984年7月，国务院办公厅发出通知：经国务院批准，劳动人事部所属科技干部局，从1984年5月29日起，划归国家科委领导。

1984年，国务院还批准国家科委增设人事局；科技情报研究所加挂科技情报局的牌子。

1984年7月，国务院批准国家科委下设国家核安全局。

1988年，国家科委按照第七届全国人大第一次会议批准的国务院机构改革方案，将科技干部局划归新组建的人事部。在机构改革中撤销的国务院科技领导小组，其任务由国家科委继续执行。国家机构编制委员会批准国家科委的主要职责如下。①

（1）研究分析科技促进经济、社会发展的重大问题，组织拟订我国科技发展战略、方针、政策和法规。

（2）研究确定在国民经济发展中科技优先发展领域，组织拟订全国科技发展远景规划，协同国家计委编制中长期科技发展规划、计划，根据国家计委提出的指导性总盘子（包括项目的重点和经费总额），制定年度计划，经国家计委综合平衡后，负责组织实施和经费的分配管理。

（3）会同有关部门研究拟定全国科技体制改革的方针、政策和措施，组织推动全国科技体制改革工作；研究并提出全国科技机构的合理结构和布局。

---

① 穆恭谦：《阮崇武同志谈科技计划管理工作》，《中国科技论坛》1989年第4期。

（4）会同有关部门综合运用财政、信贷、税收等经济杠杆手段，以及科委直接掌管的经费和条件，对科技工作的运行进行宏观调控。

（5）指导、协调国务院各部门和各省、自治区、直辖市、计划单列市的科技工作，协同有关部门推动各行业的技术进步。

（6）研究提出从基础研究到应用研究、技术开发，直至形成产业化、商品化的政策和措施；归口管理全国重要科技成果的登记、鉴定、奖励、推广和科技保密工作；归口管理技术市场工作。与有关部门共同管理技术出口工作。

（7）会同有关部门制定我国国际科技合作与交流的政策，归口管理对外科技合作，指导驻外科技机构，负责驻外使领馆科技干部的选派和管理。

（8）归口管理全国科技信息、情报工作；负责国家科委管理范围内的科技统计工作。

（9）协同有关部门组织技术引进和消化吸收创新。

（10）完成国务院交办的其他工作。[①]

国家科委机关设：办公厅、政策法规司、人事劳动司、综合计划司、体制改革司、条件财务司、科技成果司、国际科技合作司、工业科技司、基础研究高技术司、农村科技司、社会发展科技司、科技情报司。归口管理中华人民共和国专利局和国家核安全局。

## 三 科学技术队伍建设

在 1978 年 3 月举办的全国科学技术盛会上，邓小平同志在演讲中明确表示：大部分知识分子已经成为工人阶级的一员，实现"四个现代化"的核心在于科技进步的现代化。同时，他提出了"科学技术是生产力"的观点，这标志着我国科技人才政策发生了具有深远意义的历史性转变，我国科技界人士自此步入了科学发展的黄金时代。1984 年《中共中央关于经济体制改革的决定》首次提出了"计划指导下的商品经济"这一理念，这一创

---

① 穆恭谦：《阮崇武同志谈科技计划管理工作》，《中国科技论坛》1989 年第 4 期。

举为突破传统计划经济模式提供了重要理论突破。1985 年颁布了《中共中央关于科学技术体制改革的决定》和《中共中央关于教育体制改革的决定》。这一系列针对科技与知识分子领域的策略部署和贯彻执行，促使我国各行各业的发展逐步走向规范化，科技和经济领域的生机与活力逐步显现。①

（一）开展全国科技队伍摸查工作

为了摸清全国科技队伍的基本情况，以加强科技队伍建设，1978 年 9 月，党中央和国务院作出决策，委托国家科学技术委员会联合国家计划委员会、民政部以及国家统计局，对全国自然科学领域的技术人才开展全面调查。此次调查结果显示，我国科技人员的总量及素质与发达国家相比，均有较大差距，远远未能满足国家现代化进程中的需求。截至 1978 年 6 月 30 日，全国全民所有制单位的科研人员总数仅为 434 万名，这一数字显示出，不但众多新兴和冷门学科缺少相应的专业人才，即便是工业、交通、建筑等我国经济支柱行业，其科技人才的数量也显得捉襟见肘。在每百名员工中，从事工程技术的不足 4 位，而在每万名农业居民中，农业技术人才仅为 4 名，至于医师在每万人口中的比例也不超过 4 人，科学研究工作者在每万人中仅有 3 位。此外，中等专业学校的自然科学教师平均每人负责指导 100 名学生。科技人才分布呈现不均衡状态，多数集中在较大城市的研究机构及教育机构中。尽管该团队不乏国际顶尖的科研人员与工程技术领域杰出人才，然而在全局视角下，顶尖人才的比例并不高。具体来看，中级科研技术人员数量尚不足 16 万名，仅占全体科研工作者的 3.6%；而高级科研技术人员更是仅有 1.9 万名，占比微乎其微，仅为 0.4%。在当前从事科研工作的技术人员中，接受过高等教育的仅占 43%。

自 1978 年 3 月起，全国陆续开始了科技人员的调整工作。1979～1980 年，全国共调整了 18 万科技人员的工作，使他们以自己的才学发挥应有的作用。

---

① 刘薇：《新中国成立以来科技工作者队伍的发展》，《科技导报》2019 年第 18 期。

### （二）选拔科技人员进入领导岗位

党中央和国务院提出要选拔科技人员担任领导职务，1978 年 3 月，邓小平在全国科技盛会中提出：务必突破旧有框架，致力于发掘、挑选并培育卓越人才。同年 11 月，中共中央组织部提出了：务必最大限度挖掘现有科技人才的潜能，挑选那些具备高度政治意识、精湛业务技能、旺盛工作热情以及良好群众基础的专家学者（涵盖无党派干部）晋升至合适的领导职位。

根据中共中央的指示，各地区、各单位陆续选拔了一批优秀的科技干部充实到各级领导岗位上。1982 年 3 月，据中共中央和国家机关的 79 个部、委、厅、局的统计，在 12862 名高级知识分子中，担任各级领导职务的有 4088 人，占 31%。1983 年据有关部门对全国 27 个省（自治区、直辖市）的统计，正副省长级干部中，科技人员已占 33.7%；常委级干部中，科技人员已占 20.9%。这些从科技人员中选拔的领导干部，大部分在其新的岗位上作出了好成绩，有的还改变了本单位的落后面貌。

### （三）科技工作者的主要组成

在此阶段，最关键的政策无疑是高考制度的重启。伴随高等学府的恢复与壮大，以理工科为主的大学毕业生人数每年都在以 10 万之众的速度攀升。在计划经济背景下，这些毕业生得益于知识分子政策的贯彻，被直接安排至科研机构、高等教育机构以及企业的科技职位上。

自这一时期开始，我国科研人才队伍的构成发生了显著转变，经济、法律等领域的专业人士同样需掌握系统的科学理论与技术方法，将这类专业技术岗位的人员纳入科研人才行列，既顺应历史发展的需求，也贴合科学技术的本质界定。

1. 科技工作者的存量

至 1976 年，我国科技工作者的总数已达到 549.3 万名。

2. 科技工作者的增量

当前阶段，科技领域从业人员的增长主要来源于三个方面：一是新近培育的科技专业毕业生，二是海外深造后回国的留学人员和访问学者，三是曾经离开科技行业后又重新返岗的科技人才。

在此时段，科技创新与经济发展逐步回暖，社会对科研技术的渴求日益上升，科研职位的数量也随之增多。

1977~1986年，我国高等教育领域培育了136.51万名科技领域的毕业生，平均每年为社会输送13.65万名专业人才，这一数字是新中国成立后前17年大学生年均培养量的1.5倍。我国科技人才的培育速度不仅迅速复苏，更是实现了飞跃式的增长。

在此阶段，科技专业的录取人数增长幅度稍逊于总体录取人数的增长，而人文社科等其他非科技领域的专业录取则实现了更加显著且迅速的复苏。

归国留学人员为科研队伍注入了新的活力。自1979年起，我国自费出国留学事业迎来了历史性的飞跃，自费留学人员从零星到批量，逐步形成规模并持续增长，与此同时，相关的自费留学政策也应时而生，不断完善和进步。以统计年鉴的资料为主，根据《中华留学教育史录》所载资料，对官方派遣与自费留学人员的比例进行剖析，大致可推断出，1977~1986年，我国海外留学总人数大约为7.1万名，其中，政府公派留学人员大约有2万名，企业单位派遣留学人员大约有3万名，而个人自费留学的人数也大约为2万名。依据相同的计算方式，我国在这段时间内回国的留学人员累计大约有25000名，这一数字占到了出国留学总人数的四成。无论是出国留学的人数还是归国的人数，都超过过去28年的累计总和，而这些留学人员主要修读的是科技领域相关专业。由于政策的推动，绝大多数公费留学生完成学业后都选择了回国发展，他们在归国后在自己的专业领域内均表现突出，留学人员的回归显著提高了我国科技人才队伍的整体素质和能力。

（四）科技工作者的总量和结构

1. 科技工作者的总量

1977~1986年，科技工作者人数实现了倍增，攀升至1086万人。

在这一阶段，科研人员、工程技术专家、农业工作者、医疗卫生人员以及教育领域的从业者，均经历了显著的增长与转变。特别值得一提的是，工程与医疗卫生领域的专业技术人才数量实现了迅猛飞跃。此外，来自经济、法律等领域的资深专业人士也纷纷加入科技人才的队伍。

1977~1986年，从事科技领域的专业人才数量由602万攀升至1086万，增加了484万（见图1-3）。平均每年增加约49万人，这一增速超越了以往任何历史阶段。在这一时期，科技工作者的稳步增长得益于改革开放所带来的全新政策背景。

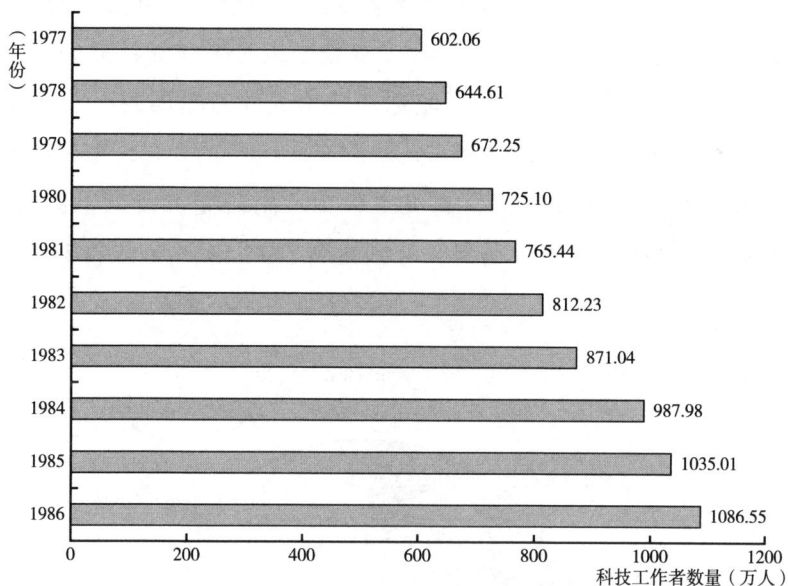

图1-3  1977~1986年科技工作者数量

数据来源：中国科协创新战略研究院《创新研究报告》，2019年第57期。

2. 科技工作者的结构

科技工作者的专业结构正在逐步契合社会进步的要求。从构成比例来看，工程与医疗卫生领域的专家增长最为显著。自1979年起，工程类技术人才的增速便开始迅猛提升，且增速保持平稳，无论是总量还是占比，都实现了大幅度的增长，这充分说明了改革开放政策对我国企业迅猛发展的关键促进作用。同时，科研人员的数量及其在总人数中的比例也有所上升，这标志着我国科技事业的发展步入了一条健康稳定的轨道。

在这样一个阶段，尤其引人关注的是，伴随我国非公有制经济的兴起，自1983年起，非公有制体系内开始涌现出一批工程技术领域的专业人才。同时，针对经济领域的专业人员如经济师、统计师、会计师，以及法律界的律师和公证员，也开始有了相应的统计记录。

中高级科技人才规模迅速扩大。自我国实施改革开放政策起，职称评审机制得以重启，众多科技从业者终于获得了与其能力相匹配的职称及职位，我国高级科技人才的培育环境得到明显改善，社会各界对于高级科技人才的渴求愈加强烈。《全国专业技术人员统计资料汇编》揭示，1977~1986年，拥有中级及以上职称的技术人才数量实现了显著增长。具体来看，自1977年的14.98万人飙升至1986年的165.32万人，实现了11倍的增长。在此期间，高级工程师、副研究员及以上科研人员以及高级农艺师等技术人才的增长分别达到了11倍、18倍和34倍（见图1-4）。

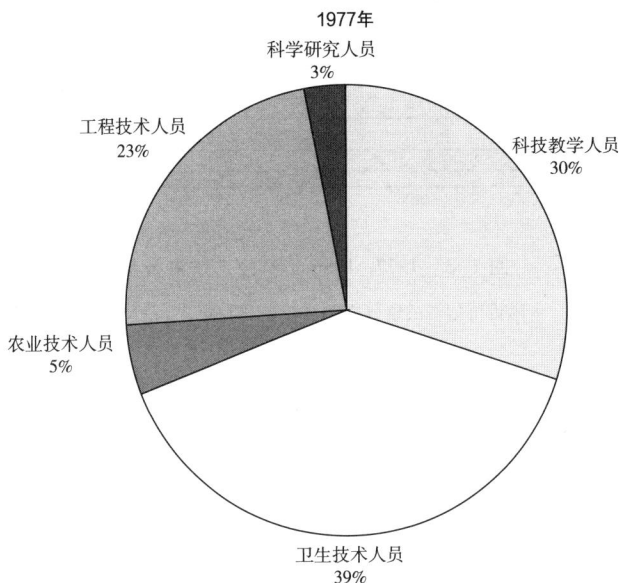

1986年

高级职称的经济和
法律类人员
0%

技能型人员（含技师和
高级技师、乡村医生）
6%

科学研究人员
4%

科技教学人员
20%

工程技术人员
（含非公）
34%

卫生技术人员
32%

农业技术人员
4%

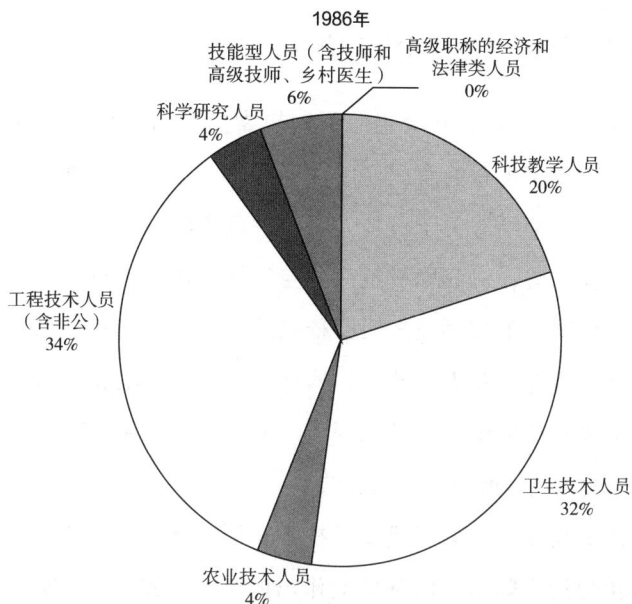

**图 1-4　1977 年和 1986 年专业技术人员结构情况**

数据来源：中国科协创新战略研究院《创新研究报告》，2019 年第 57 期。

## 第三节　从科技干部管理到科技人才队伍
## 建设的转变（1987~2002年）

党的十三大召开后，作为政治体制改革的重要组成部分，行政体制改革
加快推进。党的十三大提出，要进一步转变政府职能，改革干部人事制度，
建立科学的分类管理体制。1987 年问世的《人才学词典》中，首次对"科
技人才"这一术语进行了明确定义：所谓科技人才，实则是指科学领域与
技术领域的杰出代表之简称，他们在社会科技领域的劳动实践中，凭借自身
卓越的创新能力与科研探索精神，为推动科学技术进步及人类社会的发展贡
献了显著的力量。此后，对科技人才的培养、管理、评价、激励等科技人才
队伍建设工作，逐步取代科技干部管理，成为我国科技政策制定的重中
之重。

## 一 科教兴国战略的提出与实施

自改革开放始，历经 10 余年的不懈摸索，我国在科技领域及其人事管理体系建设上实现了迅猛的发展。以江泽民同志为核心的党中央第三代领导集体，在继承邓小平同志关于科技人事管理理念的基础上，精准把握了全球科技革命的最新趋势，对我国科技改革与发展的历程进行了深入的梳理与提炼，针对新时代背景下的科技发展路径以及科技人事管理体系的优化提出了一系列创新性的理念、观点和政策，构建了跨越世纪的党的科技人事管理理念体系，其中最重要的便是科教兴国战略的提出与实施。

### （一）科教兴国战略提出的历史背景

科教兴国战略是党的第三代领导核心在深刻分析世界科技革命发展趋势和我国现代化建设实际情况的基础上作出的重大决策。[①] 科教兴国作为我国的一项基本国策，是 1995 年 5 月 6 日在中共中央、国务院《关于加速科学技术进步的决定》中第一次正式提出的，并在党的十五大进一步重申实施的战略选择。科教兴国战略是科技第一生产力思想的升华，构成了党的第三代领导核心科技思想的重要内容。

科教兴国战略的提出不是偶然的，这一战略思想根植于自鸦片战争以来中华民族对现代化道路的不断探求。它凝聚了新中国成立 50 年间，社会经济发展历程中正反两方面经验的智慧结晶。自鸦片战争爆发后的一个多世纪里，中华民族之所以屡遭列强欺凌，其中一个重要原因就在于科技和教育的落后。无数有识之士深知科技进步与教育发展对于国家命运的重要性，因此选择了科技强国的救国之路。他们提出的"科学救国""教育救国"的理念，作为我国近代科技发展史上的一项关键思想，构成了中国共产党提出科教兴国战略的历史根基。[②]

自 1949 年起，中华人民共和国正式成立，毛泽东同志作为新中国的核

---

① 叶溪生：《江泽民科技创新思想论》，《求索》2003 年第 5 期。
② 薛建明：《中国共产党科技思想及其实践研究》，南京农业大学博士学位论文，2007。

心领导人，带领我们开启了社会主义建设的新征程。在探索适合我国国情的社会主义道路过程中，高度重视科学教育与文化建设，推动科技与教育的进步，实现了自近代以来无数爱国者期望国家繁荣富强、民族复兴的伟大梦想。历经几个世纪的低谷，中华文明逐步走向复苏。在新中国成立之始，秉持科学服务于人民的理念，通过团结广大科技工作者、改革教育体制以及培育人才，我国科技队伍迅速发展壮大。在毛泽东提出的"向科学进军"的口号以及"技术革命"的理念引导下，我国首份科技发展规划应运而生。这一时期，我国的科技实力与教育质量实现了显著飞跃，短短数年间便实现了"两弹一星"等尖端技术的突破，震撼了全球。然而，在我国社会主义事业发展过程中，早期党的核心领导人对科学技术与教育所扮演的角色及其重要性的认知曾出现反复变化，这一过程使我国科学教育领域在一段时间内走了不少弯路，使科教兴国战略未能及早确立并形成。①

　　1976 年后，邓小平同志着眼于将我国打造成为现代化的社会主义强国这一宏伟目标，倡导全党同志必须重视知识的力量、珍视人才的培养。在1978 年的全国科技盛会中，邓小平同志明确指出，若要推动科技发展，忽视教育便无法前行；而培育科技人才，其根基在于教育。他再次强调了科技和教育在国家进步中的关键作用。随后，党的十一届三中全会成功召开，提出了开放国门以及加大对科学、教育重视力度的政策，标志着我国开始对科研与教育领域进行系统的改革。1988 年，邓小平继承了马克思科学技术是生产力理论，提出了"科学技术是第一生产力"的论断，并从现代化建设的根本角度谈道：从宏观角度审视，必须重视人才培养与科技创新，假如我们过去二十年疏忽了这些，已经制约了进步的步伐，若再放任接下来的二十年，其严重后果将无法预估。② 在 1992 年的"南方谈话"中，邓小平重申了科技进步与教育提升对经济发展的关键作用。改革开放 20 多年间，邓小平虽然未明确提出"科教兴国"的号召，但在其科技思想体系中无不

---

①　薛建明：《中国共产党科技思想及其实践研究》，南京农业大学博士学位论文，2007。

②　邓小平：《邓小平文选》第三卷，人民出版社，1993。

包含着"科教兴国"的重要思想。这为党的第三代领导集体提出符合世界发展潮流的科教兴国战略打下了基础。

尊重历史，尊重现实，是提出科学的、实事求是思想理论的必要前提，20世纪80年代初，世界科技迅猛发展，相比之下，我国在关键技术突破、科技人事管理制度完善、科技体制改革等方面与世界顶尖水平存在差距。因此，党的第三代领导集体所倡导的科教兴国的战略理念，实际上是在深入分析历史脉络以及20世纪80年代末期国内外形势持续演变的基础上，逐步孕育并完善的。① 1995年5月，江泽民同志在全国科技盛会中郑重提出了启动科教兴国战略的关键决策。而在第九届全国人民代表大会上，朱镕基总理庄严宣称：推进科教兴国，乃本届政府肩负的首要使命，从而将科教兴国战略提升至国家发展的层面。

（二）科教兴国战略提出的理论基础

科教兴国战略是跨世纪党的主要领导人深刻洞察世界科技发展趋势，根据中国的现实情况及时提出的。它既是中国历史发展的必然选择，也是党的领导人科技思想在实践层面上的重大创举，因此科教兴国战略有着丰富的思想理论基础。

1. 马克思科技与教育的学说是科教兴国的理论来源

在马克思的观点中，科学被视为人类对自然界法则的理解，它以知识的形式存在，蕴含着潜在的生产潜能，构成了社会进步的智力成果；② 而技术则是自然科学在制造活动中的应用与进步，涵盖了各类工艺手法、技术设施以及生产技巧，它们最终体现为实体形态，成为推动生产的直接动力。③ 马克思曾明确表示，科技本身即为生产力的体现，而在生产力的构成要素中，科学亦占据一席之地。科学的进步，既是精神财富的积累，也是物质财富的增长，它反映了人类生产力发展的一个侧面、一种展现形式。社会的生产力

---

① 李安平：《中国科技百年——从科学救国到科教兴国》，《科学新闻》2000年第4期。

② 杜扬：《江泽民科教兴国战略思想研究》，东北林业大学硕士学位论文，2005。

③ 马爱杰：《浅析"科学技术是第一生产力"和"科教兴国战略"的关系》，《西北第二民族学院学报》（哲学社会科学版）1999年第S1期。

不仅以实体物质的形式显现，也以知识的形态呈现。科技，作为一种知识形态的生产力，劳动效率的提升与科技进步和科技水平息息相关[①]，进而不断地阐述着，随着科技进步，劳动生产力持续攀升，其飞速提升的本质动力源自智慧劳动的贡献，尤其是自然科学的突破性进展。马克思通过对教育与经济互动的深入研究，深刻地阐释了教育在人类社会中的关键角色。首先，教育作为劳动力更新的关键途径，它能够全方位提升人的劳动技能，促使个体的体力和智力劳动能力共同增长，进而有效提升劳动力素质。其次，教育作为知识传承的关键渠道，其壮大对科技的提升起到了极大的推动作用，从而加速了社会的整体进步。最后，教育还展现出其经济价值。众多实例已经验证，随着科技水平的提升和教育事业的扩展，社会必将迎来飞速的发展阶段。[②] 因此，马克思的理论体系构成了我国科教兴国战略的理论根基。

2. "科学技术是第一生产力"是科教兴国的理论核心

在人类文明进程演变中，人们逐步认识到知识是力量的源泉、科技为生产之动力、科技乃首要的生产要素，这些阶段各有其特色。在每一个这样的成长时期，科技教育都得到显著发展，并且对社会向前发展起到了极大的推动作用。

马克思根据生产力的三个构成要素，提出了"劳动者是首要生产力"的论断。在深入分析现代科技对生产力进步影响的过程中，邓小平提出了"科学技术是第一生产力"的观点，这一观点不仅继承了马克思的生产力理论，还对其进行了丰富和拓展。在这一理念指导下，劳动者依然是构成生产力的三大要素中的核心要素，是生产力诸要素中最积极最活跃的因素，否则，不可能有什么第一生产力。[③] 然而，作为核心的生产要素，劳动者须熟练掌握前沿科技知识，缺乏这些知识将导致其无法充分发挥其作为关键生产力的作用，甚至无法将这些知识真正转化为实际的生产力。此外，要使科学

---

[①] 赵旭东：《技术革命对国家的影响》，上海人民出版社，1998。

[②] 杜扬：《江泽民科教兴国战略思想研究》，东北林业大学硕士学位论文，2005。

[③] 马爱杰：《浅析"科学技术是第一生产力"和"科教兴国战略"的关系》，《西北第二民族学院学报》（哲学社会科学版）1999 年第 S1 期。

技术真正成为推动发展的首要动力，也需劳动者能够充分驾驭。我国推崇的借助科技与教育推动国家繁荣的发展策略，源于邓小平同志提出的"科学技术是第一生产力"的核心理念，这一策略正是该理念的实际运用与展现。这揭示了科教兴国战略与科技首要生产力观念之间的内在联系。①

（三）科教兴国战略提出的理论内涵

1996 年 5 月，中共中央、国务院颁布了《关于加速科学技术进步的决定》（以下简称《决定》），紧接着在 5 月 26～30 日，举办了全国性的科技盛会。在本届大会上，江泽民同志以《实施科教兴国战略》为主题，进行了意义深远的发言，他向全体党员干部以及全国各民族同胞发出了全面实施科教兴国战略的坚定倡议。

《决定》详细说明了科教兴国的根本战略思想，所谓科教兴国，就是秉持科技作为推动发展的核心动力这一信条，确立教育为国家发展之基，把科技和教育作为推动国家经济社会向前迈进的关键力量。我们必须提升我国在科技领域的创新实力，加快科技成果转化为生产力的步伐，全方位提高国民的科学技术素养，推动经济结构向依靠科技创新和劳动者素质提升的路径转变，从而加速我国走向繁荣昌盛。实施这一战略，是我们党在新时代背景下作出的重大战略决策，是我国在走向现代化道路上必须紧紧抓住且刻不容缓的重要历史任务。②《决定》针对我国新时代科技创新的宏观策略与方向进行了纲领性的阐释和安排，其核心要义大致能够归纳为七大关键点。

第一，明确提出了科教兴国战略。推行科教兴国战略，意味着深入贯彻科技作为首要生产力的理念，坚守教育为基础的原则，将科技与教育置于国家经济与社会进步的优先地位，强化国家在科学研究和技术应用方面的实力，以及将科技成果有效转化为实际生产力的能力。此举旨在提升国民的科学技术素养，促使国家经济建设依赖于科技进步与劳动者素质的提升，进而加快达成国家富强昌盛的目标。

---

① 马爱杰：《浅析"科学技术是第一生产力"和"科教兴国战略"的关系》，《西北第二民族学院学报》（哲学社会科学版）1999 年第 S1 期。
② 中共中央文献研究室编《十四大以来重要文献选编》（中），人民出版社，1997。

第二，规定了深化科技体制改革的具体目标。此次科技体制改革的核心任务是优化科技创新体系的架构，实现人才的合理流动。务必从根源上破解研究机构设置的重复性问题以及科学研究与产业实际脱节的局面，提升企业技术开发的实力。要在 20 世纪结束之前，基本构建起与社会主义市场经济相匹配的科技管理体系，形成使社会各界科技创新资源得到优化配置、科学分类、相互促进、紧密融合的科技发展新格局。到 2010 年，全力推进科技创新体系的建设，使之更加坚实且成熟，促成科技与产业发展的深度融合。

第三，着力通过科技创新推动国家经济前行，优化经济结构，提升发展潜力。在科技领域的发展中，必须将推动经济发展作为核心战场，将解决国民经济进程中的紧迫难题，特别是那些关键性问题，视为核心使命。将农业科技置于科研工作的显要地位，促进传统农业向产量更高、品质更优、效率更高的现代农业转型；致力于提升工业发展的品质与效益，迈向工业现代化的道路，同时加速高新技术产业的壮大。将增强自主创新能力、提升经济竞争力、掌握核心知识产权以及推动产业升级作为核心追求目标；必须着力深化根本性研究工作，遵循"有所为、有所不为"的方针，紧贴国家重大需求及全球科学发展的最前沿，全力冲刺科学领域的巅峰。

第四，提倡多渠道、多层次地增加科技投入。科技资金的支持是促进科技发展的重要基础，也是贯彻科学技术和教育振兴国家战略的关键保障。务必实施有效策略，优化资本配置格局，激励并指导社会各界从多个途径和不同层面加大科技资金的投入。加大财政对科技创新的支持力度，需借助经济调节工具及政策引导措施，激励和促进不同企业主体加大科技资金投入力度，逐步转型为科技资金投入的核心力量。同时，应扩大科技项目的融资途径，显著提高科技信贷的投放量。

第六，倡导融合自主创新与吸纳前沿技术双重战略。跨国科技协作与互动应将促进各行业科技跃进及支撑经济发展作为核心宗旨。在吸收借鉴海外领先科技的过程中，始终如一地强化我国自主研发创新能力。

第七，必须着力提升党和政府对科技创新领域的驾驭能力。为实现对科技决策的全面把控，成立国家级科技指导小组。各地区、各职能部门的党政一把手需直接负责。中央政府及地方省级政府需每年组织不少于两次专题会议，集中探讨科技领域的重大课题，有效解决科研进程中遇到的难题。在构筑和执行国家经济社会发展蓝图及相关政策时，务必确保科学技术和教育振兴国策的具体实施。

为深入执行《决定》的核心要义，在全国范围内掀起推动科学技术繁荣的国策高潮，1995 年 5 月 26~30 日，中共中央、国务院主持了一场科技界的盛事——全国科学技术大会。这次大会，继承了 1956 年中共中央提出的宏伟目标"向科学进军"，并制定了我国首份国家科学技术进步规划；也继承了 1978 年的全国科学大会，它再次树立了我国科技进步历程中一个至关重要的里程碑。在此次大会上，江泽民同志发表了鼓舞人心的演讲。他作为中共中央、国务院的代表，向全体共产党人和全国各族人民发出号召，要求大家深入贯彻邓小平关于科技作为首要生产力的理念，全力以赴投入推进科学技术和教育振兴国家的宏伟蓝图中。

江泽民强调，我们必须探寻一条符合我国国情的科技创新之路，这就要求我们进一步澄清几个对科技事业全局至关重要的议题。第一，涉及科技与经济融合的问题。必须妥善平衡服务于经济发展与提升科技实力的关系。第二，论及短期目标与长远规划。科技领域应将解决国民经济发展中迫切需要解决的关键问题作为主要任务。此外，还应展望未来，强化基础与前沿技术的研究，设定明确的奋斗目标，聚焦关键领域，以期取得显著成就。第三，在探讨独立探索与借鉴国际前沿技术方面，科技发展必须与全球各国相互交流、深入探讨，像雕琢玉器般精益求精，方能实现更迅速、更显著的进展。然而，我们必须清醒地认识到，最尖端的技术并非可以通过购买获得的。创新，是一个民族向前发展的核心，是推动国家繁荣昌盛的永恒动力。一个缺乏创新精神的民族，将难以在世界先进民族中占据一席之地。因此，我们必须在科技领域把握住自主发展的主动权。第四，针对市场机制与宏观经济调控的融合。在社会主义市场经济框架下，这两者构成推动科技进步不可或缺的重要工具。第五，探讨自然科学与社会科学的交融。科研人员需掌握社会科学的基本理论，社会科学研究者要了解自然科学的进展。江泽民进一步深入讲解了如何培育既有德行又有才能的科技人才，并论述了党在科技领域领导作用的重要性。[①] 这个讲话，深入阐释了影响科技事业发展的核心议题，实质上是对实施科教兴国战略过程中科技政策的全面解读。它不仅是党的科技方针的一份里程碑式文件，更是对邓小平科技理论的深化与拓展，具备了深远的思想价值与现实指导意义。

## 二　科技人事管理制度的发展

党的十三大明确提出，要"改革干部人事制度"，建立科学的分类管理体制，以适应经济体制改革和其他各项改革事业的深入发展。

1988 年 3 月，在国务院机构改革中，为了适应党政职能分开和干部人事制度改革的要求，推行国家公务员制度，强化政府的人事管理职能，国务院组建人事部，国家科学技术委员会科技干部局并入人事部。新组建的人事部负责综合管理全国专业技术人员（国家科委科技干部局的职能由人事部承担），建立有利于科技人才成长、选拔和合理使用的人事管理制度，其相关职能是：负责知识分子政策方面的综合协调工作，综合管理全国专业技术人员，改革职称制度，管理专业技术职务聘任制工作，建立和管理著名高级专家信息库；负责拟定全国人才流动的政策、法规，组织各类人才流动，建立人才流动的社会调节机制，负责国家重点建设、科研项目所需少数骨干人员的调配工作；负责人事、行政管理和人才的国际交流与合作，负责派驻国际组织职员的考选及有关协调工作，审批和管理外籍华人专家来华定居及工作安置；负责编制非教育系统留学人员的派出计划，汇总全国公派出国留学人员计划；负责非教育系统回国人员的分配和跨系统跨行业的调整工作；推行博士后人员流动制度。

---

① 江泽民：《江泽民文选》第一卷，人民出版社，2006。

1988 年 9 月，邓小平同志提出了"科学技术是第一生产力"的重要论断。① 自 1992 年始，我国科技人才战略步入了迅猛增长的阶段。在这段时间内，政治体制改革取得了显著的进展，伴随对干部及人事制度的深化改革，终结了领导干部职务的终身任职制度。这一变革给我国的科技人才政策带来了深远的影响，它冲破了人们长期对干部人事安排的思维模式，催生了职业聘任制度。人才选拔与任用体系的构建是确保高效利用人力资源的关键策略，同时它标志着我国科研单位在用人模式上进行的根本性变革。1993 年 7 月，我国正式实施了《中华人民共和国科学技术进步法》，从而为我国科技领域的法治建设奠定了坚实的基础。②

为了更好地培育新一代青年科技人才，1995 年 3 月，我国国务院办公厅转发了人事部、国家科学技术委员会、国家教育委员会以及财政部联合出台的《关于培养跨世纪学术和技术带头人的意见》。

1996 年，中共中央、国务院发布《关于加速科学技术进步的决定》，首次在全境范围内确立了科教兴国的战略方针。紧接着，江泽民同志作为中国共产党的代表，在中国科学技术协会第五次会员代表大会上所作的报告中特别强调，在众多社会资源中，人才资源无疑是最为珍贵且核心的财富。"人才资源是第一资源"的思想逐步确立，科技人才队伍建设的任务被提上日程。

2002 年发布的《2002—2005 年全国人才队伍建设规划纲要》是我国第一个综合型人才队伍建设规划。③

## 三 科学技术队伍建设

这一阶段，社会经济的发展、科技的进步以及教育事业的改革均已步入深水区，并且各个领域均推出了具有深远影响的改革举措。伴随一连串政策

---

① 邓小平：《邓小平文选》第二卷，人民出版社，1994。

② 李荣娟、张潇婧：《改革开放以来我国科技人才政策的演进及其时代特点分析》，《湖北行政管理论坛（2012）——行政体制改革与政府能力建设研究》，2011 年 12 月。

③ 于飞：《建国 70 年中国科技人才政策演变与发展》，《中国高校科技》2019 年第 8 期。

与举措的逐步实施，科技工作者正从原本的计划经济模式逐步转型至市场经济模式。

（一）科技体制和教育体制改革全面展开，"科教兴国"和"科技创新"得以贯彻落实

1985 年，我国正式发布了《中共中央关于科学技术体制改革的决定》，此举正式拉开了全面科技体制改革的序幕。与此同时，《中共中央关于教育体制改革的决定》亦于同年发布，赋予了高等教育机构在培养人才方面更多的自主权和更为广阔的发展空间。1988 年，邓小平同志明确提出了"科学技术是第一生产力"的深刻论断；那一年，我国政府依次审批成立了 53 个国家级的高新技术开发区，并陆续启动了"星火工程"、"863"项目、"火炬工程"、"攀登工程"等项目以及重大科研项目攻关计划、关键技术成果转化计划等多项重要规划，这为我国借助科技推动经济发展的壮丽画卷奠定了坚实基础。

自 1992 年起，我国首次确立了发展社会主义市场经济体制的壮阔蓝图，并且提出了科学技术发展的"面向和依靠"的基本准则，明确指出经济增长必须依靠科技进步，科学研究亦应面向国家经济建设的需求。伴随科教兴国战略的实施，以及将"科技创新"作为中心战略思想的提出，科学技术在促进经济社会向前发展中的关键地位得到空前的重视，这一发展理念已经被纳入国家发展战略的核心架构中。一方面，我国科技和经济的发展迎来了崭新篇章；另一方面，国内科研人员得以在创新的前沿舞台上大显身手。这一变革为众多科研团体带来了前所未有的成长机遇和优质条件。①

（二）科技工作者的主要组成

这个阶段出现的 3 个重要事件影响比较大。①科技人员跨出象牙塔，投身于创立科技型企业的大潮。典型的例子包括北京中关村众多科研人才纷纷投身商海，创建了多家民营科技公司，中国科学院计算技术研究所注

---

① 《改革开放——科学技术是第一生产力》，《中国科技奖励》2009 年第 10 期。

资成立"联想"集团，中关村的"电子长街"逐步成型，成为我国首个高新技术产业开发区，进而促进了当地经济的高速增长。②科研院所转制。随着科技创新体系的不断革新，科技与经济体制的改革相互促进，与其他领域改革步伐保持一致。此时，科研机构正经历"调整结构、转变机制、分流人才"的变革，众多科研工作者为了适应发展，不得不选择"下海"或是转换跑道。③国企体制改革与科技人才的重新配置，在这一过程中，部分人员由效益较低的企业转向效益较高的企业，还有些人在企业资产调整和承包环节中，依靠丰富的经验和专业技术能力，单独或与他人合作承接了整个企业或某个生产车间。此外，也有科技人员利用自己的技术成果开设了个体私营企业或组建了合伙公司。对于这些企业科技人员来说，改革的冲击和挑战尤为剧烈。

在整体层面，该时期的科技工作者数量持续迅猛提升；然而在细节层面观察，不同行业和不同组织内部的人员正经历分散、迁徙及自主创业的过程。自这一时期起，科技工作者的思想观念趋向多样化，其发展路径也呈现多样化，社会地位也展现出多级别分布的特点。

1. 科技工作者存量

这一阶段的科技工作者存量为 1086 万人。

2. 科技工作者增量

1987~2002 年，该时期培育的科技领域毕业生及留学归国人员数量相较于前期几个阶段实现了显著提升，然而，完成学业后选择回国的人员所占比例却出现了大幅下滑。

随着国有企业的转型升级，海外资本即外资、侨资、港资纷纷涌入内地市场进行投资，同时，私营经济尤其是乡镇企业迅速崭露头角。这些变革为科技人员提供了广阔的就业机会，无论是科技职位的数量还是职位类型的丰富度，都远超我国过往任何一个时期。

在过去 16 年的发展历程中，我国高等教育体系共培育了科技领域毕业生 602.16 万人次，平均每年培养量为 37.64 万人次，相较于上一个阶段的年均培养量，这一数字增长了 2.76 倍，实现了历史性的飞跃。自 1992 年起，高等院校的招生数量呈现显著上升势头，特别是在 1999 年，高校招生规模进一步扩大，增长幅度进一步加大。从 1994 年起，高校科技领域毕业生的数量开始占据主导地位，科技类招生与毕业生比例均稳定在 60% 左右。与此同时，在高等学府中，科技专业的学生群体逐渐显现出一种趋势，即在求学过程中提前离校、未能按期完成学业，转而投身创业浪潮，探索市场就业机会，或是选择离开体制内的职位。

（三）科技工作者的总量和结构

伴随国家改革开放的步伐，我国科技领域的就业岗位经历了显著变革。除了传统的自然科学和工程技术领域之外，涉及经济、法律以及管理等学科的研究与实操职位也逐渐被纳入科技行业的职业体系中。此外，一些技术领域，出现了一批在岗位实践中自我修炼成长为技术人才的科技工作者。因此，自这一时期起，本项研究涵盖的科技工作者数据，不仅包含了先前划分的第 1 类群体，亦拓展至第 2 类人群，具体指那些拥有高级职称的财经专业人士以及法律界人士，高级统计师，一、二级律师公证员[①]，以及第 4 类人员[②]，指的是那些没有接受过高等教育却投身于科技领域的劳动者，这一群体中涵盖了高级技术人员以及基层乡村的医疗工作者。另外，自我国实施改革开放政策以来，非公有制经济崭露头角，导致众多科技工作者纷纷投身于这一新兴领域。在过去，这部分人数较少，常被忽略，然而自 1983 年起，特别是 1984 年，"下海"风潮兴起，非公有制单位中的科技人才数量及其占比持续攀升。尤其是工程技术人员，他们的数量最为庞大，已成为科技人才队伍中不可或缺的一部分。

1. 科技工作者的总量

截至 2002 年，科技工作者总量超过 2000 万人。

---

① 有关人员的数据档案追溯至 1983 年方才具备统计资料，故此区间仅涵盖 1983~1986 年的数据记录。

② 这一阶段实际上还包括第 3 类人员，也就是从事辅助科技岗位的员工，涵盖了科技管理及服务领域的从业者、专业的科普活动工作者。但由于缺乏具体的数据支持，加之其人数相对较少，因此在此不作详细统计。

1987~2002 年，科技工作者总数由 1143.75 万人上升至 2079.32 万人，增长了 935.57 万人（见图 1-5）。尽管其增长速度与前期相比保持稳定略有减缓，这一时期依然可以被视为科技人才快速增长的阶段。科技工作者总量占总人口的万分之 163.7，科技工作者群体的增长比例超过人口增长的比例。

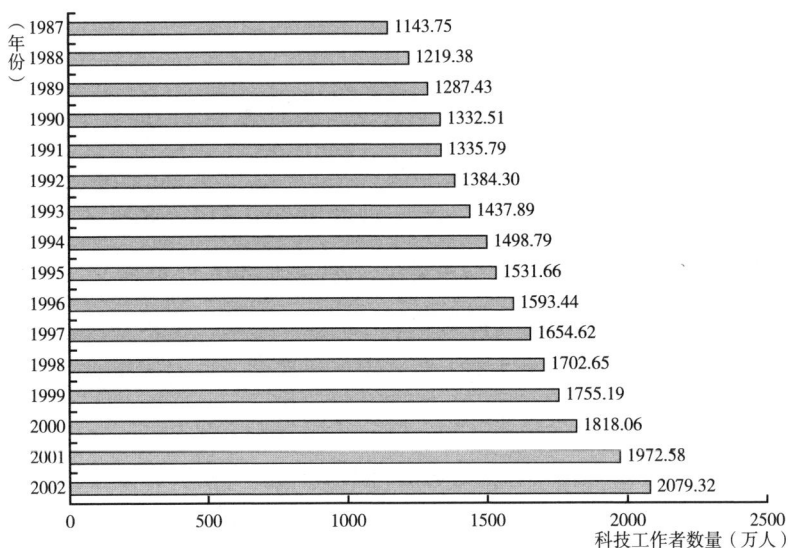

**图 1-5　1987~2002 年科技工作者数量**

数据来源：中国科协创新战略研究院《创新研究报告》，2019 年第 57 期。

2. 科技工作者的结构稳中有变

工程技术人员的比例由原来的三成跃升至现在的五成左右。观察专业构成，医疗、工程以及科技教育领域的专家占比较为突出，这三个领域的占比总和常年维持在八成以上，尤其是工程技术人员的增长显著（见图 1-6）。与此同时，科研人员的数量有所下降，这一变化反映了那个时期的改革对科研人员队伍的重组与重新分配所产生的影响。在社会多元化发展步伐不断加快的背景下，对于科技创新的需求也在持续上升，与此同时，科技领域与社会的互动和整合水平也在稳步提升。

1987年

2002年

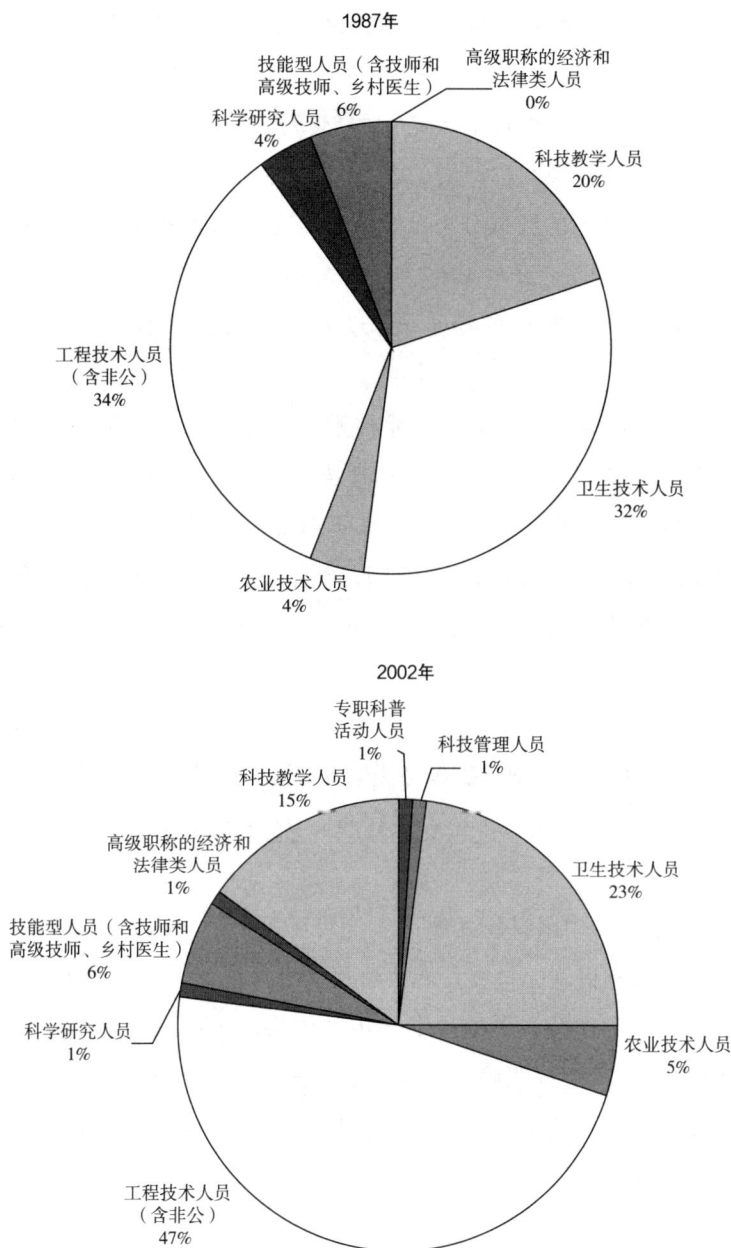

图 1-6　1987 年和 2002 年专业技术人员结构情况

数据来源：中国科协创新战略研究院《创新研究报告》，2019 年第 57 期。

中级及以上专业技术职称人员占比由不足两成提升至四成。职称评审体系摒弃了持续 10 余年的"评审与聘任相结合"的旧有机制，引入"自我申报、公众评价、机构自主认定"的创新机制，有效地促进了在私营领域工作的科技人员投身职称评定的参与度显著提升。依据《全国专业技术人员统计资料汇编》的数据分析及预测，我国中级及以上职称的科技人才在总体科技人才中的比重自 1987 年的 15.94% 攀升至 2002 年的 43.25%，显示出我国高阶人才队伍的稳步增长，科技人才的整体素质实现了显著提高。

在我国东部地区，科研人员的整体数量占据了绝对优势。依据《中国2002 年人口普查资料》以及《中国教育统计年鉴》（2002 年版）等多份资料的汇总分析，就地域分布而言，2002 年东部 10 省份的科研人员总数占到了全国总量的 41%，相比之下，西部 12 个省（自治区、直辖市）的科研人员总数仅与中部的数量相当，占比为 24%，而东北地区的科研人员比例较低，仅为 11%。

## 第四节　科技人才队伍建设的蓬勃发展
### （2003~2011年）

自 21 世纪起，中国科技发展进入了快速发展期，国家在战略层面出台了一系列的政策和措施，科技发展战略逐步升级。2003 年 12 月，中央召开第一次全国人才工作会议，通过了《中共中央国务院关于进一步加强人才工作的决定》。这次会议明确提出实施人才强国战略，并指出党管人才原则是开创人才工作新局面的根本保证，阐明了党管人才的重大意义、科学内涵、工作要求和工作格局，强调要坚持党总揽全局、协调各方的原则，各级党委和政府要把人才工作作为一项重大而紧迫的战略任务，切实抓紧抓好。第一次全国人才会议标志着我国科技人才队伍建设进入了蓬勃发展的新时期。

## 一 人才强国战略的提出与实施

在 2003 年 12 月举办的首届全国人才大会上，详细阐释了人才强国战略的科学含义、理论指导、基本准则以及核心要求，明确提出必须秉承尊重劳动者、崇尚知识、重视人才、鼓励创新的宗旨，将推动发展定位为人才发展的核心宗旨，致力于汇聚各领域杰出人才，为党和国家各项事业贡献力量。[①] 人才强国战略，就是要牢固树立人才资源是第一资源的理念，把人才队伍建设提升到国家战略的高度，营造良好人才创新生态环境，全面激发人才的积极态度、主动精神及创新思维，迎来人才涌现、才尽其用的全新局面，促使我国从人力资源丰富的国家转变为人才实力雄厚的大国。[②] 人才强国战略是国家和民族长远发展大计。

### （一）人才强国战略的提出背景

在改革开放的起步阶段，随着我国将工作重心转向加快社会主义现代化建设，社会经济的发展对人力资源的渴求愈加强烈，人才供需之间的不平衡日益显著，人才问题逐渐成为核心的讨论焦点。1978 年 12 月，党的十一届三中全会圆满落幕，我国正式采纳了"尊重知识、尊重人才"的核心战略，这一决策极大地鼓励了广大知识分子及各界杰出人士积极投身国家经济建设的最前沿。关于打造人才梯队，党组织确立了领导干部队伍发展的"革命化、年轻化、知识化、专业化"的"四化"方针，全方位实施知识分子发展战略，依次恢复高等教育入学考试制度、专业技术职务评定体系、院士级别评定机制，打造了博士后人才培育体系，设立政府特殊津贴制度，奖励卓越的专家学者及青年技术精英，此举有力推动了经济增长与体制变革，确保了人才资源的稳固。进入 21 世纪，国际与国内的局势发生了新的转折，这使人才议题上升至国家战略的高度。观察国际环境，经济一体化趋势愈加明显，科技发展日新月异，知识和技术革新步伐加快，产业变革持续深化。国

---

① 薛泽洲：《中国中部地区现代化发展战略研究》，中共中央党校博士学位论文，2004。

② 张向东：《当代中国政府公共人才资源开发的战略与目标》，《沙洋师范高等专科学校学报》2009 年第 1 期。

家间的较量正日益激烈，其核心在于以经济力量为基础、科技创新为先锋的整体实力较量。在当前形势下，人力资本已成为决定国家综合实力的关键因素，占据着根本性、关键性和前瞻性的战略地位。观察国内发展态势，我国正处于全面构建小康社会、加速推进社会主义现代化进程的紧要关头。当前，社会经济发展对人才的需求与人力资源短缺的矛盾愈加尖锐，高端人才和技术人才极度匮乏；人才队伍构成存在失衡问题；而人才管理机制及其运作方式与社会主义市场经济体制之间存在较大不匹配，这些问题迫切需要被纳入党和国家的决策议程。

在 2002 年这个关键时刻，我国在加入世贸组织后迎来了新的发展局面，面对世界经济一体化和国家综合实力的激烈角逐。为了确保中国特色社会主义道路的稳健前行，中共中央、国务院发布实施了《2002—2005 年全国人才队伍建设规划纲要》。本规划纲要首次系统地阐述了"实施人才强国战略"的指导原则，对新时期我国人才培养的整体工作进行了细致规划，明确了当前阶段及今后一个时期我国人才发展的战略方针、明确目标以及核心措施。显而易见，该规划纲要是对过去我国人才战略思维的进一步提炼和全方位的规划安排。

2003 年 12 月，中央委员会首次举办全国人才发展大会，颁布了《中共中央国务院关于进一步加强人才工作的决定》。该文件特别提出，构筑人才强国战略是党和国家的核心且时不我待的使命，并出台了一系列相关指导方针和政策措施。2007 年，我国正式将打造人才强国作为国家发展的核心战略，并将其确立为推动中国特色社会主义伟大事业的重要基石，这一理念被正式载入党的纲领和十七大的正式文件中。此举标志着我国人才强国战略的全面实施，我国开启了迈向全面深化发展的崭新篇章。[①]

（二）人才强国战略的理论内涵

人才强国战略的核心是"人才兴国"。国家的繁荣昌盛，根本在于人才

---

① 李平辉：《胡锦涛人才思想述论》，《湖北经济学院学报》（人文社会科学版）2013 年第 4 期。

的充沛。依托人才以振兴社稷,踏上人才强国的征途,全力增强国家的核心竞争力与综合实力,构成了人才强盛国策的精髓所在,简而言之便是"人才兴国"。所谓的"强国",实际上是指增强国家的力量、恢复国家的尊严,也就是全方位增强国家的核心竞争力和综合实力。关于这一点,《2002—2005年全国人才队伍建设规划纲要》具体制定了战略指引:要抓住时代给予的契机,敢于迎接挑战,全力建设人才强国,这一战略是实现国家整体实力提升、国际竞争力增强以及推动中华民族伟大复兴梦想成真的基础方针。在全国人才发展战略研讨会上,胡锦涛同志深入阐述了一个重要观点:将人才强国战略的实施定位为党和国家刻不容缓的核心使命,必须毫不动摇地贯彻落实。我们务必全力以赴,持续增强我国在全球的竞争力和整体实力,为实现全面构建小康社会和中华民族伟大复兴的宏伟愿景构筑稳固的后盾。此战略目标在于塑造一个"现代化强国"。国家兴盛发展的核心策略之一便是,实施人才优先发展战略需与国家整体战略规划相契合,在此基础上协同发展,确保我国发展蓝图得以实现,同时提供充沛的人才资源和高智能的支持。进入新千年,我国勾画了一幅现代化的壮丽画卷,计划在2020年之前全面建成小康社会,展望2050年,力求全面实现现代化建设,把我国建设成为一个经济繁荣、政治民主、文化灿烂、社会和谐的社会主义现代化强国。

在建设和谐社会及促成中华民族伟大复兴之路上,"人才资源强国"的根基至关重要,必须让人才的能量得到充分释放。鉴于此,全力推动人才振兴策略的核心使命应当集中在打造"人才资源强国"并竭尽全力激活人才的内在潜力。需激发社会各界的主动性和创造性,采取多样化的手段,全力以赴挖掘人才潜力,加快我国由人口众多的大国转型为人才资源充沛的强国步伐。致力于培养一支人数众多、素养卓越、结构均衡、充满活力的队伍,这支队伍不仅有力地应对了我国经济与社会发展的各项要求,而且在世界竞技场上同样展现出竞争力,为我国21世纪的经济社会发展宏伟蓝图奠定了稳固而可信赖的人才基础。

### （三）人才强国战略的工作重点

面对新时代、新阶段的挑战与发展使命，党和国家制定了一项至关重要的战略——人才强国战略。该战略遵循科学发展的理念，努力构建以创新为核心的国家发展模式，营造和睦共生的社会主义社会氛围，加快社会主义现代化建设步伐，持续开辟中国特色社会主义发展的新天地。为实现我国在全球复杂局势中的战略主导地位，党和国家迫切需要培养一支庞大而充满活力的党政管理人才、企业经营管理人才以及专业技术人才队伍。正是基于这样的考量，政府在2007年的工作报告中特别强调了持续推进人才强国战略的重要性，并且详细部署了当年实施该战略的核心任务，具体涉及四大关键领域。

第一，积极促进各类人才队伍的构建，以高层管理人才和高级技术人员为核心，着力培育一批具备自主创新能力的行业领袖及中青年高端专业人才。一是着重于培养创新型的科技人才群体，全力推进高级专业技术人才的梯次建设。我们必须深入研究并拟定一系列旨在强化创新型科技人才队伍发展的政策与措施，加速培育各类专业技术人才并推动其持续教育。同时，持续落实"高校高层次创新人才计划"等关键项目，拓展高端人才的开放式培养途径，增加公费出国留学的名额，并精心组织高层次人才的出国（境）深造任务。通过上述举措，致力于培育具备自主创新能力的领军人才及中青年高级专业人才。二是深化高技术人才培养战略。在生产前沿，高技术人才扮演着不可或缺的支柱角色，他们是推动经济持续高速发展的关键因素。必须持续执行《关于进一步加强高技能人才工作的意见》，优化产学研协同育人体系，加强职业技能培训中心的打造与职业教育教师队伍的素质提高。

第二，加快人事制度改革，推动人力资源合理分布。人才的培育固然关键，但能否达到最佳配置，能否有效发挥其效能，受制于众多关联因素，在这些因素中，人事制度扮演着至关重要的角色。历经数载辛勤耕耘，人事体制革新领域实现了显著突破，然而依旧面临着若干妨碍人才顺畅转移与资源最优分配的体制性瓶颈。所以，迫切需要加速革新事业单位的人事管理架构，不断深化对政府和事业单位薪酬收益分配机制的改革，以打造更为合理的人才激励与保障机制。为了增强人才资源在市场上的配置效能，全力打造一个健全的人才市场服务体系，鼓励多方人才积极投身于乡村、基层、边远地区以及环境艰苦的领域，促进人才在城乡、不同地区、各行业中的平衡流动与高效配置，从而推动人才服务领域的健康发展。

第三，倡导海外留学人才返国就业、贡献国家，同时深化引进和聘请国外高端专业人才的策略。留学政策成为我国改革开放根本策略的一个关键组成部分。在改革开放的起步阶段，党和国家便确立了派遣留学生的重要决策，这一行动充分体现了党和国家一直将人才发展置于国家现代化建设全局的战略高度。面对某些短期内我国专业人才尚不具备充足实力或存在能力短板的领域，通过派遣学生赴先进国家深造，利用其教育资源加速人才培养进程。此策略成效显著，对我国社会主义现代化进程起到了极大的推动作用。在深入梳理留学事务成功经验的基础上，着眼于国家战略大局，我们应当坚持不懈地贯彻"支持留学、鼓励回国、来去自由"的留学方针，进一步为我国公民出国深造提供更加周到的服务与帮助。我们必须全面认识到海外留学人才是我国宝贵的人才资源，致力于引导留学归国人员积极投身国内工作领域，并激发他们通过多种方式为国家的繁荣发展作出贡献。需研究并构建高效的海归人才引进机制及实施平台，迅速完善留学归国者服务系统，强化留学归国人员创业基地的发展。持续开展"春晖计划"等促使留学人才归国就业、为国家效力的项目。在此期间，必须加大力度关注引入海外智慧资源的任务，充分利用高等院校以及国家级科研机构在汇聚顶尖人才方面的核心优势，竭力招募和聘请更多海外的资深专业人才。

第四，倡导社会各界普遍认同崇尚劳动、崇尚知识、崇尚人才、崇尚创新的价值观念。贯彻人才兴国战略，着力打造各类人才梯队，这要求各级党组织、行政部门以及社会各方面通力协作。其中，关键环节是要在整个党和全社会树立起重才观念。这不仅意味着对科研人才的重视，更要特别关注生产前沿的技艺型人才，确立起全面的人才观念，对所有掌握专门技能的人才的付出、学识和创造力给予应有的尊重。唯有如此，才能在整个社会树立起崇学、尚工、重创的价值理念，促使社会各界齐心协力营造一个有利于人才智慧得以施展的环境。各级政府应当根据本地区具体状况，认真破解影响人才成长的一系列思想瓶颈、公众误解以及体制障碍，积极营造尊重劳动者荣誉、重视知识力量、凸显人才地位以及鼓励创新意识的环境，把这一理念作为落实"三个代表"重要理念、全面执行科学发展观、促进人才强国战略实施的根本使命。①

## 二 科技人事管理制度的完善

2002 年，党的十六大提出制定国家中长期科学和技术发展规划。2003 年 6 月，国务院成立了规划领导小组。随后，动员和调集全国 2000 多名专家分设 20 个专题进行战略研究，历时两年完成了《国家中长期科学和技术发展规划纲要（2006—2020 年）》的编制工作。

在 2006 年 1 月的全国科学技术大会上，中共中央、国务院宣布了旨在打造创新型国家的重大战略决策。紧接着，发布了《国家中长期科学和技术发展规划纲要（2006—2020 年）》，其中明确了未来 15 年国家科技事业的发展方向，即以自主创新为核心，实现关键领域的飞跃，为发展提供坚强支撑，并引领未来科技前沿。本规划纲要致力于将激发创新活力作为核心驱动力，着重打造以企业为主体、产学研相结合的创新生态系统，全面加速国家创新体系的完善。力争在 2020 年，使我国步入全球创新强国行列。规划纲要明确提出，必须加快步伐，着手打造富有中国特色的国家创新体系，争取在 2020 年形成较为完善的中国风格的国家创新体系框架，大幅提升我国自主创新的核心理念，保障我国跻身创新型国家之列，奠定稳固的发展基础。规划纲要强调：科技体制改革的根本宗旨在于推动并优化国家创新体系的构建。该体系以政府为核心引导力量，充分调动市场在资源配置中的决定性作用，实现科技创新主体之间的紧密合作与高效联动。同时，规划纲要还从五个层面着手，提出加快构建中国特色国家创新体系的策略：①打造以公司为核心、产学研一体化的技术革新架构，以此作为全面推进国家创新体系构建的关键切入点；②构建融合科学研究与高等学府的知识创造体系；③打

---

① 杨宏波：《胡锦涛人才思想研究》，大连海事大学博士学位论文，2011。

造融合军民技术、以民养军的国防科技革新网络；④构筑具有地方特色和优势的创新生态圈；⑤建立覆盖广泛、互联互动的科技服务网络体系。

2010 年 5 月，党中央、国务院举办了第二届全国人才发展高峰论坛。论坛深入探讨了当前人才发展所面临的崭新挑战与使命，针对贯彻实施《国家中长期人才发展规划纲要（2010—2020 年）》以及安排现阶段和未来一段时间内的人才发展任务进行了全方位的安排与布置。大会的归纳性发言明确强调，本次全国人才发展论坛是在我国社会主义现代化建设踏上新起点、人才发展面临全新环境和任务的关键时期举行的一次关键性会议。要求各地各级单位统一理念、升华见识，紧密围绕打造人才强国这一核心战略，全力以赴确保人才发展各项政策切实执行到位；必须深入理解并主动顺应人才发展的自然规律，着重考虑其客观要求，防止偏颇之见，有效提升人才工作的科学性；务必秉持以用为本的原则，确保人才各得其所、适时启用、各展所长，最大限度地激发各类人才的潜能；需营造崇尚人才、贤能共进的社会氛围，激发创新精神、宽容失败的职业氛围，确保合理薪酬、生活无忧的居住条件，打造公正透明、机会均等的选拔体系，助力杰出人才崭露头角；需坚持不懈地优化党管人才的方针，深化党管人才的策略，实现人才的解放与成长，充分发挥人才效能，号召各地各部门迅速响应，科学规划现阶段及未来的人才发展蓝图和具体策略，加快推行关键人才政策和项目，打造有利于人才发展及才能展现的优越条件。

## 三　科学技术队伍建设

2005 年，我国确立了坚定不移走自主创新道路、全力打造创新型国家的战略目标。2006 年，正式颁布了《国家中长期科学和技术发展规划纲要（2006—2020 年）》，清晰地提出了以自主创新为核心，实现重点领域的突破，为经济社会发展提供坚强支撑，同时引领科技发展的未来方向的科技发展新战略。党的第十七次全国代表大会明确指出，增强自主创新的核心能力，打造创新型国家，是转换经济增长模式的关键路径。

（一）科技工作者的主要组成

在我国改革开放持续深化的背景下，私营领域经济规模逐步扩张，众多科技人才纷纷加入私营企业行列。不少刚毕业的科技专业学子也选择直接步入民营公司的大门。在此阶段，民营领域的科技人才特别是工程技术人员人数持续攀升，其所占比例也在不断增大，已然成为科技人才队伍中不可或缺的一股力量。①

1. 科技工作者存量

这一阶段我国科技工作者的存量为 2079 万人。

2. 科技工作者增量

在这段时间内，我国对教育的整体投入实现了大幅度的增长。继大学招生规模扩大之后，中央政府决定在原有的"211 工程"之上，进一步启动旨在推动高校优势学科创新发展的"985 工程"，其涵盖了高校优势学科创新平台项目，同时，还实施了以推动中国科学院改革为核心的知识创新工程。这样不仅在数量上，而且在质量上保证了科技工作者的发展。中国科技工作者队伍实现量度和质度"双提升"。

国家的经济蓬勃发展与科技进步密不可分，科学技术的潜能被深入挖掘并得到充分的展现，这催生了社会对科研人才的强烈渴求，进而导致科技领域职位数量的不断增加。

这一阶段每年大约培养科技领域毕业生 2300 名。自 20 世纪 90 年代起，我国高等教育迅速扩展，高校作为科技人才的主要输出地，其科技领域毕业生的数量迅猛提升。特别是在那个时期末段，每年走出校门的大学毕业生高达 700 万人，科技领域毕业生在总毕业生中所占比例大致保持在 50%～60%。在九年的时间跨度内，科技领域毕业生的总人数累计为 2300 万人左右。与先前状况不同，这一时期不仅常规高校持续扩大招生规模，成人高等教育院校及网络教育院校也相继涌现并逐步壮大。

高层次科技工作者的来源——研究生群体的毕业数量迅速攀升。在当前

---

① 刘薇：《新中国成立以来科技工作者队伍的发展》，《科技导报》2019 年第 18 期。

阶段，研究生毕业总数累计已突破 308 万大关，这一变化显著提高了科技人才队伍的整体素质。

海外留学及归国人员的数量呈现稳步上升的趋势。教育部数据显示，自 1978 年至 2011 年，总计有 224.51 万名各类学子踏上了留学之路，而在过去五年中，自费出国留学的学生占比始终维持在 90% 以上。同时，归国留学人员的总量达到 161.77 万人，其中 72.05% 的海归学子在完成学业后选择了返回国内投身于国家建设。

（二）科技工作者的总量和结构

在当前阶段，科技领域的从业者不仅包含了前一时期增长的高级职称经济师、法律专业人士以及技术技能人才，还应实际情况之需，包括从事科技辅助及服务工作的队伍，这主要涵盖了专业的科普工作者以及科技管理岗位的职员。

1. 科技工作者的总量

截至 2011 年，科技工作者总量达 3938.32 万人。

这一阶段科技工作者群体得以快速增长（见图 1-7），从 2003 年的 2238.79 万人增长到 2011 年的 3938.32 万人，增量达 1700 万人，增幅创了历史纪录。2011 年，我国科技工作者队伍规模达到全国总人口的 2.92%，显示出我国民众的科技素养正逐步攀升。

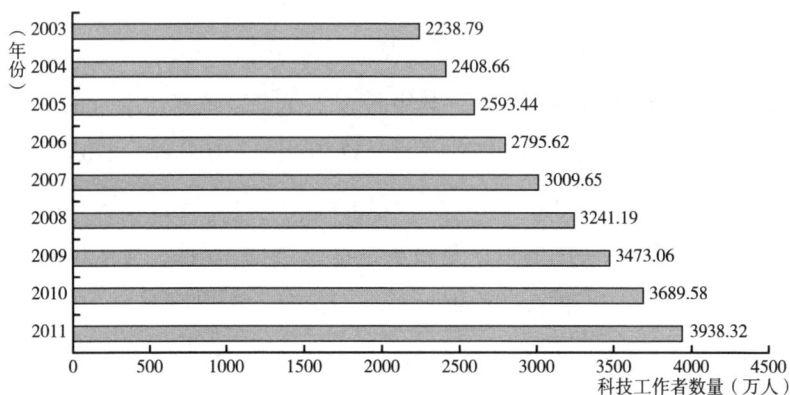

图 1-7　2003~2011 年科技工作者数量

数据来源：中国科协创新战略研究院《创新研究报告》，2019 年第 57 期。

2. 科技工作者的结构

在这九年的时间里，我国科技领域取得了迅猛的发展，从事科技工作的人员数量显著上升，几乎所有科技领域的专业人才数量都实现了较大幅度的增长。特别值得一提的是，鉴于我国作为制造业强国的地位，工程技术人员的数量始终位居前列。2011年，从事工程技术的专业人员在整个科学技术工作者中所占的比例达到了49%。与此同时，与之密切相关的技能高超人才的增长速度更快，若将这两部分合并计算，它们所占的比例已超过整体数量的60%（具体为64%）。农业领域的技术人才数量翻了三倍以上，科研人员的数量也实现了翻倍增长，创下了历史新纪录。这一变化真实反映了我国科技事业的飞速进步和科研实力的显著提升（见图1-8）。相对而言，由于国家机关的精简政策以及公务员岗位的限制，科技管理人员的人数及其占比几乎没有发生变化。

高层次科技工作者的来源明显增加。在这个时期，具备较高教育水平的科技人才——研究生毕业生的数量自1978年起急剧上升，总体规模持续扩大。特别是在改革开放的推动下，增速加快，截至2011年，研究生毕业生总数达到了43万人，整体规模累计至221.01万人，其中包括的博士研究生数量同样呈现稳定增长态势。归国留学人员的数量也急剧增长，这为我国提供了更多的高素质科技人才。

科技工作者的地理分布不均衡状况进一步显著。2010年，科技工作者的空间分布呈现更加明显的差异，其中科技工作者数量居前五位的地区分别是广东省（323.15万人）、江苏省（319.37万人）、山东省（276.77万人）、北京市（240.05万人）以及上海市（216.84万人）。这些地区普遍经济较为繁荣，科技人才最集中的地区是最少地区人数的86倍，显示出科技人才分布的不平衡性进一步扩大。根据地域分布统计，东部地区的10个省（自治区、直辖市）的科技人才总数占据了全国总数的一半以上；而中部与西部两大区域科技人才的数量相差无几，分别占据了20.22%和19.74%的份额；在西部地区的12个省（自治区、直辖市）中，科技人才的总量还不足全国总量的1/5，东西部之间的差距非常明显，呈现东部多、西部少的态势。

2003年

专职科普
活动人员
1%
科技管理人员
1%
科技教学人员
14%
高级职称的经济和
法律类人员
1%
卫生技术人员
23%
技能型人员（含技师和
高级技师、乡村医生）
6%
科学研究人员
1%
农业技术人员
5%
工程技术人员
（含非公）
48%

2011年

专职科普活动
人员
1%
科技管理人员
1%
科技教学人员
15%
高级职称的经济和
法律类人员
1%
卫生技术人员
21%
技能型人员（含技师和
高级技师、乡村医生）
6%
科学研究人员
1%
农业技术人员
5%
工程技术人员
（含非公）
49%

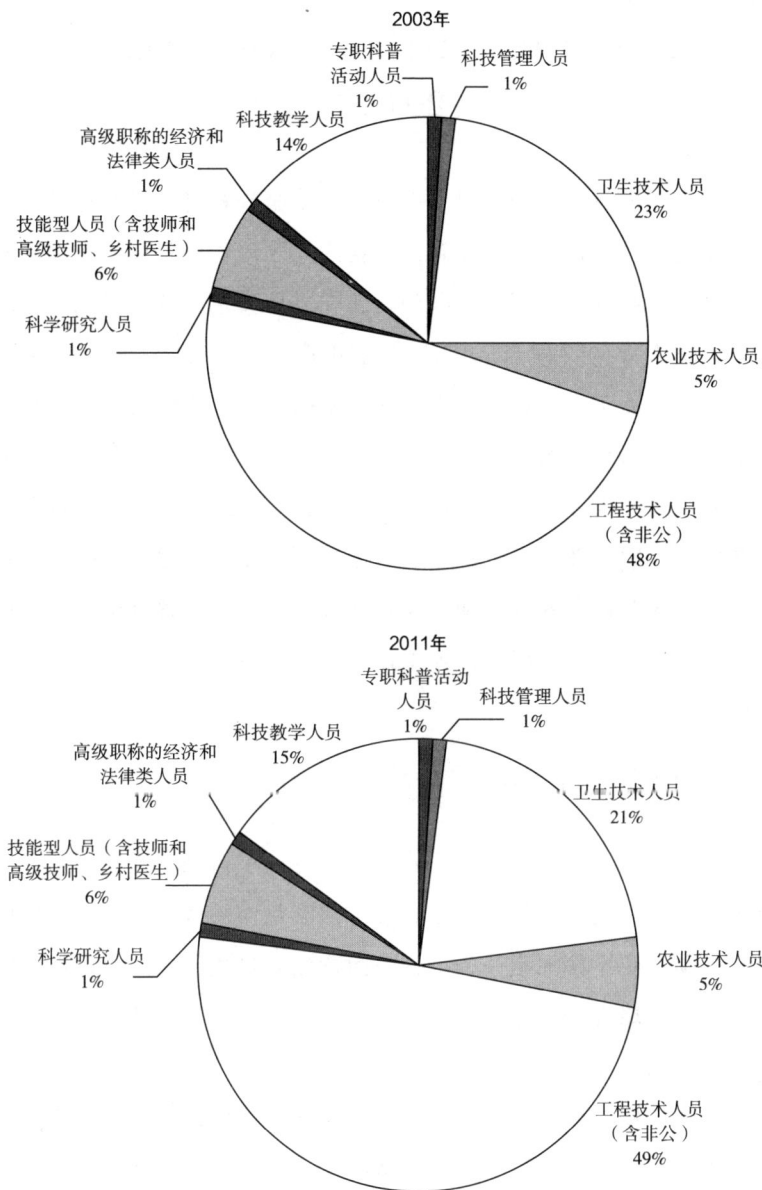

图 1-8　2003 年和 2011 年专业技术人员结构情况

数据来源：中国科协创新战略研究院《创新研究报告》，2019 年第 57 期。

# 第五节 全面深化科技人才管理及队伍建设
## （2012年至今）

自党的十八大召开至今，习近平总书记以全局视野和战略思维，对国家与民族的发展大计进行了全面部署，为我国人才培养和发展的宏伟画卷精心勾勒，提出了一系列创新理念、深刻见解和具体要求，这为我们在新时代背景下开展科技人才的管理与队伍建设指明了方向、确立了行动指南。2021年9月，中央人才工作会议在北京召开并明确提出，积极扶持年轻科研人才承担关键角色、肩负重大使命，持续扩充顶尖科技人才阵容和卓越的创新团队；优化基础研究人才的个性化评价体系及长期资助计划，赋予科研领军人物更多在资源、财务及人员配置上的自主权，以及在技术发展路径上的决策权，打造一个与基础研究特性和人才发展规律相契合的评价机制。中央人才工作会议的召开，标志着我国人才工作，尤其是科技人才工作，进入一个崭新的阶段。

## 一 党的科技人事思想

党的第十八次全国代表大会明确指出，科技革新是增强社会生产力以及国家总体实力的关键战略依托，务必置于国家整体发展战略的核心地位，并着重提出必须坚定不移地走一条符合中国特色的自我创新路径，推行以创新为核心动力的战略部署，这是中国共产党在全球视野下、基于全局考量、面向未来所作出的重要抉择。[①] 踏上全面建设社会主义现代化国家的新征程，创新成为驱动发展的核心引擎，彰显时代的独特风貌，适应了时代发展的潮流，指明了时代的行进路径。这一战略不仅为我国科技创新政策规划了清晰的航向，而且对经济进步策略产生了持久而深刻的作用。自党的十八大起，我国便确立了推进创新驱动发展战略的重要方针，随后党的十九大进一步强

---

① 王常青：《习近平创新驱动发展思想述要》，《岭南学刊》2017年第4期。

调创新是推动发展的核心动力。紧接着，十九届五中全会发出构建科技强国的紧急号召，充分体现了党中央对科技创新策略的连贯性与时代进步性。党和政府在科技创新人才的观念上实现了显著拓展，我国科技人才管理体系的发展步伐加快，科技力量实现了划时代的飞跃。①

**（一）创新驱动发展战略的提出背景**

1. 国内背景

自改革开放至今，我国经济实现了飞速增长，到 2010 年，我国的经济规模已攀升至全球第二。然而，随着人工成本的提高和资源环境的压力增大，以往的经济增长模式已不足以支撑持续发展。我国的经济增长正面临速度调整、结构优化以及动力转换的重大转折点，迫切需要改变发展模式，并充分发挥科技创新在推进经济社会发展进程中的核心推动力。必须构建以创新为核心的发展引擎，塑造全新的动力机制，把创新作为推动进步的首要动力，方能促进发展模式的深刻变革，进而牢牢掌握未来发展的主导权。

在推动创新驱动发展战略的构建与执行阶段，习近平总书记进行了深入阐释，强调必须将创新作为国家整体发展的核心引擎。习近平总书记着重论述了贯彻落实创新驱动发展战略的重要性，加快步伐推动以科技创新为轴心的全方位创新进程，并提出了众多创新性的理念、观点以及具体要求。习近平总书记在 2014 年两院院士大会上的讲话中指出，以资源等要素的大量投入为经济增长和规模扩大的粗放增长模式，难以长久维持。习近平总书记强调，必须通过增强国家的自主创新能力和推动科学技术服务于民众生活，挖掘创新驱动的潜在价值，摆脱依靠要素驱动和投资驱动的增长困局。这样，才能为中国经济的高质量、高效率发展注入新的活力，探索新的发展道路，铸就新的发展辉煌。显而易见，模式的转换并非朝夕之间可以完成的。继党的第十八次与第十九次全国代表大会的报告提出相关方针之后，党的第二十次全国代表大会的报告进一步凸显了必须"加快实施创新驱动发展战略"。

---

① 眭纪刚：《科学把握和实施创新驱动发展战略》，《国家治理》2023 年第 12 期。

2. 国际背景

自 2008 年全球金融海啸席卷而来，世界经济步入了一个深度调整、剧烈变革和全面转型的历史时期。面对这一变局，欧美等地开始重新评估工业的重要性，纷纷推出"再工业化"战略，目的是吸引那些曾经转移到海外的制造业回归本土，并自信地预言，在接下来的 20 年里，通过先进制造业的壮大，将重新绘制全球制造业的竞争格局。在这个脉络下，欧盟委员会提出了"新工业革命"的新战略，并大力倡导新型生产方式的革新，助力新兴产业的蓬勃发展。显然，世界各国已经达成一致看法，即科技创新是激发经济新增长活力的关键，同时将其作为促进经济增长的根本策略。

此外，当前全球正处在新技术革命和产业转型的初期孕育期，全球范围内的技术革新动作空前频繁。这样的动向正在推动全球的创新能力分布和经济结构快速地重塑。由于前一波产业革命的收益慢慢退去，新一场产业革命的出现已经成为历史发展的必然趋势。这一次的技术革新和产业转型，恰是人类对可持续发展的追求与技术进步步入新周期、达到新水平的自然结果。在持续的科学研究与技术沉淀过程中，部分技术已经日趋成熟，其经济投入与产出比值亦趋近于大规模应用与普及的条件，例如新兴的信息技术、创新材料、生物科技以及可持续的能源资源等，它们共同构筑了新一轮工业革命的技术根基。

（二）创新驱动发展战略的理论来源

针对正处于快速发展并进行动力转换阶段的中国来说，其创新驱动发展战略的理论基础主要源自对马克思创新理念的传承，同时融合了中国的实际发展经验，进而构建了一套符合中国特色社会主义政治经济学体系的创新进展理论框架。

1. 西方创新理论的创新发展思想

被誉为"创新理论之父"的熊彼特，因其深刻阐述创新为经济前进的核心动力而备受推崇。他洞察到，经济的跃进实质上是创新带来的根本性变革。当一个行业或领域的某家公司成功实施一项关键性创新时，它会获得巨大的利润回报，进而吸引众多企业纷纷涌入该行业或领域追逐盈利空间。当一系列创新技术与产业崭露头角时，它们将激发资本投入，推动经济活动的扩展，进而在一段时期内引领经济的持续繁荣。不过，这样的长期繁荣期往往因为核心领域技术发展的放缓以及投资机遇的减少而走向终结。熊彼特以历史的视角对这种现象进行了分析，加深了人们对组织、管理、社会以及技术革新之间相互关联的理解，并构筑了经济进步的普遍性理论框架，为后来经济学者的研究奠定了坚实的基础。

但在熊彼特所处的年代，新古典主义学派逐步崭露头角，掌控了学术主流，而关于长远发展的理论则逐渐淡出视野。熊彼特的理论诞生后，因其与主流经济观念相悖，未能获得学界充分认可。大约 30 年过去了，自熊彼特去世以后，学界中的一些研究者逐渐领悟到其创新理论的深刻影响，并在其思想的基础上，逐渐塑造被称作"新熊彼特学派"的学术流派。此理论体系立足于演化经济学，将创新理念置于其学说中心，与新古典主义的理论路径有着显著的差异。他们认为，经济变革的核心驱动力源于"新颖的创造"，这一因素不仅是推动经济变革的关键，而且在传统的经济学教材中却鲜有提及。虽然西方的创新理论在一定程度上取得了成效，但在指导中国的创新与发展上，这些理论仍显得力不从心。鉴于此，此类学说多基于经济先进国家的实际操作，其依托的历史与文化背景具有特殊性，难以直接应用于各类情境。特别是在探讨发展中国家如何实现技术进步、国家在创新道路上的角色等核心议题时，这些理论并未进行深入的探讨与阐述。

2. 马克思恩格斯的创新发展思想

马克思身处工业化和科技革新浪潮之中，对于技术革新有着浓厚的兴趣，尤其是西方世界大工业生产模式崛起的深远影响。在他看来，技术发展的意义不仅局限于某一行业内生产技术水平的提升，带来的生产效率提高、劳动力时间的节省以及利润率的增加，更为关键的是新兴的引领性生产领域的诞生。根本性的新主导生产部门的出现将显著提升利润水平，并逐步演变为促进宏观经济扩展的核心动力。马克思曾指出，技术革新是引发生产力本质飞跃的关键因素，在生产力与生产关系协调发展的阶段，促进了经济的快速增长。由技术革新所引发的产能效率提升和经济进步，成为资本主义与其他社会体制最鲜明的差异点。马克思进一步阐述，当一项新科技被广泛接受后，它将引发对传统技术的根本性变革，甚至有可能在全球层面上彻底改变依赖过时技术的产业布局与劳动力市场架构。因此，在马克思的理论框架中，关于技术革新的理论扮演了一个极为关键的角色。即便是被誉为创新理论先驱的熊彼特，也公开表示他的理论是受到了马克思创新理念的启发。

恩格斯深入探讨了经济政治理论、产业变革以及工人阶层的生活状况，并亲自撰写了包括著名的《共产党宣言》在内的诸多重要文献，其中蕴含了他关于科技进步的深刻见解。在那个科技飞速进步的时代背景下，恩格斯准确地捕捉了第二次工业革命的浪潮，他从技术进步与生产力发展、生产方式变革以及无产阶级解放这三个维度的相互关系出发，阐释了这场革命在经济发展中的重要影响。恩格斯敏锐地认识到，技术的发展在提高工作效率和推动新产业崛起方面扮演了关键角色，他将其誉为推动变革的顶级动力。他坚定地指出，工业革命的兴起归功于大量创造性机械设备的诞生，这些设备的出现为社会注入新活力。特别是棉花纺织业的飞速进步，引领了整个工业革命的发展，机械化的引入开创了新局面，促使众多行业争相效仿。

3. 毛泽东、邓小平、江泽民、胡锦涛同志关于创新发展的重要论述

新中国的历任领导集体不仅传承了马克思关于科技创新的理论精髓，更将之与我国的实际情况相结合，深入探索并拓展了马克思主义在科技创新领域的理论内涵，为中国特有的自主创新路径和经济增长模式提供了划时代的推动力。

在我国走向工业化和现代化的道路上，中央领导层深刻意识到科技是推动发展的"引擎"，将科技创新定位为现代化道路上的核心要素，关乎现代化建设的成败得失。1956年，我国提出了"十二年规划"，这是探索科技创新如何促进经济增长的一次重要实践。毛泽东主席将掌握科学技术与深入研究马克思主义理论置于同等关键的策略层面，这一举动充分展现了他对于科技在社会主义事业发展，尤其是工业化进程中所占据的关键地位及其作用的深刻理解。

邓小平同志在传承马克思科技理念精髓的同时，提出了科技进步对于社

会主义现代化进程的重要性。邓小平同志坚定地表示，缺乏现代科技的支持，我们将难以构筑现代化的农业、工业及国防体系，更无法达成国民经济的高速增长。他进一步提炼了马克思"科学技术是生产力"的观点，提出"科学技术是第一生产力"，凸显了科技对社会进步的核心驱动作用。这一理念成为邓小平理论的核心要素之一，标志着我国马克思主义科技观本土化进程的一大飞跃。

江泽民同志强调，创新乃民族发展之精髓，是国家繁荣昌盛之源泉。站在国家战略的高度，他提出了振兴科技教育以强国之策。现如今，世界各国之间的较量，本质上是综合实力的较量，其核心则在于科技领域的角逐。实施科教兴国的战略，秉持科技为首要生产力的理念，坚守教育根本，将科技与教育置于国家经济社会发展的核心地位。强化国家科技创新能力，并促进其向实际生产力的高效转化，提升国民的科技文化素养。通过科技进步和劳动者素质的提升，推动经济建设步入新轨道，加快实现国家富强与昌盛的目标。

在迈入 21 世纪的新时代背景下，胡锦涛同志明确提出了打造创新强国的重要科技战略。这一战略理念，在推动科学发展观的具体实践以及实现全面建成小康社会的历史任务中，扮演了至关重要的角色，具有深远的理论影响和实践意义。胡锦涛同志强调，必须依靠自身的努力实现科技领域的重大突破，并在策略方法上指出，科技进步应当依靠自力更生的创新来达成飞跃式的发展。在 2008 年全球金融海啸席卷之际，我国果断提出积极发展关键性新兴行业，推动经济模式向更高层次转型。

4. 习近平新时代中国特色社会主义思想关于创新发展的论述

自党的十八大召开至今，以习近平同志为核心的党中央深思熟虑、指引方向，将创新作为国家整体发展战略的重中之重，构筑了创新驱动发展战略的总体框架与深远规划，实施了一系列具有基础性意义的重大措施和长远规划，助力我国在迈向世界科技强国的征途上稳健前行。2016 年，党中央、国务院联合发布《国家创新驱动发展战略纲要》，明确指出推进创新驱动是一项全方位的转型，致力于打造一个包含多元创新主体协作配合、创新要素高效流通及优化配置的生机勃勃的生态体系，以此构建起推动创新驱动发展的实践平台、政策框架和支撑环境。打造创新机制以促进创新模式的变革。我国在"创新驱动发展战略"中明确勾画了至 2050 年，分阶段实现成为全球科技创新领军国家的战略规划，即"三步走"的宏伟蓝图。①

在 2022 年 10 月 16 日举行的中国共产党第二十次全国代表大会上，习近平总书记发表讲话，明确提出：必须紧跟全球科技发展前沿，紧跟国家经济发展核心领域，紧跟国家战略需求，紧跟国民健康福祉，全力推进高科技领域的自主创新能力提升至新高度。紧扣国家发展大局，整合优势资源致力于突破性的科研探索，坚定决心，务必在核心技术领域取得决定性胜利。迅速推进一系列具有战略意义、全局影响和未来视野的国家重点科研项目，提升自主创新水平。强化基础知识研究，注重原创性成果，倡导无拘束地科研探索。优化科技资金投入效益，推进财政科技资金分配与使用机制改革，激发创新动力。促进企业主导的产学研融合发展战略，强调目标导向，提高科研成果的转化效率和产业运用水平。明确企业在科技创新链条中的主导作用，利用行业佼佼者的引领作用，营造有利于科技中小企业创新创业的良好环境，推动创新链、产业链、资本链和人才链的全面融合与发展。②

此外，习近平总书记还多次对"创新发展理念"进行阐述，强调"科技创新特别是原始创新要有创造性思辨的能力"。"创新发展理念"蕴含以多种形态的质变实现科技发展上"弯道超车"的理论可能。创新发展依赖创造性思辨的能力、天才的思维和灵光一现的智慧。除了通过不断地积累以渐进的量变实现质变之外，事物的构成部分在时空排列顺序上的改变同样能够引起自身性质的变化，这是引发质变的另一种形式。"创新发展理念"内在地蕴含着以改变构成事物组成要素之间的既定结构和固有功能推动事物发展质变的创造性哲思。"创新发展理念"主张强化重点领域的科技创新，以关键共性技术、前沿引领技术、现代工程技术等颠覆性技术创新为突破口，

① 樊春良：《面向科技自立自强的国家创新体系建设》，《当代中国与世界》2022 年第 3 期。
② 吕桁宇、马春爱、汤桐、曹梦瑶：《董事会非正式层级、机会响应与企业创新效率》，《科技进步与对策》2024 年第 5 期。

开辟出发展新领域、新赛道，为新时代中国发展"弯道超车"、实现发展的"质变"赋予了新动能、新优势，提供了新思路、新方法。

### （三）创新驱动发展战略的主要内涵

推动进步的根本动力在于创新，它构成了国家壮大之路上不可或缺的策略方针。其深层含义主要可从这三个层面来深入理解。

#### 1. 创新是引领发展的第一动力

创新是源源不断地转变过程，它以"创造性破坏"的形式淘汰陈旧元素，打破常规的思维模式，追寻未知的潜力，从而创造了新的成长契机和问题解决方案。革新固有的属性在于废旧立新，那是在汲取历史经验教训的同时，对既有事物进行重塑与升级，并且孕育出全新的实体，推动事物向前发展。借助革新，我们得以更深入地洞察世界、塑造世界，促进经济社会的持续进步。创新所扮演的角色至关重要，它直接影响着进步的节奏、效率以及持续发展的潜力。通过创新所诞生的先进技术、全新商品和变革性模式，有力地促进了经济社会的全面繁荣，并且显著提升了民众的生活品质。现如今，创新已经变成各国和组织之间争夺市场领先地位的关键策略。在全球化与信息化的大背景下，创新力已上升为各行业竞争的核心要素。

#### 2. 创新位居新发展理念之首

党的十八届五中全会上，习近平总书记明确提出了创新驱动、和谐共生、绿色低碳、开放包容、共享共赢的全新发展观，这一理念针对我国经济发展面临的新局面和新挑战进行了理性的提炼，同时也是顺应全球发展潮流、满足人民对幸福生活追求的必然抉择。在这一理念中，创新不仅是经济进步的根基，更是推动经济向前发展的核心动力，成为促进经济高品质增长的关键所在。在当前的经济转轨时期，创新扮演着推动经济攀升、调整产业布局以及增强市场竞争力的核心角色。伴随人类生产活动的持续深化，提升生产力水平必须不断致力于技术革新、管理改革以及体制创新等多领域的积极探索。唯有持之以恒地贯彻创新发展战略，打造创新驱动的经济体系，加速生产效率的提升，方能使经济由高速增长转向高质量发展模式，确保经济社会稳健而持续地发展。

3. 创新居于国家发展全局的核心位置

自党的十八大起，中央领导层对于创新在推动发展进程中的重要性认识持续提升。党的十八大报告首次明确提出了以创新为核心动力的战略布局，着重强调科技创新作为提高社会生产力及国家综合实力的关键战略地位。报告着重强调了坚定不移走中国特色社会主义自主创新之路，推动科技体制改革向纵深发展，加速构建国家创新体系，推动科技与经济的深度融合。党的十九届五中全会重申了一个核心理念：在我国现代化建设的宏伟蓝图中，创新扮演着至关重要的核心角色，我们将科技的自立与自强定位为国家进步的根本战略支撑。这一重要决策体现了党中央立足全球视野、着眼于长远战略的深刻洞察，进一步彰显了科技创新在推动经济社会发展进程中的极端重要性。党的二十大报告明确提出：科技为推动发展的首要动力，人才为支撑进步的根本要素，创新为引领变革的关键力量，全力推进科学研究与教育振兴计划，打造人才济济的强国，落实创新引领发展计划，探索新的发展领域与道路，持续铸就新的发展动力与优势。在当今全球一体化、信息网络化、数据化、智能化的人环境下，科技革新扮演着促进经济增长、增强国家综合实力的核心角色。将科技创新放在国家发展战略的核心地带是契合时代潮流的必然举措。

（四）创新驱动发展战略的现实意义

在全面开启社会主义现代化建设新篇章的过程中，创新成为推动发展的核心动力，它映射了新时代的特色、契合了时代的新需求，并为新时代的进步指明了方向。这一理念在我国的科技政策制定，尤其是科技创新与人才政策的规划，以及优化科技人才管理体系方面，起到了至关重要的引领作用。

1. 创新是推动经济社会发展的核心

推动发展新引擎的核心在于激活科技创新对经济社会发展的推动和领导力，当前发展阶段务必消除昔日科技与产业脱节的现象。我国科技管理体系持续革新，明确了自主创新能力作为发展的根本路径，营造了以科技为依靠、以科技为支撑的健康文化环境。近期，国家级实验室、研究机构，研究型大学及科技领域的头部企业战略地位日益显现，反映出我国创新主体的构建正面临深层次的变革。除了在科技创新方面的硬件投入，多个政府部门接连颁布了针对摒弃"四唯"与"五唯"问题的相关通告，目的在于释放科研人员的活力，并引领他们由原有的科技发展模式转向以任务为导向的创新模式。同时，我国对基础研究的资金支持力度逐年加大，这反映出科技自立自强的理念正在逐步落实为具体行动，一个崭新的科技生态环境正在逐步构建，而新型科技发展模式的轮廓亦日渐明朗。

2. 制度创新是推进科技创新的保障

面对新一轮科技浪潮与产业转型带来的挑战，国家科技创新能力面临更严峻的考验。在这一过程中，制度凭借其本质性、持久性、稳固性和宏观性特质，成为支撑科技创新的坚强后盾。科技作为人类智慧的产物，在构建制度框架时必须贯彻"以人为本"的理念，融合个人成长与科技创新的双重进程。我们要摆脱对资历、职务及职称的单一依赖，既要摒弃"五唯"旧观念，又要树立新的评价标准。同时，推行"揭榜挂帅""赛马竞技"等新型制度，赋予科研领军人物更大的自主决策权。另外，需充分利用国家作为"组织者"与"协调者"的职能，通过机制化手段激励科研人员针对国家关键性及迫切性课题进行深入研究，同时引入竞争激励和示范引领机制。构建以研究成果的品质、成效和社会效益为评价核心的全面评价体系，强化科研成果对经济社会发展的积极作用。整合企业、民间、市场以及政府等多方力量，促进资源优化配置，提升科技研发的市场回报率，实现创新产业链的高效整合。

3. 人才是加快创新发展的第一资源

激发创新人才的潜能是科技创新的核心动力，推动创新事业向前发展，必须努力破除限制人才成长的政策障碍和体制束缚。我们要持续激发人才的创新创业热情，为全方位深化创新改革、落实创新驱动发展战略提供坚实的人才基础。同时，构建完善的选拔和任用体系，确保优秀创新人才得以脱颖而出，实现人才资源的最大化利用，让每一位人才都能发挥其最大价值。2016年，中央发布的《关于深化人才发展体制机制改革的意见》明确提出，要打造一套标准化、包容性强、效率领先的人才治理新体系，确立起在全球范围内具备竞争优势的人才政策优势。政府、高等教育机构以及科研单位需共同营造一个促进创新人才茁壮成长的优良环境，完善更为合理的人才激励与分配体系、更为精准的人才评估制度、更为流畅的人才交流体系，确保人才引进与使用达到和谐统一。让每一位人才都能发挥最大潜能、展现个人特长、获得相应位置，激励广大人才投身于以创新为动力的伟大发展征程。

## 二 新时期的科技人事管理制度

自党的十八大召开至今，科技体制革新一直将人才置于核心位置，既是起点也是归宿。科技领域的体制改革与人才发展的主体、平台等其他方面相关改革紧密联系，必须综合部署、共同进步，这一进程亦彰显了人才作为关键驱动力的引领效应。

自 2006 年发布《国家中长期科学和技术发展规划纲要（2006—2020年）》以来，依据规划大纲所确立的方针理念及核心工作安排，我国中央各部委及地方政权纷纷制定并发布了一系列指导方针和具体实施办法。2012 年，中共中央、国务院联合发布《关于深化科技体制改革加快国家创新体系建设的意见》，重申至 2020 年，我国将构建一个与社会主义市场经济体制相契合、遵循科技进步规律的独特国家创新体系。文件特别指出企业是技术创新的关键推动者，并对一系列具体目标和指标进行了详细阐述。[①]

2013 年以来，我国中央领导机构与相关政府部门共计颁布了 220 项关于科技人才的策略措施。其中，由中央委员会与国务院直接发布的政策有76 项，占据了总数的 34.5%；而科技部、教育部等其他相关部门制定的政策文件累计达到 144 项，占总数的 65.5%。根据十大政策分类，整理归纳出66 类政策类别和 1031 项政策精髓。从全局视角分析，我国的科技人才政策基本上覆盖了所有研究领域、科研人员的各个职业成长期、不同年龄段以及

---

① 樊春良：《对外开放和国际合作是如何帮助中国科学进步的》，《科学学与科学技术管理》2018 年第 9 期。

多种级别的科技工作者。2013~2015 年，平均每年发布的科技人才政策文件稳定在 14 份左右；而 2016~2020 年，这一数字攀升至 35 份。这一变化凸显了自党的十八大之后，我国对科技人才领域的关注显著提升，不断强化科技人才在政策体系中的核心地位，并持续加大政策的支持力度。观察政策发布的主导机构，可以发现，中共中央、国务院以及相关部委都相继推出了旨在支持科技人才的政策，构建了一个涵盖多级别、跨部门、涉猎广泛的政策支持网络。在政策推行过程中，充分激发了各级政府部门、市场机制以及雇主的积极参与，针对不同职能部门的特性，政策制定者有针对性地制定了细化的执行标准。

从政策惠及对象的角度分析，科技创新人才的相关政策手段和种类呈现多样化特点，我国构建了一个涵盖各类科研工作者及其职业生涯各个阶段的全方位科技人才政策框架。从政策内容看，政策的焦点相对集中，核心议题集中在科技创新人才密切关注的几个领域，包括科技评估体系的完善、科技成果向实际应用转化的推动、收益分配机制的优化、科技项目管理体制的革新、科研自主权的扩大以及科研诚信的维护等方面。而政策工具涵盖了具有权威性和指令性的强制工具，如教育培训资源和平台搭建等能力提升工具，以及税收减免、财政补贴、奖励机制、荣誉授予等激励手段，还有通过价值观的引领和行为的规范来进行劝导的工具，同时还包括财务支持、税收优惠、法规约束等营造良好外部环境的政策工具。①

2017 年 10 月，党的十九大报告明确提出了一个观点，即人才是推动民族复兴、掌握国际竞赛先机的核心力量。为了加速构建创新型国家，必须培育和打造一批达到国际标准的战略型科技精英、科研领域的带头者、年轻科研人才以及卓越的创新团队。党的十九大报告首次提出了"战略科技人才"这一新名词，这在党的历史上前所未有，并将其置于科技人才分类的首位，这一举动更加凸显了战略科技人才至关重要的地位。

---

① 科技部人才中心政策研究小组：《党的十八大以来科技人才政策综述》，《中国科技人才》2021 年第 5 期。

2021年9月27~28日，我国举行了中央人才工作高峰会议。会上，习近平总书记着重指出，必须坚定不移地贯彻党的领导方针于人才工作，紧跟世界科技发展前沿，聚焦国家经济发展核心，回应国家战略需要，关切人民健康福祉，全面推进新时代人才强国的战略布局。习近平总书记提出要全面加强人才的培育、引进和利用，加速打造全球领先的人才集聚地和创新平台，确保到2035年社会主义现代化建设取得决定性成就，并为2050年实现社会主义现代化强国的宏伟目标奠定坚实的人才基石。

## 三 科学技术队伍建设

自党的十八大、十九大以来，实施创新驱动发展战略，打造全球科技强国战略已上升至国家层面。习近平总书记明确指出，创新为推动进步的首要动力，并强调新时代科技创新应聚焦三大方向：瞄准世界科技前沿、聚焦经济发展主阵地、回应国家战略需求。我国科技事业驶入发展快车道，科技力量实现了跨越式发展。

### （一）科技发展战略升级，建设世界科技强国

2015年3月，我国发布了《中共中央国务院关于深化体制机制改革加快实施创新驱动发展战略的若干意见》，该文件勾画了科技系统革新路线图的全新"战略规划"，并详细阐述了包含八大核心领域以及30项具体改革举措的方案，目的是确保创新引领发展战略能够得到切实而高效地执行。2016年5月，习近平总书记在"科技三会"上指出，遵循《国家创新驱动发展战略纲要》，我国在科技前沿的宏伟蓝图已定，旨在2020年成为创新型国家的一员，力求2030年站在全球创新国家的最尖端，及至2049年中华人民共和国成立百年之际，成为全球科技强国的佼佼者。

### （二）科技工作者的主要组成

在科学大众化的时代，人人皆可成才，人人皆是人才。在科技创新日益建制化社会化的时代，科技工作者则是以从事科技创新及相关劳动为职业的人才资源。在国家创新体系中，科技工作者是最积极、最能动的创新要素，是改写生产函数、推动生产可能性边界向外移动最重要最活跃的创新变量，

是塑造一个国家整体科技竞争力最优质最厚重的创新资源。[1]

1. 科技工作者存量

这一阶段我国科技工作者的存量为 3938 万人。

2. 科技工作者增量

党的十八大以来,以习近平同志为核心的党中央站在新的历史高度,进一步加强对科技人才工作的全局谋划和系统部署,特别是"十三五"期间,科技人才体制机制改革举措密集出台,中央对科技人才工作进行总体部署,深化科技人才体制机制改革,加大对科技人才培养支持力度,营造良好的科研生态环境,推动创新成果有效转化,充分激发了全社会创新创业活力,科技人才工作取得显著成效。中国科技工作者数量实现了历史性增长、质量实现了历史性提升。

这一阶段累计培养科技类毕业生约 5200 万人。进入 21 世纪后,我国高等教育规模进一步扩张,科技领域的专业人才,即高等院校科技专业的毕业生人数也随之迅猛增长,2013 年高校毕业生达到 700 万人,此后逐年递增,截至 2023 年,全国高校毕业生人数已经达到 1158 万人,其中科技类的毕业生在整个毕业生群体中占比保持在五成至六成。在过去 12 年的统计中,科技类毕业生的总人数约为 5200 万。[2]

高层次科技工作者的来源——硕士及以上学历毕业生数量迅速攀升。在当前阶段,研究生群体规模显著扩大,硕士及以上学历的毕业生总数已突破 1100 万大关,显著提高了科技人才队伍的整体素质。

随着全球化的加深,选择赴海外深造及归国就业的人数呈现逐年上升的趋势。教育部公布的数据显示,1978~2022 年,我国出国留学的总人数累计达到了 585.71 万。具体来看,有 153.39 万人在海外不同阶段深造或从事研究工作,432.32 万人已经顺利毕业,而在这些毕业生中,

① 戴宏、刘玄、周大亚:《中国科技工作者结构特征分析及建议——基于 2020 年中国科技工作者的总量测算》,《科技导报》2023 年第 9 期。

② 国家统计局社会科技和文化产业统计司、科学技术部战略规划司编《中国科技统计年鉴(2022)》,中国统计出版社,2022。

有 365.14 万人决定回国投身建设,这一数字占到毕业总人数的 84.46%。①

(三)科技工作者的总量和结构

2015 年,人力资源和社会保障部牵头发布了《中华人民共和国职业分类大典(2015 年版)》。依据该大典的职业分类,我国的科技从业者被细分为四个主要类别——属于专业技术领域的科技人员、技术型技能人才范畴的科技人员、服务于社会生产及日常生活的科技人员,以及军中的科技人才;科技工作大类之下,又可以分为中类和小类。大典的制定,对科技工作者的职业划定提供了更加科学的依据和参考,使科技工作者的职业划定更加职业化和精准化,便于数量统计与科技人事管理工作的开展。

1. 科技工作者的总量

截至 2023 年,科技工作者总量达 7517 万人。

这一阶段科技工作者群体得以快速增长(见图 1-9),从 2012 年的 4194 万人增长到 2023 年的 7517 万人,增量达 3323 万人,增幅创历史新高。2023 年科技工作者群体的数量占我国总人口的比例达到 5.33%,我国人口的科技素质显著提升。

2. 科技工作者的结构

观察不同职业范畴的科技人才分布,"专业技术人员中的科技工作者"数量居首位,高达 4971.74 万人,占据了全部科技人才的 66.41%;"服务于社会生产及生活领域的科技人才"紧随其后,有 1279.39 万人,占比达到 17.02%;而"技术操作与技能型科技人才"则相对较少,仅有 1245.57 万人,占比为 16.57%。②

从职业中类看,科技工作者总量排名前 7 的职业中类分别是:①总计 2131.07 万人的工程技术人才,在全体科技人才中占比达到 28.35%;

---

① 宋沁潞、徐先蓬、信春雨:《新时代山东籍海外留学生齐鲁文化认同的实证分析》,《山东省社会主义学院学报》2019 年第 4 期。
② 戴宏、刘玄、周大亚:《中国科技工作者结构特征分析及建议——基于 2020 年中国科技工作者的总量测算》,《科技导报》2023 年第 9 期。

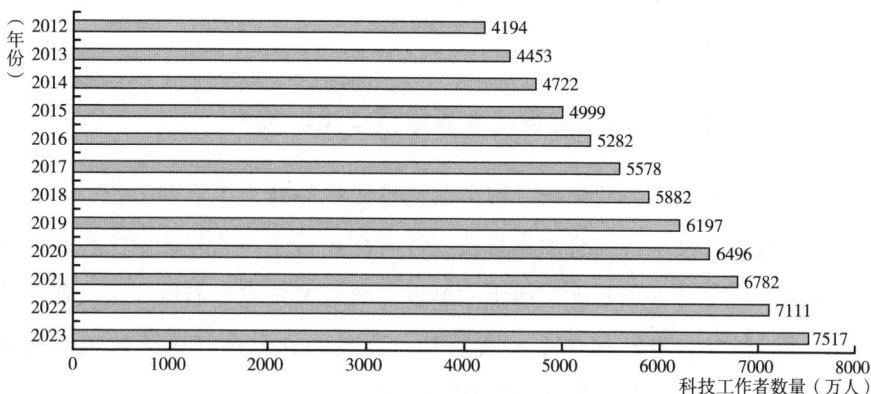

**图 1-9　2012~2023 年科技工作者数量**

资料来源：中国科协创新战略研究院《创新研究报告》，2019 年第 57 期。

②医疗卫生领域的专业技术人才达到 1604.88 万人，占科技人才总数的 21.35%；③从事自然科学教学的工作者总计 984.73 万人，占科技人才总数的 13.10%；④制造业领域的科技人才总数为 867.46 万人，占科技人才总数的 11.54%；⑤在信息技术与软件传输服务领域，科技人才总数达到 499.13 万人，占科技人才总数的 6.64%；⑥在运输物流及邮政服务业，科技人才总计为 221 万人，占科技人才总数的 2.94%；⑦在技术支持服务行业，科技人才总数为 218.74 万人，占科技人才总数的 2.91%。

科技工作者总量排名后 7 位的职业中类分别是：①从事其他社会活动与生活辅助的从业人员共计 0.75 万人，仅占科技人才总数的 0.01%；②在健康护理领域，具备科技背景的工作者总计达到 4.51 万人，占科技人才总数的 0.06%；③从事采掘业的科技人才总数同样为 4.51 万人，占科技人才总数的 0.06%；④在法律、社会事务以及宗教领域，拥有科技专业知识的从业者总数为 9.02 万人，在科技人才总数中所占的比例为 0.12%；⑤飞机及船只技术领域的专业人才共计 9.77 万人，占科技人才总数的 0.13%；⑥在租赁与商务服务业中，科技人才总数达到 9.77 万人，占科技人才总数的比例同样为 0.13%；⑦在安全与消防领域，科技人才人数为 12.03 万人，在科技人才总数中的比重为 0.16%。

## 四 党的十八大以来的科技人事管理政策汇总

党的十八大以来，党中央、国务院高度重视科技人事管理工作，系统推进人才体制机制改革，围绕加强科技人才管理出台了一系列政策文件，涵盖了职称制度、专家管理制度、博士后制度、科技奖励表彰制度、工资制度等各个方面，科技人事管理体系不断完善，政策的针对性和操作性也越来越强，现将法律法规以及政策文件梳理归纳如下。

### （一）法律法规

党的十八大以来，全国人大、党中央、国务院以及各部门发布的科技人事管理法律法规，如表 1-1 所示。

表 1-1 党的十八大以来的科技人事管理法律法规

| 序号 | 文件名称 | 发文部门 | 年份 |
|---|---|---|---|
| 1 | 《中华人民共和国促进科技成果转化法》 | 全国人大 | 2015 |
| 2 | 《国家科学技术奖励条例》 | 国务院 | 2013 |
| 3 | 《事业单位人事管理条例》 | 国务院 | 2014 |
| 4 | 《人力资源市场暂行条例》 | 国务院 | 2018 |
| 5 | 《国家科学技术奖励条例》 | 国务院 | 2020 |
| 6 | 《科学技术活动违规行为处理暂行规定》 | 科学技术部 | 2020 |
| 7 | 《职称评审管理暂行规定》 | 人力资源和社会保障部 | 2019 |

### （二）政策文件

党的十八大以来，全国人大、党中央、国务院以及各部门发布的科技人事管理政策文件，如表 1-2 所示。

表1-2　党的十八大以来的科技人事管理政策文件

| 序号 | 文件名称 | 发文部门 | 年份 |
|---|---|---|---|
| 1 | 中共中央印发《关于深化人才发展体制机制改革的意见》 | 中共中央 | 2016 |
| 2 | 国务院关于印发实施《中华人民共和国促进科技成果转化法》若干规定的通知 | 国务院 | 2016 |
| 3 | 国务院关于印发积极牵头组织国际大科学计划和大科学工程方案的通知 | 国务院 | 2018 |
| 4 | 事业单位领导人员管理暂行规定 | 中共中央办公厅 | 2015 |
| 5 | 事业单位领导人员管理规定 | 中共中央办公厅 | 2022 |
| 6 | 中共中央办公厅　国务院办公厅关于印发《深化科技体制改革实施方案》的通知 | 中共中央办公厅、国务院办公厅 | 2016 |
| 7 | 中共中央办公厅　国务院办公厅关于深化职称制度改革的意见 | 中共中央办公厅、国务院办公厅 | 2016 |
| 8 | 关于进一步加强党委联系服务专家工作的意见 | 中共中央办公厅 | 2017 |
| 9 | 中共中央办公厅　国务院办公厅印发《关于分类推进人才评价机制改革的指导意见》 | 中共中央办公厅、国务院办公厅 | 2018 |
| 10 | 中共中央办公厅　国务院办公厅印发《关于深化项目评审、人才评价、机构评估改革的意见》 | 中共中央办公厅、国务院办公厅 | 2018 |
| 11 | 中共中央办公厅　国务院办公厅印发《关于进一步弘扬科学家及精神加强作风和学风建设的意见》 | 中共中央办公厅、国务院办公厅 | 2019 |
| 12 | 国务院办公厅关于改革完善博士后制度的意见 | 国务院办公厅 | 2015 |
| 13 | 国务院办公厅关于深入推行科技特派员制度的若干意见 | 国务院办公厅 | 2016 |
| 14 | 国务院办公厅印发关于深化科技奖励制度改革方案的通知 | 国务院办公厅 | 2017 |
| 15 | 国务院办公厅关于改革完善全科医生培养和使用激励机制的意见 | 国务院办公厅 | 2018 |
| 16 | 国务院办公厅关于抓好赋予科研机构和人员更大自主权有关文件贯彻落实工作的通知 | 国务院办公厅 | 2018 |

续表

| 序号 | 文件名称 | 发文部门 | 年份 |
|---|---|---|---|
| 17 | 中共中央组织部、人力资源社会保障部等五部门办公厅(室)关于为外籍高层次人才办理签证及居留手续有关事项的通知 | 中共中央组织部办公厅、人力资源社会保障部办公厅、外交部办公厅、公安部办公厅、国家外专局办公室 | 2013 |
| 18 | 科研事业单位领导人员管理暂行办法 | 中共中央组织部、科学技术部、中宣部、教育部 | 2017 |
| 19 | 国家海外高层次人才引进计划管理办法 | 中共中央组织部 | 2017 |
| 20 | 国家高层次人才特殊支持计划管理办法 | 中共中央组织部 | 2017 |
| 21 | 教育部等六部门关于医教协同深化临床医学人才培养改革的意见 | 教育部、国家卫生计生委、国家中医药管理局、国家发展改革委、财政部、人力资源社会保障部 | 2014 |
| 22 | 科技部关于印发《"十三五"国家科技人才发展规划》的通知 | 科学技术部 | 2017 |
| 23 | 科技部关于进一步鼓励和规范社会力量设立科学技术奖的指导意见 | 科学技术部 | 2017 |
| 24 | 科技部 财政部 人力资源社会保障部关于印发《中央级科研事业单位绩效评价暂行办法》的通知 | 科技部、财政部、人力资源社会保障部 | 2017 |
| 25 | 科技部等八部门印发《关于开展科技人才评价改革试点的工作方案》的通知 | 科技部、教育部、工业和信息化部、财政部、水利部、农业农村部、国家卫生健康委、中科院 | 2022 |
| 26 | 国防科学技术奖励制度改革方案 | 工业和信息化部、国防科工局 | 2018 |
| 27 | 财政部 人力资源社会保障部关于印发《专业技术人才知识更新工程国家级继续教育基地补助经费管理办法》的通知 | 财政部、人力资源社会保障部 | 2014 |
| 28 | 关于印发《国家科学技术奖励绩效评价暂行办法》的通知 | 财政部、科学技术部 | 2019 |
| 29 | 国家百千万人才工程实施方案 | 人力资源社会保障部 | 2013 |

| 序号 | 文件名称 | 发文部门 | 年份 |
|---|---|---|---|
| 30 | 人力资源社会保障部　全国博士后管委会关于印发博士后创新人才支持计划的通知 | 人力资源社会保障部、全国博士后管委会 | 2016 |
| 31 | 人力资源社会保障部关于加强基层专业技术人才队伍建设的意见 | 人力资源社会保障部 | 2016 |
| 32 | 人力资源社会保障部关于支持和鼓励事业单位专业技术人员创新创业的指导意见 | 人力资源社会保障部 | 2017 |
| 33 | 人力资源社会保障部　工业和信息化部关于深化工程技术人才职称制度改革的指导意见 | 人力资源社会保障部、工业和信息化部 | 2019 |
| 34 | 人力资源社会保障部　科技部关于深化自然科学研究人员职称制度改革的指导意见 | 人力资源社会保障部、科学技术部 | 2019 |
| 35 | 人力资源社会保障部　农业农村部关于深化农业技术人员职称制度改革的指导意见 | 人力资源社会保障部、农业农村部 | 2019 |
| 36 | 人力资源社会保障部　国家卫生健康委　国家中医药局关于深化卫生专业技术人员职称制度改革的指导意见 | 人力资源社会保障部、国家卫生健康委、国家中医约局 | 2021 |
| 37 | 人力资源社会保障部　教育部关于深化实验技术人才职称制度改革的指导意见 | 人力资源社会保障部、教育部 | 2021 |
| 38 | 人力资源社会保障部　财政部　工业和信息化部　科技部　教育部　中国科学院关于印发专业技术人才知识更新工程实施方案的通知 | 人力资源社会保障部、财政部、工业和信息化部、科学技术部、教育部、中国科学院 | 2021 |
| 39 | 中国科学院院士章程（修订稿） | 中国科学院 | 2014 |
| 40 | 中国科学院关键技术人才管理办法 | 中国科学院 | 2015 |
| 41 | 中国科学院率先行动"百人计划"管理办法 | 中国科学院 | 2015 |
| 42 | 中国科学院青年科学家奖管理办法 | 中国科学院 | 2015 |
| 43 | 中国科学院特聘研究员计划管理办法 | 中国科学院 | 2015 |
| 44 | 中共教育部党组关于印发《"长江学者奖励计划"管理办法》的通知 | 中共教育部党组 | 2018 |

续表

| 序号 | 文件名称 | 发文部门 | 年份 |
|---|---|---|---|
| 45 | 中共教育部党组关于抓好赋予科研管理更大自主权有关文件贯彻落实工作的通知 | 中共教育部党组 | 2019 |
| 46 | 科技部办公厅关于印发《国家科技专家库管理办法（试行）》的通知 | 科学技术部办公厅 | 2017 |
| 47 | 人力资源社会保障部办公厅关于印发《专业技术人才知识更新工程高级研修项目管理的办法》的通知 | 人力资源社会保障部办公厅 | 2024 |
| 48 | 人力资源社会保障部办公厅关于在部分职称系列设置正高级职称有关问题的通知 | 人力资源社会保障部办公厅 | 2017 |
| 49 | 人力资源社会保障部办公厅关于印发《国有企业科技人才薪酬分配指引》的通知 | 人力资源社会保障部办公厅 | 2022 |
| 50 | 人力资源社会保障部办公厅关于进一步做好职称评审工作的通知 | 人力资源社会保障部办公厅 | 2022 |
| 51 | 中国科协　教育部　科技部等联合发布《关于支持青年科技人才全面发展联合行动倡议》 | 中共科协、教育部、科学技术部、共青团中央、中国科学院、中国工程院、国防科工局、国家自然科学基金委员会 | 2022 |

# 第二章
# 职称制度

　　科技人才是我国人才队伍的骨干力量，在各个历史时期的经济发展与社会进步中都发挥着重要作用。按照现行的人才队伍类别划分，科技人才一般归为专业技术人员。专业技术人员是指受过专门教育和职业培训，掌握现代化大生产专业分工中某一领域的专业知识和技能，在各种经济成分的机构中专门从事各种专业性工作和科学技术工作的人员。[①] 从现行数量统计的角度来讲，专业技术人员是指在各类单位中从事专业技术工作、专业技术管理工作以及在管理岗位工作具有专业技术职务（资格）的人员。[②]

　　计划经济时期，专业技术人员作为国家干部，实行的是集中统一的干部管理体制；改革开放后，逐步实行人事分类管理体制。但无论在哪种管理制度下，专业技术人员职务管理制度一直都是专业技术人员管理的核心制度。专业技术人员职务管理制度，通俗称为职称制度，是我国现行管理专业技术人员的基础框架，在团结凝聚专业技术人才、激发专业技术人才工作热情与创新精神、提高专业技术人才队伍整体素质等方面都发挥了不可或缺的推动作用。[③]

---

[①] 中国人事科学研究院：《中国人才报告 2005——构建和谐社会历史进程中的人才开发》，人民出版社，2005。

[②] 中共中央组织部编《中国人才资源统计报告（2015）》，党建读物出版社，2017。

[③] 施云燕：《我国职称评价改革现状及未来发展策略研究》，《中国科技人才》2021 年第 6 期。

自新中国成立之始，至 20 世纪 60 年代中期，职称体系沿用了技术职务的任命模式；随后，伴随改革开放的步伐，直至 1983 年，技术职称的评价体系逐步建立；自 1986 年起，我国开始实施专业技术职务的聘任体系；而自 2016 年起，职称制度进入了一个全新的阶段，即全面深化改革的关键时期，其功能定位、适用范围、构成要素及内在结构关系不断发生重大变化，呈现不同历史阶段的相应特点，无论是在内涵上还是在作用上都发生了诸多变化，体现了当时经济社会需求的改革思路。[①] 但在国有企事业单位内部，职称制度作为专业技术人员职务管理制度的属性始终没有变，历来都是科技干部、科技人才管理的重要人事制度之一。

职称制度主要由架构设定、评审流程以及评价成效的应用三大核心部分构成。在架构设定方面，它是对专业技术职务体系及级别构造的宏观概述，涵盖了职称的种类与级别划分；评审流程作为职称评定的中枢，它涉及评审的准则、手段以及步骤等内容；而评价成效的应用则是职称功能的具体展现，主要彰显了评价与聘任之间的关联性。职称制度的历次改革也是围绕这三部分展开的。

## 第一节　技术职务任命制

中华人民共和国成立之初，专业技术人员的评价、使用、激励等与其他干部没有区别，"职称"就是职务的名称，是职务等级工资制的重要组成部分。[②] 根据当时专业技术人员的特点和状况，在革命根据地专业技术人员管理制度的基础上，中央参考民国时期专门职业及技术人员管理制度，借鉴苏联干部管理模式和制度，制定和实行了技术职务任命制和职务等级工资制。

---

① 陈佳蕊、李朝兴、李金惠：《破"唯"背景下科技人员职称评审分类评价指标体系实证分析——以〈广东省自然科学研究人员评价标准条件〉为例》，《科技管理研究》2023 年第 19 期。

② 孙一平、谢晶：《深化职称制度改革背景下职称评聘模式研究》，《中国行政管理》2017 年第 10 期。

技术职务适用范围限于机关技术人员（工程技术人员）、大学教学人员、中学教学人员、小学教学人员、科学研究人员、新闻工作人员、出版编辑人员、卫生技术人员、翻译工作人员和文艺工作人员等 10 个系列。科技干部包括在机关技术人员、科学研究人员和卫生技术人员等系列当中。

中华人民共和国成立初期，中央进行了 1952 年和 1955 年两次重大工资制度改革，调整了专业技术职务等级工资。专业技术人员管理制度经历了从最初的"大一统"模式，转向"统一领导下的分级分类"管理体制，到"强调统一管理"。1966 年技术职务任命制遭受破坏而停滞，直到 1978 年改革开放时期才得以恢复。其间，为解决一些人学术技术水平显著提高后不能晋升职务的问题，中央还作出过根据学术、技术水平不受职务限制地晋升资格称号的动议。

## 一　新中国成立初期的职务任命制和职务等级工资制

中国共产党历来重视对专业技术人员的管理和使用，中华人民共和国成立后，党中央继续积极探索将专业技术人员作为国家干部的管理体制。

在新中国成立之始，全国的干部队伍无论是在数量上还是在素质上，都与国家经济建设的迫切需求相去甚远。扩充干部队伍的规模，成为那个时期亟待完成的一项重大政治和组织使命。面对这样的局面，中共中央果断提出方针，强调必须"人尽其才"，将社会上的各类人才，但凡有一技之长的人，都要挖掘出来，进行整合，安排其恰当的岗位，确保他们各展所长，将自身的全部才能投入国家建设的伟大蓝图中。

为了配合中共中央组织部更好地管理国家行政机关的人事干部事务，1949 年 11 月，政务院成立了人事管理机构，即人事局，其主要任务是执行政务院对各级公务员的任命、调查、审批、分配以及统计等相关事宜。与此同时，中央人民政府旗下的政法、财经、文教各委员会以及内务部同样设立了专门的人事部门，各自负责其领域内的人事干部管理工作。鉴于机关职员数量的急剧增加，为防止干部人事管理工作中出现职能重叠和流程反复现象，确保干部人事管理的一致性，1950 年 11 月，中共中央作出决策，对原有机构进行裁撤，并设立了中央人事部门，专门承担起全国政府体系的机构设置、人员编制以及人事管理各项事务的职能。

1950年7月，中共中央组织部、中共中央统战部颁布了《关于党内外干部审查、分配问题的决定》。其中明确指出，党内干部的审核工作归口组织部管理；而普通党外干部的审核则由政府的人事机构负责；至于各民主党派成员、社会贤达及旧时代的社会上层人士（例如开明的绅士、知识分子）的审核与分配，各级行政区域的党委统战机构（在那些尚未设立统战机构的地区，党委需指定专责人员）应率先出具提议，随后与政府部门党组展开磋商，之后由人事部负责落实。另外一种方式是，政府部门党组可以先向统战机构征询意见，随后将事宜移交人事部办理。

中共中央于1951年2月在《关于健全各级宣传机构和加强党的宣传教育工作的指示》[①] 中决定，宣传部会同各级组织部共同管理宣传和文化教育工作干部的任用和考察。在这一时期，中共中央发布的文件中明确指出，应赋予铁道部、公安部政治部门、新华社党组织、共青团以及工会等组织一定范围内干部管理的职责和权限。这一系列策略的制定，映射出干部管理模式由原先的各级党委组织部集中调控，逐渐演化为各级党委下辖的不同职能部门各自承担干部管理职责。

1952年7月，政务院发出《中共中央关于颁发各级人民政府供给制工作人员津贴标准及工资制工作人员工资标准的通知》，规定"评定各个工作人员津贴和工资，在目前情况下，应依其现任职务，结合其'德''才'，并适当地照顾到其'资历'。担任同一职务的人员，其津贴、工资可以不同"，并附发了供给制工作人员津贴标准表和工资制工作人员工资标准表，随后颁发了各级人民政府机关技术人员（工程技术人员），各级学校教职员工，各级科学研究人员，各级报社、通讯社、广播电台工作人员，国营出版社编辑人员，翻译工作人员，各级卫生技术人员和文艺工作人员等各类人员的暂行工资标准。工资标准中列出了机关技术人员、大学教学人员、中学教

---

① 中共中央文献研究室编《建国以来重要文献选编》第二册，中央文献出版社，1992。

学人员、小学教学人员、科学研究人员、新闻工作人员、出版编辑人员、卫生技术人员、翻译工作人员、文艺工作人员共 10 个系列的职务名称。其中机关技术人员从二级助理技术员到一级工程师共分 14 级；大学教学人员从助教到教授共分 23 级；中学教学人员从小城市初中教员到大城市高中教员共分 17 级；小学教学人员从乡村小学教员到大城市小学教员共分 16 级；科学研究人员从 16 级研究实习员到一级研究员共分 16 级；新闻工作人员从22 级见习记者到正副总编辑共分 22 级；出版编辑人员从见习编辑到正副总编辑共分 22 级；卫生技术人员从 24 级药剂员到一级主任医师共分 26 级；翻译工作人员从 15 级翻译到一级翻译共分 15 级；文艺工作人员从 22 级见习人员到一级文艺工作者共分 22 级。[①]

## 二 职务任命制和职务等级工资制的改革

1953 年 11 月，中共中央发布了一项名为《关于加强干部管理工作的决定》的文件，该文件规定在中共中央及地方各级党委的统一领导下，建立一个由中共中央至地方各级党委组织部直接领导的层级式干部管理体系。依据干部各自承担的职务特点，全体工作人员被精心区分为九大类别。在中共中央以及地方各级党委组织部的统筹领导和监督之下，中共中央和地方各级党委的相关部门各自承担起明确的管理职能和责任；在专业技术人才队伍中，分为五大类别，涵盖了文教领域干部、策划与工业领域干部、财经与商贸领域干部，以及交通与物流领域干部、农业与水利领域干部。这些干部的管理工作分别由党委的宣传教育部门、策划与工业部门、财经与商贸部门、交通与物流部门以及农村发展部门承担；而在专业技术人才中，与科学技术紧密相关的干部主要分布在策划与工业领域、交通与物流领域以及农业与水利领域干部中。

为了适应新干部管理体制，中共中央于 1955 年开始集中力量抓中央各部、各级党委管理干部职务名称表的制定工作，明确各部、各级干部管理机

---

① 《当代中国》丛书编辑部：《当代中国的人事管理》（下册），当代中国出版社，1994。

构管理干部的范围，并先后制定了关于干部的任免手续、组织部与其他分管干部的各部的分工与联系的规定、干部年终鉴定和干部档案管理工作的暂行规定等一系列配套的干部管理制度。

专业技术干部队伍人员类别复杂，与党政干部比较又有明显的特殊性。为加强对专业技术干部队伍，尤其是各类高级知识分子的管理，1956年中共中央发布《关于知识分子问题的指示》，其中指出："为统一解决许多有关高级知识分子的行政性问题，决定在国务院设立专家局。各省、自治区、直辖市在必要的时候，也可以设立类似的机构。"根据这一指示精神，当年即成立国务院专家局，职责是统一检查、督促政府各部门贯彻执行国家关于专家和其他高级知识分子方面的政策、法令，并解决一些需要统一处理的有关高级知识分子的问题。① 国务院专家局的成立对专业技术干部队伍中高级知识分子管理工作的推动作用是很大的，在改善其工作和生活条件、倾听其呼声、维护其权益等方面发挥了很明显的作用。

1954年，我国政务院发布了一项关于《国家机关工作人员工资包干费标准及有关事项的规定》的文件，其中明确提出，在确定国家公职人员薪酬及包干费用等级时，必须以其担任的现行岗位为基础，综合考虑其品德与能力，同时合理考虑其工作年限，作为评判标准，避免出现仅重视能力或仅看重工龄的片面倾向。② 1955年8月，我国国务院正式发布《关于国家机关工作人员全部实行工资制和改行货币工资制的命令》，明确自同年7月起，全国各级国家机关及事业单位将原先的薪酬计算方式予以废止，统一实行全新的货币工资制度。为此，国务院修订和颁发了国家机关工作人员（包括行政人员、技术人员、法院和检察院人员、翻译人员以及工人）的货币工资标准；同时责成国务院各主管部门修订和颁发事业单位的科研、教学、新闻、出版、卫生、文艺等各类工作人员的货币工资标准；并规定各党派、人民团体参照国家机关工作人员的工资标准执行。新修订和颁发的各类工作人

① 钱斌：《新中国科技体制的建立和初步发展（1949-1966）》，中国科学技术大学博士学位论文，2010。
② 李建忠：《建立公务员职务与职级并行制度的路径选择》，《人事天地》2013年第6期。

082

员货币工资标准，在全国各地区是统一的，其中专业技术人员类别与 1952 年的分类大体相同，只是将新闻工作人员和出版编辑人员合成为新闻出版人员，部分职务等级数目有所变化，机关技术人员从 14 级调整为 19 级，高等学校教学人员从 23 级调整为 21 级，中学教员从 17 级调整为 16 级，新闻出版人员为 21 级，文艺工作人员从 22 级调整为 25 级。[①]

1956 年，我国政府颁布了《关于工资改革的决定》，明确指出：对于企业员工及技术人员而言，其薪酬级别需依照担任的具体岗位实行统一的规范化设定。这次工资改革对 1955 年的职务等级工资制进行了改进，在各类专业技术人员的工资标准表中明确了职务名称对应的工资级别。[②]

各部委也根据所管辖的专业技术职务的特点，在工资评定标准中对职称评定作出相应规定，例如，高教部在《关于一九五六年全国高等学校教职工工资评定和调整的通知》中规定："教职员工的工资级别，应根据现任职务，结合'德''才'条件和工作成绩，进行评定。评定工资时，不要硬套原来的工资级别，一般应根据每个人的学术水平、工作能力、教学或工作成绩来评定工资级别。"文化部在《关于颁发全国文化事业工作人员工资标准和调整工资的通知》中规定："评定和提升工作人员级别，应根据工作人员的现任职务，贯彻德才兼备的干部政策，并且适当地照顾其资历。文艺工作人员和其他业务技术人员的工资级别的评定和提升，主要应根据本人当前的艺术或业务技术水平，结合其在人民群众中的地位和影响，同时应当适当地照顾其在艺术或业务工作上的历史功绩。"林业部在《关于颁发林业事业系统职工工资标准及工资改革中有关问题规定的通知》中规定：技术人员工资的评定，"一般应根据技术能力的高低，任务的大小，工作态度的好坏，工作效果如何及其在技术工作人员中的声望与对国家的贡献等条件"。

---

① 《当代中国》丛书编辑部《当代中国的人事管理》（下册），当代中国出版社，1994。
② 《当代中国》丛书编辑部《当代中国的人事管理》（下册），当代中国出版社，1994。

### 三 "职务"向"称号"的改革

在新中国成立之始，技术人员之职位系依业务与行政管理之需求进行任命，同时薪酬级别的变动又受到调整范围的制约。因此，技术人员的职称提升与薪酬调整未能与学术技术水平之提升相匹配，换句话说，就是他们的职称和薪酬未能随着技术学术能力的增强而相应增长。技术人员在职务晋升方面遭遇瓶颈，这在一定程度上打击了他们深入技术研究与业务学习的热情与积极性，同时也阻碍了他们专业技能的充分利用。①

为解决这一问题，1955年9月，经周恩来总理提议，中共中央、国务院指示组成"学位、学衔、工程技术专家等级及荣誉称号等条例起草委员会"，开始相关条例的起草工作。1956年6月，中央收到了起草委员会提交的11份草案条例，在众多草案中，《高等学校教师学衔条例》及《科学研究工作者学衔条例》尤为引人注目，分别明确了职称序列，包含教授、副教授、讲师以及助教在内的四个级别，以及研究员、副研究员、助理研究员三个层级。在草案的拟定讨论阶段，起草委员会对职称的含义进行了界定，认为职称是：我国依据科研工作者及高校教师在岗位上的学术造诣、业务能力以及业绩贡献，所赋予的一种学术头衔。从概念上看，1956年新设的学衔实质上是后来职称类别中的一部分，即高校教师与科研人员职称的别称。

1961年11月，担任国务院副总理兼国家科学技术委员会副主任的聂荣臻同志，向中央提交了一份有关构建学位、学术头衔以及工程技术职称体系的提案。1962年1月，中央科学小组、国家科委党组通知中共中央宣传部等六部门着手起草工作，在国家科委主持下，由周培源等11人组成"学位、学衔、工程技术称号"起草工作小组。在工作过程中，起草工作小组也曾经提出，对专业技术人员实行职务聘任办法，然而，在那时，由于技术职称的指定制度以及职务级别薪酬体系的限制，职位的提升与专业技术能力的增强往往不能实现同步增长，最终确定有必要建立一种有别于职务，而又能标志学

---

① 曹伟：《我国卫生专业技术资格考试体系研究》，天津大学硕士学位论文，2004。

术技术水平的称号制度。根据这一思想，这个小组先后草拟了《中国科学院自然科学研究所研究技术人员定职升职暂行办法（草案）》《工业、农业、医药卫生科学技术人员称号试行条例（草案）》，同时采纳了1960年颁发的《高等学校教师职务名称及其确定与晋升办法的暂行规定》。起草工作小组在《工业、农业、医药卫生科学技术人员称号试行条例（草案）》中，提出了建立"技术称号"的问题，认为"技术称号"不同于学位，"对于获得技术称号者的要求，具有科学理论水平固然重要，但更重要的是具有解决实际技术问题的能力"。起草工作小组强调"技术称号是一种荣誉称号。改任其他职务时仍可保持已经获得的技术称号……它不同于技术职务名称"。还提出了"学术称号"的问题，明确："学术称号与职务名称不同之处，是在于学术称号带有荣誉的性质，可以终身保持。至于担任讲师、助理研究员及其以下职务者，没有必要终身保持这些名称，所以没有把这些职务名称当作一级学术称号列入条例。"

## 四　职务任命制的实行

中共中央于1960年逐步开始调整国民经济的工作，适当集中干部管理权限。1960年5月，中央决定对于其直属工业企业、设计、研究等单位的干部和技术力量，地方应尽量少调或不调，必须抽调少量干部时，由地方和中央主管部门协商，取得一致意见后再调。1961年1月，中共中央八届九次全会决定成立华北、东北、华东、中南、西南、西北六个中央局，作为中央的代表机构。1962年10月，中央组织部召开全国组织工作会议，会议制定了《关于改进干部管理制度的九点意见》，肯定了自1953年以来，中央《关于加强干部管理工作的决定》和《关于颁发中共中央管理的干部职务名称表的决定》以及以后陆续所作的一些具体管理规定，对加强干部管理起到重要作用。同时，文件根据当时情况和中央指示，对干部管理体制提出了改进意见，其中提到各个系统著名的科技干部由中央管理，其他工程师以上的各种技术干部，由有关部门负责管理。

为提升对高等院校的管理力度，中共中央在1963年作出决策，将高等院校的正副校长以及正副院长纳入中央集中领导的范畴，确立了一套由中央及各省、自治区、直辖市共同参与的双层管理体系。对于高教部直接管理的高等学校正、副校长和正、副院长，由高教部提出任免建议，经国务院批准；中央各部门、地方政府管理的高等学校正、副校长和正、副院长，由中央各业务部门，省、区、市人民政府提出任免建议，经中央教育部转报国务院批准；高等学校的教授、副教授名单由高教部统一审批。

为了进一步加强对专业技术干部队伍中自然科技干部的管理，经全国人大常委会第124次会议批准，于1964年成立了国务院科学技术干部局，负责统一管理科技干部。同年，中共中央同意了中央组织部制定的《关于科学技术干部管理工作条例试行草案》，首次针对科技人才的管理实施进行了标准化和制度化的具体阐述，这一草案成为科技人才队伍治理的根本遵循。[①] 1966年之后，技术职务任命制停止运行。

## 第二节　技术职称评定制（1978～1985年）

改革开放初期，在专业技术干部回归岗位和落实党的知识分子政策的强烈需求下，根据中央的精神，职称制度得以恢复和重建。这一时期首次提出并明确了"职称"概念。职称，即对专业技术工作者技能级别与业绩成就的标识；其不受岗位及数量的束缚，亦无固定任期，为终身所拥有；它与职务及报酬不直接联系；评审过程由业界专家按照既定规范与流程来完成；而职务的类别、评审的具体标准以及流程均由国务院职称管理部门进行统一规范与管理。[②] 从1978年开始恢复职称评价，到1983年正式批准的职称系列发展到了22个。

### 一　提出恢复职称制度

党的十一届三中全会召开前后，为调动专业技术人员积极性，适应

① 刘霞：《党的百年人才事业成就与经验》，《中国人事科学》2021年第8期。
② 孙一平、谢晶：《深化职称制度改革背景下职称评聘模式研究》，《中国行政管理》2017年第10期。

"四化"建设需要，邓小平同志多次强调，"要把学位制度和技术职称评定制度赶快建立起来，这有助于发现人才"[①]；"大专院校也应该恢复教授、讲师、助教等职称"[②]；"在学术上，只要有创造，有贡献，就应该评给相应的学术职称，不能论资排辈"[③]；"所有的企业、学校、研究单位、机关，都要有对工作的评比和考核，要有学术职称、技术职称和荣誉称号。要根据工作成绩的大小、好坏，有赏有罚，有升有降。而且，这种赏罚、升降必须同物质利益联系起来"[④]。在邓小平同志的积极推动和坚持主张下，职称制度得以恢复和重建。1977年，《中共中央关于召开全国科学大会的通知》提出，"应该恢复技术职称，建立考核制度，实行技术岗位责任制"。

## 二 科技行业职称评定的恢复

在此阶段实行的职称评审体系，仅仅是对技术人员及专业人士在技术成果、技术层级以及业务技能上的一种象征性评价，它与薪酬待遇并无直接联系，而是代表着一种名誉、头衔及资质的认定。科学技术干部中的技术工程人员的职称评定是最早开展和恢复的工作之一。[⑤]

### （一）工程技术人员职称评定的恢复

全国科学大会以后，各省（自治区、直辖市）和各部委陆续恢复科学技术干部的技术职称，积极进行考核晋升工作，取得了很大成绩。但是，在确定和提升工程技术干部技术职称的工作中，由于缺乏统一规定，出现了不少问题，主要表现为：一是技术职称和技术管理职务混淆，定名也很不一致，名称有十种之多。总工程师、副总工程师、主任工程师、副主任工程师本来是技术管理职务，有的部门也用作技术职称；二是同一职称在不同部门的考核标准很不一致；三是考核和评定的组织尚未建立和健全；四是确定和

① 中共中央文献研究室编《邓小平思想年编：1975～1997》，中央文献出版社，2011。
② 邓小平：《邓小平文选》第二卷，人民出版社，1994。
③ 邓小平：《邓小平文选》第二卷，人民出版社，1994。
④ 邓小平：《邓小平文选》第二卷，人民出版社，1994。
⑤ 杨汝涛：《市场经济条件下职称制度改革研究》，《社会科学战线》2010年第12期。

提升技术职称的程序和审批权限也不统一。这种状况很不利于工程技术干部的培养、考核、选拔、调配、统计和工资福利等工作。广大工程技术干部也热切希望有一个全国统一的规定。1978年，国家科学技术委员会、国家经济委员会、国务院科学技术干部局经过调查研究，在召开工程技术干部和干部管理部门负责同志座谈会的基础上，广泛征求各省（自治区、直辖市）和有关工业部门的意见，并多次同工程技术专家、教授，以及中、青年工程技术干部反复研究修改后，制定了《工程技术干部技术职称暂行规定》。

国家科学技术委员会、国家经济委员会、国务院科学技术干部局在1979年7月给国务院的请示报告中明确提出："鉴于目前的工资级别已经不能反映实际的技术水平和贡献，因此提升技术职称不应受工资级别的限制，在今后调整工资时作为晋级的一种依据。"同年12月，国务院批转《工程技术干部技术职称暂行规定》，指出"工程技术干部的技术职称定名为：高级工程师、工程师、助理工程师、技术员、技师""申请授予技术职称的工程技术干部，必须填写业务简历表，提出工作报告或学术报告，经过技术（或学术）组织评定后，由主管机关授予技术职称，记入人事和业务考绩档案。对取得工程师以上技术职称的干部颁发证书"。技术干部的职称评定标准基本是按照德能勤绩的标准来制定的，以德为首要考察标准，即所有专业技术干部首先要符合拥护共产党的领导，热爱社会主义祖国，不断提高政治觉悟，努力为社会主义建设服务等思想道德标准。职称评定将工作业绩、专业技能及职业素养作为核心标准，同时兼顾教育背景和技术领域的工作经历。根据技术职称级别的不同，从学历、资历和能力的角度提出不同层次的标准。

（二）科技干部职称评定工作的开展

1978~1983年，国务院陆续批准颁发了包括高教、工程、农业、卫生、科研、统计、翻译、编辑、新闻记者、图书档案资料、经济、会计、体育教练、工艺美术、文博研究、技校教师、社科研究、播音、科技情报研究、科技管理、海关、物价等在内的22个职称系列的暂行规定，各系列均针对自己行业和系统专业技术人员的特点设置了职称评定条例，并据此积极开展职称评定工作。[①] 在科技行业，针对科技干部和科技人员的特征，制定了相适应的体系结构、评审机制以及管理机制。

1. 体系结构

科技系列的职称基本分高、中、初级。其中有的系列层级设计较完整，从下至上为员级、初级、中级、副高级和正高级，如卫生技术人员、图书档案资料专业干部、科技情报干部等；有的系列层级中的高级没有进一步划分，仅到"副高级"，从下至上为员级、初级、中级和高级，如工程技术干部、技校教师等；有的系列层级没有员级，从下至上为初级、中级、副高级和正高级，如高校教学人员、科研工作人员、科技管理人员等。

2. 评审机制

科技领域的职称评定条例对本专业的评审机制进行了详细的规定，包括评审标准、评审程序和管理服务机制等方面。不同专业各级专业技术干部的技术职称评价，主要根据他们的工作成果、工作报告或学术论著进行评议考核。对不具备规定学历的或具有同等学力的专业技术人员，在评估业务成就的基础上，亦将对从业者必备的基础理论、行业特定技术知识以及外语水平进行考核（针对特定专业或因特殊情况，外语能力考核可予以豁免）。只有通过考核，证实具备相当于相应学术水平的从业人员，方有机会获得相应的技术职称。

职称评审组织通常被称为"评审委员会"或"评审团队"，其主要职能是对专业技术职称进行审核与认定。评审委员会根据实际工作需求，下设多个专业评审小组，这些小组需以专业技术人才为核心构成，其成员需具备较高的学术素养和职业能力，且需保持正直的工作态度和公正的处理事务原则。在进行每一级别技术职称的评审过程中，必须邀请相应级别更高职称的专业人才参与，同时也要邀请外部同行业的专家参与评审，或者将评审资料递交给他们，以征求他们的专业评审意见。[②] 各级评审组织的构建，须获得

---

① 刘永林、金志峰、张晓彤：《我国职称制度改革之探》，《中国行政管理》2021年第9期。

② 《国家人事局关于贯彻执行国务院颁发的七种业务技术职称暂行规定若干问题的说明》，《会计研究》1981年第2期。

相应级别的主管部门同意，并代表该级别主管部门履行评审专业技术职称的职能。在评审机构内部，贯彻民主与集中相结合的原则，全面展现民主决策的核心理念，保证少数人的观点遵循大多数人的决议。对于专业技术人员评估结束后，务必编制详尽的评估报告，并由评审组长亲自审核并签字认可。评审机构内部的商议细节必须严加保密，杜绝向外透露任何信息。对于已设立学术评审组织的单位，若其成员满足相关规定条件，并得到主管部门的许可，便能够承担评审职责，无须另行组建评审组织。

3. 管理机制

不同级别的专业技术人员的管理权限有所不同，以卫生技术人员评审的管理机制为例。

（1）初级卫生技术人员晋升为中级，需提交至县市级卫生管理部门或同等级别的卫生行政部门审核；从中级职称晋升至医师（或相似职位），须由所在单位进行专业评定，并提出推荐，通过统一考试合格之后，由各地、省属市卫生管理部门审批，并上报至省级、市级以及自治区卫生管理部门进行登记备案。医师提升至主治医师（或同等级别岗位）需向所在地区及省属市级卫生行政部门提出申请，待审批通过后，还需向省级、市级以及自治区卫生管理部门进行登记备案；若晋升至正高级或副高级主任医师（或相应级别岗位），则需向省级、市级及自治区卫生行政部门申报审批，同时向相关领导机构及国家卫生健康部门进行登记。

（2）各部委直属的地方企业及事业单位的卫生技术人员职称提升事宜，归口相应部委负责实施。若部委内部缺少相关卫生管理部门或职能不完善，则由该部委授权相应的地方政府，依照既定流程进行审核批准。

（3）卫生部门与地方各级政府共同管理，以国家级部门为主导，对于拟任或晋升至正副主任医师级别及相应职称的人员，须由地方卫生管理机构进行初步审查，随后提交至国家卫生部门进行最终审批。[1]

---

[1] 左希洋：《中国私立医院可持续发展政策框架研究》，华中科技大学博士学位论文，2008。

### 三 职称评定工作的暂定与整顿

改革开放初期，通过业务技术职称评定、晋升，对各级各类专业技术人员的学术、技术、专业水平及工作成就的考核和评价，了解到我国科学文化的实际水平和力量，为构建和培育专业人才梯队提供了宝贵的借鉴，同时激发了科研人员的拼搏意志，推动了人才梯队的成长与社会各领域的繁荣，此外也挖掘了众多杰出中青年科研精英，加快了科研人才梯队的建设步伐。[①]截至1983年底，通过评定、晋升和套改，全国共有595万人获得了职称。其中，获得高级职称的人数达到9.4万人，在全体拥有职称者中所占比例为1.6%；获得中级职称的人数为153万人，占已获得职称人员的25.7%；拥有初级专业技术资格的人数为432.5万人，约占已获得职称人员的72.7%，其中，享有助理工程师一级职称的约有193万人，而拥有技术员一级职称的则有239.5万人。[②]

但恢复职称评审工作后，由于职称概念模糊、功能定位不清，加之缺乏整体规划、边评审边制定条例等原因，产生了很多问题。为此，中央书记处于1983年9月决定暂停职称评定，国家主管部门按照中央和国务院的指示，从1984年下半年起，开始研究和探讨职称改革的路子。

## 第三节 专业技术聘任制（1986~2015年）

1986年，国务院发布《关于实行专业技术职务聘任制度的规定》，决定在全国全面实行专业技术职务聘任制度。历经30年的改革完善，直至2016年《关于深化职称制度改革的意见》出台，这一制度成为历史上实施时间最长、影响最深远的职称制度，对各行业各部门的各类专业技术人员的职业

---

① 郭炜：《1978-1992年中国共产党知识分子政策的研究》，中共中央党校博士学位论文，2014。

② 中央职称改革领导小组：《关于改革职称评定、实行专业技术职务聘任制度的报告》，1985年12月30日。

发展产生了重要影响，在我国专业技术人员管理中长期发挥着风向标和指挥棒作用。

## 一 专业技术职务聘任制的建立试行

### （一）专业技术职务聘任制的提出

1985 年末，我国中央职称评审领导小组向国务院递交了《关于改革职称评定、实行专业技术职务聘任制度的报告》，其中明确阐述了改革的总体方向。报告依据《中共中央关于科学技术体制改革的决定》的精神，强调为了配合经济、科技及教育体制的改革步伐，必须对现行的职称评审体系进行革新。本次改革的关键使命在于推广专业技术岗位的聘任机制，并辅之以职务工资为主干的薪酬架构体系。构建专业技术岗位聘任体系的关键环节涵盖了：按照实际工作需求来设置专业技术人员岗位，并对岗位职责作出明确规定；在人员配置及数量控制的框架内，制定合理的高级、中级与初级专业技术职务的比例；依托行政管理机构，在评审委员会审批同意的、具备相应资质的专业技术人才范围内进行选拔任用或指派；岗位任期设有期限，任职期内将享有对应的专业技术职务薪酬待遇。这一职务体系与终身享有的学位、学术头衔等学术及技术荣誉有所区别。

### （二）专业技术职务聘任制的主要内容

1986 年初，我国中央领导层作出决策，对职称评审体系进行革新，逐步推进专业技术岗位的聘任制度实施。① 同年 2 月，国务院发布《关于实行专业技术职务聘任制度的规定》（以下简称《规定》），决定对职称评审体系进行革新，采纳专业技能岗位聘用机制，并且配套实施以岗位薪酬为核心的结构化薪酬体系。《规定》针对专业技能岗位聘用机制的具体细节，展开了详尽的说明。

---

① 1986 年 1 月 4~8 日，全国职称改革工作会议在北京举行。中央职称改革领导小组组长宋健在会上说，中央决定从今年起改革职称评定制度，逐步实行专业技术职务聘任制。

1. 明确了专业技术职务的定义

专业技术职务是根据实际工作需求而设立的职业岗位，它涵盖了学术、技术以及行业领域的职称总称。此类职务要求从业者必须掌握相应级别、系统的专业知识方能胜任，与终身享有的学位、头衔、学术荣誉及技术称谓有所区别。作为职位，其职责界定清晰，岗位数量受编制限制，各级别职称设有既定的比例结构，且具有一定的任期限制，任职期间享有相应的专业技术岗位薪酬。[①]

2. 规定了专业技术职务的任职基本条件

任职基本条件既包括政治条件又包括业务条件，体现了二者并重的原则。①满怀对国家的深厚情感，恪守国家宪法与法律法规，主动投身于国家"四化"建设的伟大实践中，尽己所能贡献力量。②拥有胜任岗位职责的实务操作能力和扎实的专业知识。③在通常情况下，担任高级、中级、初级专业技术岗位的人员应分别具备本科、专科、中专及以上学位。不同专业技术序列可视自身特点，制定相应的职务学历标准。对于那些虽未达到规定学历，却具备卓越才能、显著成就、突出贡献，且符合任职资格的专业技术人员，同样可以根据实际需求，任命其相应的专业技术职务。④身体健康，能坚持正常工作。

3. 确定了职务结构比例，合理设置专业技术岗位

在定编定员的基础上，各类单位及专业技术岗位在不同级别中，应当展现出各自独特的配置比例结构，各单位应根据专业技术工作的实际需要和国家批准的限额合理设置专业技术职务的岗位，以此作为评聘工作的基础。

4. 强调了实行评聘结合

单位行政管理者在对评审委员会审核通过的、满足特定资质要求的专业人才中，进行专业岗位的选聘或指定，同时向其发放聘用证书（或任命通

---

① 李国兴、沈荣华：《坚持职称改革方向完善专业技术职务聘任制度》，《党政论坛》1988年第1期。

知），双方签订具有法律效力的聘约，规定任期内的目标和双方应有的权利、义务等。聘任或任命单位需对在聘或受指派的专业技术人员之职业技能、工作表现及业绩成果，实施规律性或临时性的评估。评估结果将归档于业绩记录簿，用以决定晋升、薪酬调整、奖惩措施以及是否续签雇佣或任命合同的重要参考。

从专业技术职务聘任制度的主要内容可以看出，无论是在概念上、内容上还是在管理上，职务聘任制与职称评定制都有很大的区别。职称从单一的评价制度成为集评价、使用、待遇于一体的人事管理制度。

（三）专业技术职务聘任制的试行

1986 年 1 月，中央职称改革领导小组发布《关于职称改革工作部署的通知》，提出：率先在中央政府直属的部委以及各省、自治区、直辖市的直属高等教育机构、科学研究单位、医疗卫生部门所属的事业单位中，分阶段实施专业技术岗位的聘用工作。不在这些范围内的，只限于试点工作。各主管部门需针对不同职务序列，开展试点和试行工作，积累经验教训，进而对现行规章制度及执行细则进行修订与优化。待修订内容经过中央职称改革领导小组的细致审查，随后提交至国务院进行官方颁布，正式施行。

历经一年的改革试点，各级区域和不同职能部门在职称制度改革过程中普遍面临了一些问题。1987 年 6 月，我国中央职称改革领导小组颁布了《关于实行专业技术职务聘任制工作中若干问题的原则意见》，针对行政管理人员兼任技术职务、退休技术人员资格评定、城乡支援技术人员职务安排、乡镇及集体企业技术人员职务聘用、边远贫困地区技术人员职务及名额分配、自收自支事业单位技术人员职务限额、非标准学历技术人员职务聘任以及专业技术职务聘任制度化管理等八大问题，提出了指导性的处理原则。

为了缓解职称改革工作中存在的矛盾，解决历史遗留问题，1988 年 1 月，我国中央职称改革领导小组对外公布了《关于认定专业技术职务任职资格的原则意见》文件，其中对专业技术人员若流动至知识及人才较为匮乏的地区，或在这些地方进行兼职工作，关于其任职资格认定的相关事宜，提出了方向性的指导建议，这部分人主要指 1966 年以前毕业并达到高级专业技术职务任职条件，但因专业技术职务限额没有被聘任高级专业技术职务的专业技术人员。认定专业技术职务任职资格是一项过渡性措施。

1988 年 3 月，针对过去两年职称改革实施过程中所暴露的若干问题，我国中央职称改革领导小组研究出台了《关于完善专业技术职务聘任制度的原则意见》，并推出了具体执行方案，内容涵盖：实现专业技术职务聘任工作的常态化与规范化；强化对专业技术职务聘任的宏观管理；逐步实现专业技术职务评审与聘任权力的下移；要建立健全科学的专业技术人员考核制度；选聘优秀拔尖中青年专业技术人员任高级专业技术职务；加强职务条例的修订及立法工作等。1988 年 3 月，我国中央职称改革领导小组正式颁布了《中央国家机关实行专业技术职务任命制度的规定》，其中详尽阐述了专业技术岗位职务任命的基本准则、适用人群，职务名称的界定，职务级别的选择，职务结构比例及名额分配，职务职责，任职资格要求，评价与审核机制，以及职务实施的具体流程，还包括薪酬发放的具体时间点等各项细致规定。

## 二 科技领域职称制度框架体系的形成

截至 1988 年，中央职称改革工作领导小组陆续设置了高教、自然科学研究、社会科学研究等 29 个职称系列，各系列均分设高、中、初级职务，基本上覆盖了各行业、各部门的各类专业技术人员，形成了我国职称制度的框架体系，本节将重点介绍科技领域的职称制度框架体系。

（一）科技领域专业技术职务系列

科技领域专业技术职务系列的框架体系见表 2-1。其中涉及专业技术职务系列均采用高、中、初三级的设置，但粗细不一，部分系列高级职务只到副高级，部分系列的初级职称没有员级。

表 2-1 科技领域专业技术职务系列

| 序号 | 系列 | 专业技术职务名称和档次 | | | | |
|---|---|---|---|---|---|---|
| | | 高级 | | 中级 | 初级 | |
| 1 | 高等学校教师 | 教授 | 副教授 | 讲师 | 助教 | |
| 2 | 自然科学研究人员 | 研究员 | 副研究员 | 助理研究员 | 实习研究员 | |
| 3 | 卫生技术人员 | 主任医师 | 副主任医师 | 主治医师 | 医师 | 医士 |
| | | 主任药师 | 副主任药师 | 主管药师 | 药师 | 药士 |
| 4 | 工程技术人员 | 高级工程师 | | 工程师 | 助理工程师 | 技术员 |
| 5 | 农业技术人员 | 农业技术推广研究员 | 高级农艺师 | 农艺师 | 助理农艺师 | 农业技术员 |
| | | | 高级畜牧师 | 畜牧师 | 助理畜牧师 | 畜牧技术员 |
| | | | 高级兽医师 | 兽医师 | 助理兽医师 | 兽医技术员 |
| 6 | 技工学校教师 | 高级讲师 | | 讲师 | 助理讲师 | 教员 |
| | | 高级实习指导教师 | | 一级实习指导教师 | 二级实习指导教师 | 三级实习指导教师 |
| 7 | 实验技术人员 | 高级实验师 | | 实验师 | 助理实验师 | 实验员 |

## （二）科技领域专业技术职务试行条例

科技领域专业技术职务系列的主管部门根据本系列专业技术职务特征分别制定了"专业技术职务试行条例"，对各级各类专业技术职务对应的任职资格、相应职责、评聘方式作出具体规定，以此作为专业技术职务的评聘依据（见表 2-2）。

表 2-2 科技领域专业技术职务试行条例

| 序号 | 条例名称 | 时间 | 制定部门 |
|---|---|---|---|
| 1 | 高等学校教师职务试行条例 | 1986 年 3 月 3 日 | 国家教育委员会 |
| 2 | 自然科学研究人员职务试行条例 | 1986 年 3 月 10 日 | 中国科学院 |
| 3 | 农业技术人员技术职务试行条例 | 1986 年 3 月 14 日 | 农牧渔业部 |
| 4 | 卫生技术人员职务试行条例 | 1986 年 3 月 15 日 | 卫生部 |
| 5 | 技工学校教师职务试行条例 | 1986 年 4 月 2 日 | 劳动人事部 |
| 6 | 工程技术人员职务试行条例 | 1986 年 4 月 21 日 | 国家经济委员会 |
| 7 | 实验技术人员职务试行条例 | 1986 年 5 月 29 日 | 中国科学院、国家教育委员会 |

### （三）科技领域专业技术岗位设置

专业技术职务聘任制规定，在定编定员的基础上，不同类别的单位和专业技术职务在不同档次之间应各有不同的结构比例，各单位应根据专业技术工作的实际需要和国家批准的限额，合理设置专业技术职务的岗位，以此作为评聘工作的基础。专业技术职务岗位共设 13 个等级，其中正高级岗位为 1~4 级，副高级岗位为 5~7 级；中级岗位为 8~10 级；初级岗位为 11~13 级。

1988 年 7 月，中共中央、国务院作出决策：取消原有的中央职称改革领导小组。自此，全国范围内对于职称制度的改革以及实施专业技术职务的聘任工作，将在国务院的指导下，交由人事部来主导实施、统筹规划以及综合协调。同年 8 月，人事部发出《关于加强职称改革工作统一指导的通知》，今后，全国范围内的职称制度改革事宜统一由人事部承担起指导、统筹与调度职责。任何涉及职称改革及专业技术职务聘任的关键政策议题，均需人事部上报至党中央及国务院，获得审批后方可展开具体部署与实施。为了切实搞好职称制度改革，防止评乱评滥，逐步完善专业技术职务聘任制，1989 年 10 月，中央决定在这项工作转入经常化以前进行一次认真的复查。

## 三　专业技术职务聘任工作常态化

为了满足治理优化、改革深化的时代要求，进一步优化专业技术人员职务聘任制度，遵照 1990 年 5 月 22 日第 100 次国务院总理办公会议精神，1990 年 11 月，人事部在 1986 年文件和各专业技术职务试行条例的基础上，印发《企事业单位评聘专业技术职务若干问题暂行规定》，文件规定各地方及中央政府部门务必严格遵循中央统一部署的政策及职务评聘规范，绝不可擅自更改或另行其道。进行定期的专业技术职称评审与聘任活动，必须建立在科学且合理的专业技术岗位配置前提之下，同时对聘任前的岗位设置、评聘程序、聘任后的考核管理等给出政策指导。这一文件的颁发标志着职称评聘工作转入常态化。

（一）评审标准

评审标准是专业技术人员职称评聘的直接影响因素，也一直是各方关注的焦点。1986年颁布的《关于实行专业技术职务聘任制度的规定》仅对任职基本条件作了规定，这些评价标准是指导性和通用性的，更多的评价标准细节体现在29个职务系列的试行条例中，不同系列对高、中、初级职称评审的德、学历、资历、能力方面都规定了更加具体、更具可操作化的标准。

《企事业单位评聘专业技术职务若干问题暂行规定》进一步明确：评聘专业技术岗位职务时，务必恪守专业技术职务暂行办法中明确规定的各项能力要求、工作业绩、资历要求、所属专业（或相关领域）的教育背景以及相应的外语能力等核心任职资格条件。暂行规定颁布以来，个别区域和单位在如何具体落实方面遇到了若干可操作性的难题，为避免由标准掌握不一而造成职称评聘有失公允的问题，人事部又多次对部分关注度比较高、尺度把握差异比较大的标准应该如何掌握的相关问题进行进一步细化解答，连续印发《人事部职位职称司关于贯彻人职发〔1990〕4号文件有关问题的解答》《〈企事业单位评聘专业技术职务若干问题暂行规定〉有关具体问题的说明》《〈企事业单位评聘专业技术职务若干问题暂行规定〉有关具体问题的补充说明》等三份文件，对"转入经常性的评聘工作必须具备的几个前提条件"、评价标准的掌握、离退休人员、军转干部、技术工人评职称等问题作出进一步解释说明。自此，职称评聘工作转入常态化。

（二）评审委员会

职称评审委员会担当着职称评定工作的核心角色，其主要职能是对从事专业技术工作的职员进行评估，以确定其是否满足特定职务的任职资格。按照《关于实行专业技术职务聘任制度的规定》，对于不同级别的评审委员会的成立流程，必须遵循一定的标准和程序，《企事业单位评聘专业技术职务若干问题暂行规定》进一步明确要求"各地区、各部门应重新组建评审委员会"，并提出一些原则性要求。

（三）评审方法和程序

企事业单位评聘专业技术职务时，要改进评审方法，采取融合笔试

（包括答辩）、审核、评价等多种方式，针对各类别、各层级的特点制定有针对性的评价方案，确保评价申报者岗位资格及职责履行的能力与素质的客观性和公平性，具体的评价细节与方法由各地、各机构自行拟定。评价结论须提交至相应的人事（职称改革）机构进行审核并登记。

企事业单位评聘专业技术职务的一般程序如下。第一步，由公司的人力资源和职称改革部门依据员工的绩效考核结果进行选拔提名，严禁私自申请。第二步，在审核被评定人员的业务表现、成就、教育背景、工作经验、外语能力等关键资质后，向评审机构提交包含员工绩效记录、审核结论、相关资料以及民众评价和反响的完整档案。第三步，评委会启动了审核流程，起初向众多技术人员公布了评审的标准、要求和岗位的名额；随后，广泛征集对评审对象在学术研究、技术能力以及工作业绩（包括论文和专著）等方面的反馈；之后，安排了特定规模和范围的答辩环节，以此评估评审对象的真实能力，这一结果成为评审决策的关键参考。第四步，组织评审讨论会，规定必须到场的评审成员数量，对于高级评审团来说，至少需要 17 位成员参加；对于中级评审团而言，至少要有 13 位成员列席。在参考了人事调整部门的建议以及学科评审小组的观点后，评审团将开展讨论并采取匿名的方式进行投票决策，必须得到与会评审成员三分之二以上的赞同票数，决议方为有效。未能参加评审讨论会的成员不得行使投票权，也不得事后追加投票。

若本单位缺乏评审资质，可采取委托评审的方式。针对高级职称评审的委托，必须经由各省、自治区、直辖市以及中央各部委的人事管理机构与职称改革办公室出具正规委托函。而对于中级职称评审的委托，则应当由县级（含副处级）以上的人事管理部门和职称改革机构出具相应的委托函。任何单位之间或个人私自发起的职称评审委托均属无效。评审委员会的评审活动每年开展一次。在评审委员会成员或其直系亲属的专业技术职务时，将执行回避原则。审核结论须获得人力资源（职务改革）部门的首肯。若出现部分评审结果存疑，且收到较多群众投诉的情况，应由机构负责人提出申请，待职务改革部门核准之后，评审委员会再行复审。

（四）评审结果的使用

实施专业技术职称的聘任制度，采取"评审与聘任相结合"的模式，意味着必须通过职称评审程序来取得相应的专业技术职称，并据此领取匹配的职务薪酬。对于评审通过的专业技术职称，其有效性限定于批准的特定范畴内。若专业技术人员发生工作调动或专业变动，须依据新拟任职务的管理规定及任职资格要求，进行新一轮的评估、审核或资格认定。在经过一段试用期评估后，根据岗位实际需求，聘任合适的职务，并依照新职务级别享受对应的薪酬福利。

"聘任和任命"是"聘"的两种基本形式，在事业单位体系内，专业技术岗位通常采取聘任制度，这意味着，不同级别的专业技术岗位将由管理层在经过评审团审核认定、满足特定任职资格的专业人才中，进行选拔并予以聘任。在非一线城市的偏远区域以及那些暂时无法开展聘任流程的事业单位中，可以暂时采用指派制度，然而需要逐步创造条件向聘任制度过渡。而对于国家各级政府机关内的专业技术岗位，则依旧采取指派制度。采用指派制度的部门或机构，应根据干部管理的相关规定，由行政负责人向指定的技术人员发放任职证书。此外，即便是在指派制度下，相关技术人员也需通过评审委员会的审核，确保其满足相应的岗位要求。

技术岗位的任职并非永久性的，需设定固定任期，通常任期为五年以内。如有工作需求，可续签或续任。负责聘任或任命的机构需对在岗技术人员的专业能力、工作表现及成就进行定期的或者临时的评估。评估结果将记录于个人业绩档案中，并作为职务晋升、薪酬调整、奖励处罚以及是否续签或续任的重要参考。

## 四　专业技术职务聘任制的改革

（一）评聘模式的改革

专业技术职务聘任制设计之初，强调"职务管理"、职称与待遇挂钩，实行评聘合一。然而，薪酬增长停滞不前，导致众多专业技术人才迫切希望通过职称评审来一并解决职业评价及薪酬待遇上的诉求，但这种期望往往不能得到迅速的回应。1990 年 4 月，人事部倡议设立了一项"专业技术资格考试"体系，明确指出，所有参与全国统一举办能力评估测试并获得合格成绩的人员，将获得由国家统一颁发的"专业技术资格证书"，该证书在全国范围内均被认可。1991 年我国开始在人才密集单位的副高级职称中试行评聘分开模式，《关于职称改革评聘分开试点工作有关事项的通知》指出，开展独立评审与聘任的试点项目，旨在加强竞争激励机制，对专业技术职务任用体系进行深入优化与补充，探讨在部分专业领域实施职务聘用制度，并构建学术及技术头衔认证体系。这是"职称"游离于"职务"的开端，也是评聘关系混行的开端。

为适应企业转换经营机制和转换政府职能的需要，1993 年 1 月，国务院职称改革工作领导小组办公室下发《当前职称改革工作中有关问题的通知》，对转制过程中企事业单位遇到的相关问题作出规定，明确提出：依据我国统一标准进行评定，并通过全国统一安排的专业技术资格考核所获得的专业技术等级，反映了专业技术人才的专业素养与技能水平，其与薪酬福利并无直接关联，但可作为各企事业单位在聘任相应专业技术岗位时的参考标准之一。1994 年 10 月，人事部印发《专业技术资格评定试行办法》，其中明确指出：推行专业技术资格体系，标志着职称制度改革的进一步深化，这一举措需要在领导层的指导下，分阶段、有序地在国家指定的专业技术领域内实施，依据公布的中高级技术资格评审标准，开展专业技术人员资格的评审工作，确保整个过程的积极与稳重。这为企事业单位实行评聘分开进一步奠定了基础。

（二）强化国家统一管理模式

1991 年 6 月，我国政府决定组建国务院职称改革工作领导小组，其主要任务是深入探讨并草拟职称制度改革的详细计划及关键政策；同时负责调研并协调增设新的专业技术职务类别及其相关的重要议题。职称改革的日常工作仍由人事部负责管理，1993 年 3 月，改称中央职称改革工作领导小组。

个别区域及机构未遵守国家相关法规，擅自出台政策性文件，创设或者以其他形式设立职称类别，部分单位更是意图调整现行的职称改革管理模式，实施对本系统的直接垂直领导等。1995 年 1 月，国务院办公厅下发《关于加强职称改革工作统一管理的通知》，强调"职称改革工作必须集中统一领导，加强统一管理"，人事部需全面履行其在职称制度改革中的综合管理职责，遵循党中央、国务院的统一部署，强化对职称制度改革的统筹规划、引领推动以及质量把控，遇有重大事项须提请党中央、国务院审批同意后方可执行。同年 1 月，人事部下发贯彻通知，进行工作部署，实行国家统一管理的职称制度模式始终没有改变。

（三）职业资格制度的实行

当前全球广泛采纳的一项针对专业技术人才的规范体系，职业资格制度体系，其发源地可追溯至欧洲与北美的先进国家。从计划经济体制向社会主义市场经济体制过渡阶段，我国逐步开展了与市场经济体制相匹配的人才评估体系的探索与实践。[①] 1993 年 11 月，党的十四届三中全会作出《关于建立社会主义市场经济体制若干问题的决定》，指出确立不同岗位的资质要求及招聘准则，推行教育学历与职业技能双证书体系。我国劳动用人体系中的职业资格制度，被纳入完善社会主义市场经济结构的关键步骤中。

1994 年，劳动部、人事部颁发了《职业资格证书规定》。同年 7 月，职业资格证书制度写入《中华人民共和国劳动法》。1995 年 1 月，人事部颁发了《职业资格证书制度暂行办法》，针对专业技术人员的职业资格，我国制定了明确的规章制度，强调以推动经济发展、社会公认、国际同步以及保障公共福祉为准则。在涉及国家利益和民众生命财产安全的关键专业技术领域，我国实施了一套专业技术人员执业资质的审核与认证机制。而后，各类职业资格证书应运而生。在持续执行专业技术职务聘任体系的基础上，我国逐渐实施专业技术人才执业资格认证体系。

## 五 科技领域职称制度的深化改革探索

2003 年底，我国自新中国成立以来举办了首次全国性的人才工作会议，

---

① 董志超：《我国职称制度的发展与改革》，《中国卫生人才》2011 年第 5 期。

正式颁布了《中共中央国务院关于进一步加强人才工作的决定》。该文件明确提出：对专业技术人才的评估关键在于社会及同行业的广泛认同。以废除专业技术职务的终身制为核心，深入研究和制定完善职称制度改革的指导方针。在政府总体调控下，实施以岗位需求为基准、面向社会的专业技术人才评价体系。伴随职业分类体系的逐步健全、多元主体人才评价体系的逐步完善、事业单位人事制度改革的逐步推进、基层职称制度改革的实践探索，职称制度改革的思路逐步清晰。

（一）职称制度深化改革的基础

1. 职业分类体系日渐成熟

职业分类是实现"干什么评什么"的前提，是人力资源开发与管理的基础。我国于1999年颁布了第一部《中华人民共和国职业分类大典》（以下简称《大典》），将各类不同职业归为八个大类，其中第二大类专业技术人员是职称评审的主要对象。2015年对《大典》进行了修订，大类保持不变，第二大类除遵循职业分类一般原则和技术规范外，还着重考量了职业的专业化、社会化和国际化水平[①]，最终形成11个中类120个小类451个细类（职业）的专业技术人员职业体系表，为建立专业技术人才能力素质标准、优化职称评审条件、提升专业技术人才开发与管理水平、推进专业技术人才评价国际化打下了重要基础。

2. 事业单位人事制度改革不断推进

事业单位是我国专业技术人员的主要集中地，根据中央《深化干部人事制度改革纲要》的有关精神，2000年7月，中央组织部、人事部联合下发《关于加快推进事业单位人事制度改革的意见》，提出在专业技术岗位的选聘上，秉持岗位标准，精选优秀人才，逐步推进专业技术职称与岗位聘用的整合。借由职称制度的深化改革，加强并优化专业技术职称的聘任体系，构建在政府宏观调控下，以个人自主申请和社会化评审相结合的机制，将专

---

① 专业化是指该职业的专业知识和专业技能独特性；社会化是指职业活动的社会通用型和国家对该职业的呼应程度；国际化是指职业定义和活动描述的国际可比性和等效性。

业技术职称的聘任权限赋予用人机构。事业单位人事制度改革拉开了序幕，职称制度改革必须与事业单位改革紧密配合，才能真正发挥其应有的作用。2006年6月，人事部下发《事业单位岗位设置管理试行办法》，8月又进一步研究制定了《〈事业单位岗位设置管理试行办法〉实施意见》，对专业技术岗位职责、职等和职级、结构比例、聘用条件都作出了明确规定，为进一步落实事业单位用人自主权，实现"社会公正评价、单位自主用人""能上能下、能进能出"的职称评聘机制奠定了坚实的制度基础。

3. 职称制度的改革思路逐步清晰

21世纪以来，从国家、部门到地方陆续出台了人才规划，其中均将职称制度改革作为创新专业技术人才评价机制的重要内容。《专业技术人才队伍建设中长期规划（2010—2020年）》对职称制度改革的思路作出了总体性概括，即秉持职业类别作为根本，以技能与成就为衡量标准，优化注重行业与社会共识的专业技术人才评审体系，构建起一套涵盖全领域、分类明确、实时更新、面向全体专业技术人才的职称制度，并强调了深化职称制度改革的核心理念，包括"调整功能定位""健全分类体系""完善评价机制""实现科学管理"。①

（二）科技领域职称制度的改革探索

1. 高校和科研院所的职称制度改革探索

自2001年起，中国科学院正式宣布废除原有的专业技术职务任职资格评审机制，转而全面实施岗位聘任制度。各分支机构将依据科研方向及实际工作需求，全方位且科学地规划不同类别专业技术岗位及其他相关岗位，并在机构内部公开招募，通过竞争方式选拔上岗人员，概括起来即"按需设岗、公开招聘、平等竞争、择优聘用、严格考核、合同管理"。② 与此同时，取消院一级各类专业技术职称评审委员会，下属机构相应级别的评审机构亦被解散。针对不同岗位的具体需求，成立了对应的聘任审核机构，并制定了

① 董志超：《新中国职称制度的历史追溯》，《人民论坛》2011年第20期。
② 田子俊：《中国高校教师职称评聘制度历史沿革》，《湖南科技学院学报》2006年第3期。

一套完备的聘任流程以及评价与审核的标准和规范。中国科学院终止了"职称"评定活动，这一举措成为当年全国职称改革中的一则重要新闻。

与此同时，部分高校也开始尝试实施真正意义上的教师职务聘任制，北京大学、浙江大学、上海大学也先后采取了这种做法。有专家认为，这是对评聘结合模式的创新发展，也是系统、完整的专业技术职务管理体系，对解决"重评审、轻聘任""干好干坏都一样""能上不能下"等问题以及落实单位用人自主权都产生了积极作用。

2. 基层专业技术人员职称制度改革探索

基层专业技术人员是我国科技人才队伍的重要组成部分，是推动科技人才队伍建设的直接实践者和基本力量。从实践来看，职称制度对于激发基层专业技术人员的工作活力和创新激情至关重要，但是以往大一统的职称评价标准和评价机制完全不能满足基层专业技术人员的发展需求，甚至成为阻碍基层专业技术人员成长的重要因素。2015 年 11 月，人力资源和社会保障部、国家卫计委联合下发《关于进一步改革完善基层卫生专业技术人员职称评审工作的指导意见》，针对完善基层卫生人才职称评定机制，提出应从完善评审机制、调整评审要求、细化评审准则及构建持久激励机制等多个层面入手，着重指出取消论文及外语水平等作为评审的必要条件，促使医疗人员专心致力于临床工作；重视评审标准的务实性，紧密联系基层工作具体情况，参照医疗机构的职能划分及分级诊疗的规范，针对县级医疗单位与乡镇卫生院、社区服务中心的卫生技术人员，制定差异化的评审准则。确保"干什么评什么"，防止职称评定与实际业务脱节、形成名不副实的状况。[1]

2016 年 7 月，人力资源和社会保障部发布了《关于加强基层专业技术人才队伍建设的意见》，明确指出需要针对基层具体情况，优化评价体系标准，同时强调摒弃仅重视学历、论文的偏向，加大对实际工作能力、业绩表现以及工龄等方面评价的比重。此外，意见中还提出构建以同行评议为核心的评价体系，灵活运用考试、评审、综合评价以及认定等多种评价手段，严

---

[1] 《改革完善基层卫生专技人员职称评审》，《中国劳动保障报》2015 年 11 月 27 日。

格规范评价流程，强化评价全过程的监管，以确保评价的高效性和公信度。对于长期坚守在农村及偏远地区，且在这些环境中取得杰出成绩并对社会作出显著贡献的专业技术人才，应放宽条件，允许其特殊申请职称评审，倡导各地区、各部门根据本地实际状况，尝试构建针对基层高级专业技术人才的定向评审、定向应用职称评审机制，并优化完善岗位安置、薪酬福利以及基层工作结束后职称转换确认等方面的具体规章管理措施。

关于高校教师、科研院所专业技术人员和基层专业技术人员的职称改革探索对于积累改革经验、凝聚改革共识、推动职称改革向纵深推进具有重要的示范和带动意义。

## 第四节　新一轮职称制度改革（2016年至今）

自1986年我国实施专业技术职务聘任制以来，职称制度也处于不断改革和完善的过程中，我国在2016年底出台了具有里程碑意义的深化职称制度改革文件，职称制度迎来了新的历史阶段。

### 一　中央提出新一轮职称制度改革的主要任务

2016年11月，中央全面深化改革领导小组第29次会议审议通过了《关于深化职称制度改革的意见》（本节简称《意见》），这是专业技术职务聘任制实施30年来我国首次出台的改革意见，旨在全方位激活并挖掘专业技术人才的创新、创造及创业潜能，开辟专业人才职业成长的全新领域，从而持续提高我国人才资源的供给质量，增强人才队伍的综合素质及在全球范围内的竞争力。《意见》提出了改革的主要任务如下。

#### （一）健全职称制度体系

完善职称制度体系，着力破解限制专业技术人才发展的瓶颈，为他们开辟更广阔的晋升途径。《意见》指出，应维持现有职称体系的整体框架，同时根据实际情况进行必要的调整与合并，并研究在新兴行业中增设新的职称类别。职称类别应按照不同专业领域设立对应的专业子项。对于目前尚未设立正高级职称的类别，应全部增设至正高级。此外，需构建职称与职业资格之间的对应体系，一旦获取相应职业资格，即视为拥有相应级别和序列的职称。

这也就意味着原来只到副高级设置的"工程、农业、实验技术、技校教师"等科技领域职业系列的专业技术人员可以参评正高级。职称制度和职业资格制度作为我国人才评价的两项基本制度，回归双轨并行的改革方向。

**（二）完善职称评价标准**

标准是人才评价的核心。此次评价标准改革从"一刀切"转向"科学设置"，强调"品德为先""以职务（岗位）要求为基础"。在当前的实际状况中，最为人们所聚焦的职称评审准则包括以论文为核心的评价方式以及将外语、计算机技能与职称评定关联的做法。为了应对这些问题，本次职称评审体系的改革彻底地梳理了职称评定的标准，将其归纳为道德品质、专业能力和工作绩效三大维度。此举旨在科学地区分和评价专业技术人才的综合素质，根据不同领域、行业以及人才层次，量身定制相应的评审准则，摒弃了以往"一刀切"的做法，确保了评审标准的针对性和实用性，实现了"做什么就评什么"的精准评价。[①]《意见》将道德品质作为评价专业技术人才的核心要素，首要关注其职业伦理，严格审查职业行为与社会责任意识；在能力评价方面，以岗位特性及实际需求为出发点，着重对专业技术人才的专业素养、技术能力、实际操作和创新思维进行综合考量，尤其凸显对创新能力的重视；在业绩评价上，着重评价专业技术人才在岗位上的表现和所取得的创新成就，同时加大对基层工作者及有杰出贡献人才的奖励力度。

**（三）创新职称评价机制**

改革评价机制的关键在于摒弃单一的评价模式，拓宽评价的广度，增强社会组织的影响力，以及确保评审过程受到有力的监督和制约。《意见》着

---

[①] 尹蔚民：《全面深化职称制度改革　充分发挥人才评价指挥棒作用》，《中国人才》2017年第6期。

重提出构建以同行专家审核为核心的专业评估体系，着重融合市场反馈和社会评判，针对基础研究、实用研究以及理论探索等不同领域的科研人才，实施差异化的评价标准。针对杰出人才，采取专门的评价手段，以此拓展职称评定的方法，增强职称评定的精准度和科学性。特别人才实行特别评价策略，同时为基层技术人才制定独立的评价机制。积极破除户口、区域、身份等多重限制，确保职称申请途径的顺畅无阻。构建技术能力与工程技术人员之间的职业晋升桥梁。推动职称评定向社会化方向发展，建立健全以个人自愿申报、行业客观评价、企业优选任用、政府引导监管为特点的社会化评审机制。[1] 严肃评审纪律，加强评审监督。

（四）合理选择评聘方式

职称评审的核心宗旨在于其应用，而评审与应用之间的关联主要反映在"评审与聘用相结合"以及"评审与聘用相分离"这两种模式之上。评聘方式改革突出了"灵活多样，不搞'一刀切'""符合职业特点和单位实际情况""强调岗位管理"等特点。《意见》指出，在全面推行岗位职责管理的背景下，对于那些专业技术人才的学术能力与岗位职能紧密挂钩的事业单位，职称评审工作通常应当在岗位架构的比例范围内进行，而针对那些未执行岗位管理的机构，以及那些具有广泛适用性、遍布各类社会团体的职称类别和新兴行业，可以采取评价与聘用分离的模式，秉承实用主义原则，细致剖析职业特性、机构属性以及岗位具体要求，科学设定评价与聘用的关联机制，确保评价服务于实际应用，以实际应用推动评价工作。完善考核体系，强化聘用后的管理，确保岗位人员能够实现能上能下的动态管理。

（五）改进职称管理服务方式

优化职称管理体系的关键在于政府职能的转变，核心任务是协调好"放开、监管、服务"三者之间的平衡。《意见》强调，各级政府需强化顶层设计，提升公共服务水平，同时对项目实施过程和结果实施有效监督，缩减行政审批流程，降低对具体事务的干预，减轻事务性劳动负担。在职称评

---

① 俞家栋：《让作出贡献的人才有成就感获得感》，《中国党政干部论坛》2017 年第 2 期。

定过程中，应充分体现用人主体地位，合理划分并下沉职称评定权力，逐步把高级职称评定权授予满足条件的地区和社会团体，鼓励高等学府、医疗机构、科研机构、大型公司以及其他人才集中的单位，依据管理权限自主进行职称评定工作。职称审核需简化流程，遵循依法完备、操作便捷的准则，科学地规划评审标准和流程，摒弃重复评价和多方评审的现象，使技术人才减少奔波，简化填报，减轻人才资料准备负担，缓解人才在评审中的压力。另外，须预防放任自流的状况，对于那些不能妥善履行评审职责、评审质量无法保证的单位，将暂停其自主评审资格直至完全收回评审权限。

## 二 科技领域相关系列开展的职称制度改革

自 1986 年实行专业技术职务聘任制以来，一直实行 29 个专业技术职务系列，《意见》提出：保持现有职称系列总体稳定，适时调整、整合，探索在新兴职业领域增设职称系列。《意见》出台后，截至 2023 年 12 月底，与科技领域相关的 7 个系列全部颁布了改革意见——《关于深化技工院校教师职称制度改革的指导意见》《关于深化工程技术人才职称制度改革的指导意见》《关于深化自然科学研究人员职称制度改革的指导意见》《关于深化农业技术人员职称制度改革的指导意见》《关于深化高等学校教师职称制度改革的指导意见》《关于深化卫生专业技术人员职称制度改革的指导意见》《人力资源社会保障部教育部关于深化实验技术人才职称制度改革的指导意见》。

（一）技工院校教师职称制度改革

2017 年 11 月，人力资源和社会保障部发布《关于深化技工院校教师职称制度改革的指导意见》。改革的主要内容包括 4 个方面。

一是制度架构层面，对技工类院校教师职称体系进行了优化升级，增设了正高级职称，以适应技工院校的实际情况。同时，对文化课和技术理论课教师的职称等级进行了调整，取消了员级职称，初级职称仅保留助理级别。此举旨在更好地将技工院校教师职称与事业单位岗位设置进行对接。

二是评价标准上，将师德视为核心要素，着重于实际教学效果和技能型人才培养的实质性成就，注重职业道德的塑造、工匠精神的磨砺以及创新创业技巧的增强。废除了在技师学院实习课程指导教师职称评定过程中对论文发表的强制要求，并且取消了职称评价中对英语和计算机技能的统一标准要求。国家层面应制定技师学院教师职称评审的基本准则，由人社部门负责草拟通用基准。而各地方则需结合区域特色和实际需求，出台不低于国家基准的细化评审细则。①

三是评价机制上，着力提升评审委员会构建水平，对评审委员会的管理规程进行细致优化，完善作业流程及评审准则体系。创新评估手段，运用实际操作等多元化评估手段，对技术院校教师的思想品质、业务能力、工作成绩进行系统化的评定。同时，适度下放技术院校教师职称评审的自主权，积极促进技术院校自我评审能力的提升。

四是促进职称评定与人才任用机制的无缝对接，国立技术学院教师在进行职称评定时必须贯彻评价与聘用相结合的原则。对于非国立技术学院教师的职称评定，可以借鉴国立院校的评审规则，同时也可以实施评价与聘用相分离的模式。在确保品质的基础上，高级职称教师比例应逐步调整至适宜的水平。

（二）工程技术人员职称制度改革

2019年2月，人力资源和社会保障部与工业和信息化部联合印发了《关于深化工程技术人才职称制度改革的指导意见》。改革的主要内容包括6个方面。

一是健全制度体系。增设高级职称——正高级工程师，优化职务晋升框架，拓展工程技术人员职业晋升新路径。确保与工程行业资质认证体系的完美融合，针对已实施资质认证的领域，取消对应的职称评定程序。推动评审领域专业设置的灵活更新，确保与国家发展大局和产业进步步伐保持一致。构建高技能人才与工程技术人才之间的职业晋升桥梁，构筑一个促进双方共同成长的立体培养体系。

二是完善评价标准。坚守德行为本、才华相辅的原则，着重审视工程技

---

① 《完善评价指挥棒 激励高技能人才》，《人民日报》2017年12月6日。

术人员之职业操守，对于学术不端现象采取"零容忍"的"一票否决制"。细化各行业评审准则，以实际能力和成就定优劣。客观评价学历背景、学术成果、所获奖项，把科研索引、发文量及影响力系数等指标作为辅助考量，着重考量业绩表现与实际贡献度，对于具有突破性的创新研究成果，可实施"一票否决"或"一票通过"机制。

三是创新评价机制。构建以行业专家评审为核心的行业评价体系，强调社会与行业的双重认同。对于在偏远艰苦地区和基层前沿的工程技术人才，实施"专项评审、专项任用"策略。而对于来自海外的顶尖人才，采纳国际专家的评价标准。对于那些在核心技术攻关上取得突破性成就、作出突出贡献的工程技术人才，开辟"绿色通道"，允许他们直接申请评审高级职称。

四是必须实现人才培养与就业机制的高度匹配。具备工程学背景的毕业生，将享有职称评审的优先权，并且在相关行业的资格认证考试中，有望放宽工作年限的限制或取消部分科目的考核；此外，需激发企业等雇主单位的参与热情，促进评价体系与实际业务标准的紧密结合。

五是促进职称评定权力的逐层下移。持续把高级职称评定的权力，特别是针对工程技术行业，分配给那些工程技术人才众多、技术力量强大的巨型企业和组织；此外，激励符合资质的企事业单位独立进行职称评定工作，并执行评定结果的注册及存档程序。

六是积极促进国际工程师资质认证的国际化。借助全球工程界和咨询工程师组织的国际交流平台，深入参与制定国际工程技术标准，加强工程技术人员的国际互动，加快实现工程师资格在全球范围内的广泛认可。[①]

（三）自然科学研究人员职称制度改革

2019年4月，人力资源和社会保障部联合科学技术部共同发布了一份重要的指导性文件——《关于深化自然科学研究人员职称制度改革的指导

---

① 《人力资源社会保障部专技司、工业和信息化部人教司有关负责人答记者问》，《中国组织人事报》2019年2月27日。

意见》。该文件针对优化职称评价标准、革新评价体系流程、推动职称制度与人才使用机制的无缝对接等关键环节，提出了一系列具有针对性的改革措施。

一是在完善评价标准方面。秉持德行为本、才学为辅的原则。深入探讨自然科学家所恪守的学术理念与职业道德，坚决对科研违规行为实行"零容忍"政策。根据不同科研领域的特点，将自然科学研究者细分为基础理论研究、实用技术研发以及科技咨询与管理工作三大类，并针对每个类别分别制定相应的评审准则，实施差异化评价体系。摒弃"四唯"观念，弱化对学历的硬性规定，学历不再作为评审门槛，即便学历不达标，也可通过行业专家的引荐尝试越级申报；降低对论文数量的依赖，实施代表作评审机制，摒弃过往仅以论文和作品计数作为职务晋升的唯一尺度，转而着重考量成果的质量、影响力和对社会的贡献；取消对奖项及荣誉称谓的强制性要求。

二是在创新评价机制方面。优化同业评审机制，引入商业及社会评价因素，促进评审主体的多元化。对于卓越人才，采取定制化的评审方法。破除地域、身份、户籍等界限，确保私立研究机构自然科学研究者享有平等的职称评审权利，保护离职创业者及兼职科研工作者在评审过程中的利益。创设专属快速审批途径，专门用于表彰在基础理论探索、创新技术突破、关键核心技术以及基础通用技术等方面取得显著成就的自然科学研究者，使他们能够直接申请副研究员和研究员职称评审。①

三是进一步下放职称评审权限。积极推进自然科学领域研究员高级职称评定权力的下放，将其交由地方城市或满足要求的科研机构自主执行，以此强化科研机构在职称评定过程中的核心地位。深化职称评审的信息化改革，精简冗杂的申请表格和纸质证明文件，将科研业绩、人才资助计划等与职称评定相关的信息纳入职称评价体系中，进而减轻自然科学工作者在职称评定过程中的负担。

---

① 《解读〈关于深化自然科学研究人员职称制度改革的指导意见〉》，《劳动保障世界》2019
　年第19期。

### （四）农业技术人员职称制度改革

2019 年 10 月，人力资源和社会保障部及农业农村部联合发布《关于深化农业技术人员职称制度改革的指导意见》。在该次改革中，针对完善职称制度框架、优化评审标准、革新评审方式以及加强评审与实际应用的联系等方面，出台了一系列有针对性的改革措施。

一是健全制度体系。新增正高级农业专家职称（含正高级畜牧专家、正高级兽医专家）。在农业技术人才的高级职称体系中，划分为副高级与正高级两个层次，初级职称则细分为初级员和助理初级员，同时继续将农业技术推广研究员定位为正高级职称。长期扎根于县市及更低级别的农郊区域，以及投身于众多涉农企业的技术人员，他们在技术推广与服务的岗位上辛勤耕耘，若已获得农业领域副高级职称，且满足相应条件，便有机会申请晋升为农业技术推广研究员，以此拓宽基层农业技术人才的晋升途径。各地区（涵盖自治区、直辖市）各自承担起农业技术推广研究员资格评审的独立职责，与此同时，人力资源和社会保障机构、农业农村部门不再担负组织全国范围农业技术推广研究员职称评审的引领角色。各地区需紧密围绕推进农业农村现代化的总体目标，贯彻落实乡村振兴战略的具体任务要求。同时，根据本地区的具体情况，对农业技术人才的职称评审专业类别进行灵活调整。此举旨在使专业设置更加贴合农业农村发展的实际需求，确保职称评定体系和职业资格认证体系能够高效对接与融合。

二是完善评价标准。秉持德行为本、才智为辅的原则，将品德作为评价农业技术人才的核心标准，着重审视其职业伦理。采取个人汇报、综合评定、大众评价等多种途径，全方位评估农业技术人员的职业素养与工作表现。对于剽窃他人技术成果或篡改实验数据等学术不端行为，坚决执行"一票否决"的严苛制度。重视对业绩成果与贡献度的综合评估，把创造的经济收益、社会价值和生态影响纳入评审的核心考量因素，尝试打造反映市场和社会认同的评价体系及评审机制。强调对典型成果的质性评价，避免单一的量化衡量，对于具有划时代意义的创新成果实行"一票否决"或"一票通过"制度。采取国家、区域和机构三级标准并行，各地依据国家标准，结合当地农业与农村经济社会的发展特点，确立区域标准；具备评审资格的用人单位可参照国家标准与区域标准，依据自身实际情况，拟定机构内部评审标准。

三是创新评价机制。优化评审体系，构建以同业专家审核为核心的专业评价体系，增强评价的精准性与合理性；倡导各地区针对各类专业、各个级别的农业技术人才实施分类评估，推进评审流程的标准化与科学化。保障评价路径的顺畅，进一步突破户籍、地区、身份、档案等限制，营造有利环境，为农业技术人员在生产经营主体中的职称申请提供便捷通道；对于事业单位中经审核同意离岗创业或从事兼职的农业技术人员，其在离岗创业期间可以继续在原单位依照规定进行职称的申报，并且这一时期的业务成果将作为职称评定的参考依据。建立绿色通道，针对那些在推进农业高品质经济增长、处理农业重大灾害以及深化农村改革等领域贡献突出或迫切需要的杰出农业技术人才，开辟一条可以直接申请并评审高级职称的快车道；同时，对于引进的国际高端人才和急需短缺人才，破除现有的诸多限制，尝试采用国际通行的评审标准，建立职称评审绿色通道。优化评审委员会架构，完善职称评审机制，强化评审工作流程及规范，严格评审行为准则，设立责任追溯体系。逐渐把高级职称评审权限分配给达标的地级市或规模型企业、科研机构等社会组织，强化评审专家资料库的构建，主动引入同行业专家及扎根农村农业基层的技术人员，实施实时更新管理。加强过程监督与后续管理，构建职称评审的不定期抽查与巡检机制，对职称评审各环节实行全面监督与控制，公开职称评审过程，提升评审工作透明度，实现政策公开、标准公开、程序公开、结果公开。

（五）高等学校教师职称制度改革

2020年12月，人力资源和社会保障部与教育部正式印发《关于深化高等学校教师职称制度改革的指导意见》。此次改革的方向是落实高校职称评审自主权，针对完善法规架构、优化评审准则、改革评审体系等方面，制定具体而行之有效的策略。

一是健全制度体系。在保持高校教师现有岗位类型总体不变的情况下，高校可根据自身发展实际，设置新的岗位类型。有条件的高校可探索实行教师职务聘任改革，设置助理教授等职务，健全层级设置。

二是完善评价标准。把教德视为评定教师职称的核心标准，优化思想政治素质与师德风尚的评价机制。强调教学实践能力与成果，强化教学品质审核，将课堂教学效果作为评判的关键指标，加大教学成绩和教研成果在评审过程中所占权重。[①] 持续"破四维"，不以论文相关指标作为前置条件和判断的直接依据，核心是评价研究本身的创新水平和科学价值。不得将人才称号作为职称评定的限制性条件，取消入选人才计划与职称评定直接挂钩的做法。实施典范成果评审机制，选取顶尖成就作为典范成果展示，强调典范成果的创新意义及其对社会进步的切实推动作用。

三是创新评价机制。实行分类分层评价，建立科学合理的分类分层评价标准。倡导运用多元化的评审手段，优化同业专家评审体系，完善外部专家审核机制，尝试吸纳独立第三方组织展开客观评估，研究国防科技、公共安全等特殊领域人才评价办法。对于在基础研究领域的重大突破、尖端技术革新、解决关键工程技术问题方面有显著贡献的教育工作者，以及引入的高级别专业人才和急需短缺的专门人才，在确保品质和流程严谨的基础上，可以制定更具弹性的评审准则。在高级职称评定时，对于学术论文的要求可以放宽限制，以拓宽人才成长的路径。完善信用和惩戒机制，建立申报教师、评审专家及相关人员诚信承诺和诚信信息共享机制，对弄虚作假、学术不端行为"一票否决"。健全聘期考核机制，科学合理设置考核评价周期，适当延长基础研究人才、青年人才等考核周期，把考核结果作为调整岗位、工资以及续订聘用合同的依据，完善退出机制，实现人员能上能下、能进能出。

四是下放职称评审权。高校教师职称评审权直接下放至高校，主体责任由高校承担，高校聘用研究人员等到教师岗位的，可结合实际制定职称评价具体办法；职业院校、应用型本科高校对特殊高技能人才可适当放宽学历要求；对长期在艰苦边远地区工作的高校教师，省级人力资源和社会保障部

---

① 《师德表现作为职称评审首要条件》，《中国组织人事报》2020 年 7 月 30 日。

门、教育行政部门可根据实际情况适当放宽学历和任职年限要求。加强职称评审信息化建设，探索推广在线申报和评审，简化申报信息和材料报送等相关手续。

（六）卫生专业技术人员职称制度改革

2021 年 6 月，人力资源和社会保障部、国家卫生健康委以及国家中医药局联合印发《关于深化卫生专业技术人员职称制度改革的指导意见》，此次改革内容主要有以下 6 个方面。

一是健全评价体系。明确各级别职称名称，促进卫生职称制度与职业资格制度有效衔接，获得执业助理医师证书，等同于拥有医士级别职称；获得执业医师证书，相当于具备医师级别职称；获得护士执业证书，即视为拥有护士级别职称；获得中医（特长）医师证书，同样意味着获得了医师级别职称。灵活调整专业配置，紧跟卫生健康领域的发展需求及医学学科的进步，适时更新卫生专业技术资格考核或职务评定专业类别，确保与医学教育体系的无缝对接。①

二是完善评价标准。重视医德医风审查，加大对职业道德及职业行为的评估力度，优化诚信守约与失信追责体系，采取学术不端行为"一票否决"原则，将面临重大自然灾害或突发公共卫生危机时医护人员的应对行为，作为评估医德和职业风范的关键评价标准。建立完善临床医生执业能力评价指标，科学准确评价临床医生的执业能力和水平，探索引入患者对医生的评价指标；对公共卫生类别医师和中医药人员单独制定评价标准。科学合理对待论文，在职称评审和岗位聘任各个环节，对在国内和国外期刊发表的论文要同等对待，禁止将人才的光荣称号与职务晋升评价直接联系在一起。推行业绩展示代表作体系，涉及诊疗病历、手术影像资料、护理实例、流行病调研报告、紧急处理事务记录、学术文章、卫生行业标准、技术操作规程、科普文章、技术创新专利、研究成果转化等方面，这些均可作为个人业绩的代表

---

① 《关于深化卫生专业技术人员职称制度改革的指导意见（征求意见稿）》，《中国实用乡村医生杂志》2020 年第 12 期。

性成果参与评价。推行国家规范、区域规范及机构规范三位一体的制度，不同区域的相应管理部门可以依据当地具体情况来设立区域规范；具备独立评审资格的机构则能够依照自身实际情况来拟定机构规范。

三是创新评价机制。中、初级职称继续实行以考代评，副高级职称原则上采取考试与评审相结合的方式，高级职称评定可以实施考试加评审的综合评估方法，抑或选用答辩配合评审的双轨审核模式，构建并优化以同行业专家评审为核心的内部评价体系。在社会医疗领域，无论是民营医疗机构还是公立医疗机构，其卫生技术人员在职称的申请与审核过程中，享有平等的权益，不因户籍、人事档案或举办主体差异而受到区别对待；同样地，国家直属医疗单位中的卫生专业人才在职务晋升及审核流程中享有平等的权益；在我国大陆地区工作的港澳台地区卫生专家，以及拥有我国颁发的永久居留身份或不同地区核发的海外高端人才居住证明的外籍人士，均可以根据相关法规参与职务级别的评定。提高职称事务的数字化处理能力，最大限度地促进医疗保健机构的信息系统与数字化工具在职称申请、评审及资格证明查询核实等环节的应用。

四是促进评价与使用相结合。全面考量目前职称评定的实际操作与医疗卫生专业人才的切实需要，确保政策的持续性和稳定性，明确医疗机构评价体系与人员聘用流程的紧密结合。保障用人单位的自主用人权利，使职称评定结果与职务聘任、业绩评估、职位晋升等方面实现有效对接。完善任期内的绩效考核机制，强化聘用后的监督管理，确保岗位人员能够依据能力实现职务的动态调整。优化岗位结构比例，科学、合理、动态设置专业技术岗位，合理增加医疗机构，尤其是基层医疗单位的高阶职务占比，为医疗工作者开辟更广阔的职业晋升途径。

五是倡导优秀人才投身于偏远及基层地区的工作。革新基层评审机制，对于在基层岗位辛勤耕耘多年、成绩斐然、才干出众的医务工作者，应适当放宽对学历的要求，并在同等条件下优先晋升其专业技术职称。各区域应结合本地实际，建立专门的基层职称评审组织，针对偏远及基层的医疗技术人员，实施"专项评定、专项使用"的政策，确保所获得的职称只在相应区域内有效。对于参与援助外国、西藏、新疆、青海的医疗技术人员，在相同条件下享有优先评定与聘任的权利。①

六是改进职称管理服务方式。促进行业监管优化，将职称评定权责下放，对于医疗技术精湛、专业技术过硬、人事体系健全、有独立评审意向的三级医院（包括中医类别医院）以及省级疾病防控中心，探索率先开展高级职称的自我评定流程。与此同时，充分发挥行业协会、专业人才服务机构以及学术组织等专业机构在职称评定标准制定与评审过程中的专业职能。强化对评审全流程的监管力度，优化评审专家的遴选流程体系，推行职称评审的透明化、公告制度，确保政策透明、准则公开、流程公示、成效公布。

**（七）实验技术人员职称制度改革**

2021 年 8 月，人力资源和社会保障部联合教育部共同发布了《关于深化实验技术人才职称制度改革的指导意见》。在该次改革中，针对完善职称制度架构、细化评审标准、革新评审方式、严格评审管理以及提升评审结果运用效率等多个方面，出台了一系列改革举措。

一是健全制度体系。调整职称级别架构，对实验技术人员的职称等级进行细化，划分为初级、中级和高级三个梯次。在初级职称中，细化为员级与助理级两个子级别；而在高级职称中，则区分为副高级和正高级两个层次。专业技术人才在实验领域的职称等级与事业单位的岗位级别相对应，具体表现为：正高级职称与专业技术岗位的一级至四级相匹配，而副高级职称则与技术岗位的五级至七级相对应，中级职称对应的技术岗位级别为第八级至第十级，初级职称即助理级则对应第十一级至第十二级技术岗位，而技术员级别对应的技术岗位则是第十三级。

二是完善评价标准。坚守德行为本、才学为辅的原则，对于侵犯他人智慧结晶、捏造实验数据、剽窃他人成果等学术不端现象，采取"零宽容"态度。强调评估实际操作技能与职业成就，依据各机构、各职位职责的特殊

---

① 《中华人民共和国基本医疗卫生与健康促进法》，《中华人民共和国最高人民检察院公报》2020 年第 2 期。

性，实施精确的分类评审。重视实验教学的成效与技术成就，关注创新思维及方法的培养，同时看重基层实践经历，彰显实验技术人员的实际业绩与所做贡献。针对那些在偏远艰苦地区以及基层前线岗位长期服务的实验技术专业人才，应着重评估他们的职业成就，对于教育背景的要求可以适度放宽。采取国家、地方以及机构三者标准相融合的方式，各地应根据自身具体情况，针对不同行业和机构特点，细化评价准则，确立地方性评价体系；拥有评审自主权的机构可根据自身实际情况，彰显特定岗位的特色和需求，制定个性化的评价标准。对于那些表现出色的实验技术人才，应当制定特别的破格评审政策，以拓宽其职业发展路径。

三是创新评价机制。深化基于同行专家评审的行业评价体系，着重于社会认可度和行业认同感，增强职称评审的精准性与合理性。尝试对标志性成果进行评价，重视成果的优质性、贡献度及其产生的社会影响。优化职称评审委员会的组建与管理规则，着重选拔那些在业绩上表现卓越、享有较高声誉的同行专家以及身处实验技术前沿的杰出人才担任评审委员；原则上，评审委员应来自实验技术领域的工作者或是对实验技术有深入了解的相关领域专家。把职称评定的权力赋予满足资质的招聘主体，让招聘机构在职称评定过程中扮演核心角色。针对那些在关键研发领域成功破解核心技术难题、贡献突出的实验技术人才，以及引进的具备高级技能、迫切需要的稀缺实验技术人才，特设职称评定快速审核机制。

四是加强职称评审监管。优化评审人才遴选流程，确立评审人员的职责界定，严格规范评审行为准则，制定责任追溯体系；对于触犯评审规则的人员，迅速剥夺其评审资格，并纳入信用不良的"负面清单"。实验技术人才的专业技术职称评定，需执行政策透明、标准透明、流程透明、结果透明的原则；构建职称评定的回避机制、公示机制，以及随机审核、巡检机制，加强内在自律与外界监管，确保评审的公平公正。

五是强化结果应用。将实验技术人员的职称评定成果视为岗位选拔的关键标准，始终贯彻职称评定与岗位配置的深度整合。各用人单位须遵循相关规定，将评审合格的技术人员安排至匹配的岗位，并迅速落实薪酬及其他相关福利，确保技术人员职称评定与岗位配置的无缝对接。同时，强化岗位评价与审核机制，确保岗位人员选拔机制具备灵活的晋升与调整能力。

### 三　职称评审法规体系的完善

2019 年 7 月，职称工作的第一部法律性文件——《职称评审管理暂行规定》（中华人民共和国人力资源和社会保障部令第 40 号）（以下简称《规定》）印发，并于 9 月 1 日正式实施。此政策的出台，目的在于贯彻落实中央关于职称体系改革的详细指示，进一步严格职称评定的规范化操作，提升职称相关政策的法治化建设。政策将原先散乱的政策规定统一为系统化的规章，把一般性的政策文件升级为具有部门规章性质的文件，从根源上实现了职称评定程序的标准化。根据法律法规的要求，增强了职称评定的管理强度，这对于保障职称评定工作的质量起到了至关重要的推动作用。[①]

《规定》总计八章，包含四十四条内容，依次涵盖总纲领、职称评审机构、申请与审核流程、评审实施、评审服务支持、监管机制、法律责任以及尾声条款。其核心内容概括如下。一是确立了职称评审的核心机构——职称评审委员会。我国对职称评审委员会实行严格的审核和登记制度，旨在保障职称评审的高标准。二是对职称评审的基本流程进行了规范化，这一流程主要涉及申请、审查、评审、公示以及最终的确认等关键步骤。三是升级了职称评审流程，打造了职称评审电子平台，强化了评审过程的信息化改造，积极推行网络评审模式，并尝试发放电子版职称证书，以此提升职称评审的公共服务效能。四是增强了过程与结果的监督管理。遵循"简政放权、优化服务"的改革方向，减少政府对职称评定的深入介入，改为在评审过程中实施随机审核与后续的持续监督，同时针对问题线索进行回溯审查与再确认，以保障职称评定过程的公平性和清晰度。《规定》进一步强化了在用人单位发挥主导作用的基础上，对申请人及其所在单位、职称评审委员会及其

---

① 《人社部负责人就〈职称评审管理暂行规定〉答记者问》，《中国组织人事报》2019 年 7 月 10 日。

组建机构、评审专家和工作人员等各方违反规定所应承担的法律后果作出了明确规定。

《规定》将职称评价工作的管理范畴，从以往局限于体制内部扩展至覆盖全体专业技术人才及不同类型用人单位，确保评审流程每个环节的管理服务无死角，实现制度的全面覆盖、管理的全方位链接。在确保规定的坚定性与原则性的基础上，综合考量各地区、各部门的具体情况，赋予相应程度的灵活处理权；推行分层次管理、自主评价、管控相结合的模式，坚守"放管结合、优化服务"的原则，将评审组织的直接管理转变为审核备案与综合监管。此外，注重提升服务水平，简化所需证明文件，强化过程监管与事后跟进。《规定》的出台确立了职称评审的法律地位，完善了职称评审的政策体系，赋予了新一轮职称评审工作法律保障。

# 第三章
# 科技专家管理制度

科技专家属于高层次专业技术人员，是推动我国自主创新、推动我国科技创新和各项事业发展的关键力量，是促进经济社会发展最重要的战略资源，是国家竞争力的关键要素，是我国专业技术人才队伍建设的重点，直接影响着我国专业技术人才队伍的整体水平。当今世界，多极化趋势明显，经济全球化不断深入，科技进步日新月异，高层次专业技术人才队伍已经成为重要的战略资源，在综合国力竞争中越来越具有决定性意义。①

党和国家历来重视科技专家，把高层次专业技术人才队伍的建设和管理工作摆到重要的地位。中华人民共和国成立以来，特别是改革开放以来，为适应新的社会经济发展需要，我国在科技专家工作方面进行了新的大胆探索，建立了国务院政府特殊津贴制度、国家有突出贡献中青年专家制度、学科技术带头人培养制度以及重要人才工程等一系列关于科技专家管理的相关制度，进一步完善了科技人事管理制度，逐步形成全社会"尊重知识、尊重人才"的良好氛围，科技专家队伍日益成为我国社会主义现代化强国建设的重要人才保障。

---

① 王晓初主编《专业技术人才队伍建设与管理》，中国劳动社会保障出版社，2012。

## 第一节　国务院政府特殊津贴制度

国务院政府特殊津贴是中华人民共和国国务院对于高层次专业技术人才的一种生活补助和奖励制度，获得者被称为享受国务院政府特殊津贴专家。自 1990 年起，党中央、国务院决定，给作出突出贡献的专家、学者、技术人员发放政府特殊津贴，这是党中央、国务院为加强和改进党的知识分子工作，关心和爱护广大专业技术人员而采取的一项重大举措。知识分子是建设社会主义的一支重要力量，在现代化建设和改革开放事业中作出了重大贡献，具有不可替代的作用。优先改善作出突出贡献的专家、学者、技术人员的生活待遇，对在全社会发扬尊重知识、尊重人才的良好风尚，进一步调动广大知识分子的积极性，实现社会主义现代化建设宏伟目标，起到了一定的促进作用。[①] 截至 2021 年末，享受国务院政府特殊津贴专家达 18.7 万人。[②]

### 一　国务院政府特殊津贴制度的建立

党中央十分关心发挥知识分子在"四化"建设中的作用。1989 年 3 月初，中央政治局常务会议根据邓小平同志两次指示精神，研究决定给作出突出贡献的专家、学者、技术人员发放特殊津贴，以解决知识分子待遇偏低的问题。1989 年 3 月中旬，中央领导同志在中南海召开会议，听取人事部关于拟开展给部分高级知识分子特殊津贴工作的汇报，决定先研究解决有卓越贡献的科学家、专家和著名教授、学者待遇偏低问题，方法是每月发给 100 元生活补贴费。当时确定先选拔 1000 人左右，选拔范围为：学部委员，工改前 1~4 级的科学家、教授，国家批准的中青年突出贡献专家，以及获得国家高等级科技奖励的骨干人员。

---

① 《中共中央国务院关于对做出突出贡献的专家、学者、技术人员继续实行政府特殊津贴制度的通知》，中国科学院人事教育局，2002。

② 中华人民共和国人力资源和社会保障部：《2021 年度人力资源和社会保障事业发展统计公报》，2022。

　　根据上述原则，人事部起草了《关于优先提高一批杰出专家生活待遇的工作方案》。1990年7月，经党中央、国务院批准，给全国1200多位作出杰出贡献的专家、学者、技术人员发放了政府特殊津贴。1990年7月，人事部、财政部下发《关于给部分高级知识分子发放特殊津贴的通知》，建立了国务院政府特殊津贴制度，并首次批准了1246名特殊津贴专家。这对于进一步营造"尊重知识、尊重人才"的良好社会环境、加强高层次专业技术人才队伍建设、加强科技专家管理发挥了重要作用。①

　　1991年4月，根据国务院领导的指示精神，人事部向国务院上报《关于一九九一年给一万名专家、学者、技术人员发放政府特殊津贴实施方案的报告》。1991年6月，中共中央、国务院发布《关于给做出突出贡献专家、学者、技术人员发放政府特殊津贴的通知》，对1991年度政府特殊津贴工作作出明确的规定，包括选拔数量和范围、选拔程序、选拔条件、津贴数额、发放原则和经费来源等，其中选拔范围、条件、程序等内容在以后的10年基本被沿用。该通知使政府特殊津贴制度成为加强高层次人才培养管理的一项重要制度。1991年共选拔9000余名享受政府特殊津贴的专家。1992年和1993年根据中央和国务院的指示，政府特殊津贴专家选拔人数增加为每年5万人。

　　1993年4月，人事部发出《关于〈对享受政府特殊津贴人员进行考核的意见〉的通知》，决定每两年对享受政府特殊津贴的专家、学者、技术人员进行考核。考核对象为在职人员，对其新成就通过各种途径进行宣传和表彰，并及时输入专家数据库；对谎报成果、违背思想政治条件、出国不归、自动离职、不求上进等情况，停发或取消政府特殊津贴。

　　1994年6月，国务院第35次总理办公会议决定：1994～2000年选拔享受政府特殊津贴人员总数控制在5000名左右，选拔工作每年进行一次，津贴标准为每人每月100元。从1994年起，包括已享受50元的人员均转为享受100元。会议认为，政府特殊津贴工作自1991年开展以来，在社会上特

---

　　①　王晓初主编《专业技术人才队伍建设与管理》，中国劳动社会保障出版社，2012。

别是知识分子中产生了良好的效果和反响。应在总结经验的基础上，使这项工作规范化、制度化。至此，国务院政府特殊津贴作为我国科技专家管理制度的重要政策逐渐步入正轨。

## 二　国务院政府特殊津贴制度的发展

人事部于 1995 年 3 月印发《关于从 1995 年起实行政府特殊津贴发放办法改革的通知》指出，今后政府特殊津贴的发放方式实行"新人新办法，老人老办法"，1990~1994 年，已享受政府特殊津贴的人员，津贴的管理和发放继续按原有规定执行，每人每月发放政府特殊津贴 100 元；从 1995 年起，享有政府特殊津贴的人员，一次性发放 5000 元，并免去个人所得税，津贴金额可以适当提高，荣誉终身保留。

1997 年 12 月，时任国务院总理李鹏在接见全国人事厅（局）长会议代表时的讲话中指出："那个时候为了解决知识分子待遇问题，决定对一些有突出贡献的知识分子，给予政府特殊津贴。现在情况有些变化，实际上已成为一种荣誉性质。钱是有限的，主要是一种荣誉，对广大知识分子、学者来讲也是一种激励。因此，这个制度要很好地坚持下去。"[①]为了进一步规范特殊津贴奖励体系，1999 年，人事部办公厅印发《关于院士津贴和政府特殊津贴经费发放工作有关事项的通知》，规定从 1999 年第一季度起，政府特殊津贴和两院院士经费发放的报表统计工作事务转由人事部专家服务中心负责。2001 年 6 月，中共中央、国务院下发了《关于对作出贡献的专家、学者、技术人员继续实行政府特殊津贴制度的通知》，决定于 2001~2010 年，每年选拔 3000 名左右，每人一次性发放特殊津贴 1 万元。按照文件精神，2001 年、2002 年连续开展了两批特殊津贴专家选拔工作。随后，国务院要求进一步改革完善政府特殊津贴制度。

---

[①]　刘浏：《全国人事厅局长会议在京举行》，《人才开发》1998 年第 3 期。

### 三 国务院政府特殊津贴制度的完善

为了贯彻落实全国人才工作会议精神，更好地发挥政府特殊津贴制度在推动我国高层次专业技术人才队伍建设中的作用，2004 年，中央在充分调研的基础上决定进一步改革和完善政府特殊津贴制度，延长选拔周期，拓宽选拔范围，严格管理办法，并再次提高奖励金额。① 2004 年 7 月，中组部、中宣部、统战部、人事部、财政部联合印发了《关于改革和完善政府特殊津贴制度的意见》，其中对选拔人数、选拔年限、津贴标准、选拔办法上都有了很大的改革和完善。主要是决定从 2004 年到 2010 年，全国共选拔四批享受政府特殊津贴人员，每两年选拔一次，每次 4000 名。选拔范围首次扩展到非公有制成分的企事业单位。同时规定，对享受政府特殊津贴的人员，每人一次性发给政府特殊津贴 20000 元，免征个人所得税。国务院授权人事部颁发政府特殊津贴证书。

经国务院批准，人力资源和社会保障部、财政部于 2008 年联合下发了《关于调整政府特殊津贴标准的通知》，规定从 2009 年 1 月 1 日起，按月发放的人员津贴标准由每人每月 100 元调整为每人每月 600 元。2008 年选拔了 3997 名享受政府特殊津贴人员，截至 2009 年，享受政府特殊津贴专家累计评选出 15.8 万人。截至 2010 年底，享受国务院政府特殊津贴专家累计评选出 16.2 万人，全年选拔 3972 人。2005~2010 年，共选拔 11000 多人享受政府特殊津贴。

2010 年 6 月，中共中央、国务院印发《国家中长期人才发展规划纲要（2010—2020 年）》，强调要"完善政府特殊津贴制度，强化激励，科学管理"。② 2011 年 7 月，中共中央、国务院印发了《关于继续实行政府特殊津贴制度的通知》，要求从 2011 年至 2020 年，继续开展享受政府特殊津贴人员选拔工作，享受政府特殊津贴人员每两年选拔一次，共选拔 5 批，每批不

---

① 王莹：《国务院政府特殊津贴选拔政策回顾与分析——以中国社会科学院为例》，《社会科学管理与评论》2007 年第 1 期。

② 徐颂陶、孙建立主编《中国人事制度改革三十年》，中国人事出版社，2008。

超过 5000 名。每人一次性发放 20000 元，由中央财政专项列支拨款，免征个人所得税，并颁发国务院"政府特殊津贴证书"。通知主要从以下几个方面对政府特殊津贴制度作了进一步完善：一是在指导思想上，突出了高端引领和以用为本；二是明确将非公经济组织、新社会组织中的专业技术人才、高技能人才纳入选拔范围；三是将《国家中长期人才发展规划纲要（2010—2020 年）》明确提出的经济社会发展的重点行业、领域人才作为选拔重点；四是正式将高技能人才的选拔条件纳入进来；五是适当扩大了选拔人数；六是完善激励保障措施，提出积极改善享受政府特殊津贴人员医疗保健条件，强调在生活上对退休的享受政府特殊津贴人员给予关心和照顾；七是完善享受政府特殊津贴人员发挥作用的平台；八是建立享受政府特殊津贴人员的联系服务制度。[①]

2013 年 1 月，时任国务院总理温家宝主持召开国务院常务会议，会议批准了 2012 年享受政府特殊津贴人员名单。此次共有 4824 人享受政府特殊津贴。《2021 年度人力资源和社会保障事业发展统计公报》数据显示，截至 2021 年，享受国务院政府特殊津贴的专家已累计评选出 18.7 万人。[②]

享受政府特殊津贴人员选拔由人力资源和社会保障部负责，具体流程大致如下。

（1）人力资源和社会保障部根据高层次人才队伍建设的总体规划和各学科领域高层次人才的分布情况，向各省、自治区、直辖市及副省级城市和中央、国家机关有关部门下达享受政府对特殊津贴人选的控制指标数。

（2）各省、自治区、直辖市及副省级城市人民政府人力资源和社会保障厅（局）与中央、国家机关有关部门人事司（局）按照控制指标数和有关要求，组织实施享受政府特殊津贴人员的选拔的推荐工作。

（3）基层单位按照隶属关系和有关要求，逐级向上级人事部门推荐

---

① 王晓初主编《专业技术人才队伍建设与管理》，中国劳动社会保障出版社，2012。

② 人力资源和社会保障部：《2021 年度人力资源和社会保障事业发展统计公报》，2022。

人选。

（4）各省、自治区、直辖市及副省级城市人民政府人力资源和社会保障厅（局）与中央、国家机关有关部门人事司（局）对推荐人选进行审核，并报本地区政府或本部门领导核定并进行公示后，将人选名单和有关材料报送人力资源和社会保障部。

（5）人力资源和社会保障部会同有关部门对各地区、各部门推荐的人选进行审核，并将确定的人选名单报国务院常务会议审批。

## 第二节　国家有突出贡献中青年专家制度

国家有突出贡献中青年专家（以下简称"突贡专家"）是由人事部组织选拔的在科学技术研究中作出重要专业贡献的年纪比较轻的一类专家的称呼。突贡专家的选拔标准比较严格，选拔数量比较少，入选专家均是专业业绩十分突出的各个领域领军的学术（技术）带头人。进行有突出贡献的中青年科学、技术、管理专家的选拔工作，对广大中青年专业技术人员及管理人员具有明显的激励和导向作用，在社会上产生了积极的影响。

### 一　突贡专家制度的发起

20世纪80年代初，中国改革开放和社会主义现代化事业蓬勃发展，迫切需要大批优秀的科学、技术、管理方面的骨干人才，尤其是中青年专家。为了落实党中央科教兴国战略，进一步在全社会形成"尊重知识、尊重人才"风尚，创造有利于中青年科技骨干人才脱颖而出的良好环境。1983年3月，中共中央书记处第50次会议决定：对那些在国内外有名望的中青年科学家生活待遇方面的问题，如工资问题、级别问题、住房问题、两地分居问题、医疗问题等，中央组织部应作为特殊的情况，立即同有关部门协商加以解决。

根据中共中央书记处的决定，1984年1月，中央组织部、中央宣传部、劳动人事部、财政部联合发出《优先提高有突出贡献的中青年科学、技术、管理专家生活待遇的通知》。通知指出，社会主义现代化建设事业越来越多地依靠科学、技术、管理水平的提高，越来越需要充分发挥科学、技术、管理专家特别是那些杰出人才的作用。关心并照顾好他们的生活，使他们能够精力旺盛、没有后顾之忧地从事工作，既是社会主义"四化"建设的需要，也符合党和人民的根本利益。

通知对有突出贡献的中青年专家的选拔条件、范围和提高生活待遇等做了明确规定，强调年龄控制在 55 岁以下，要求申报人选要具备较高的政治素质，具有高级职称，同时要具备下列条件之一。①在自然科学研究方面，研究成果获得中国国家自然科学奖二等以上的主要完成者。②在社会科学研究方面，研究成果有独到见解，有创见性、开拓性，对发展新兴学科、专业有突出贡献，并获得重大社会效益的主要完成者。③在应用技术方面，研究成果获得中国国家发明奖二等以上、中国国家科技进步奖一等以上的主要完成者。三项以上研究成果获中国省、部级一等奖的主要完成者。④在完成中国国家重点工程、重大科技攻关和在大中型企业技术改造，以及在消化引进大中型项目中，创造性地运用国内外先进技术，自力更生解决了重大难题或重大关键性技术问题，其技术水平处于国内领先地位，并取得了显著的经济效益或社会效益。⑤长期在医疗卫生一线工作，医疗技术精湛，成功地诊治疑难危重病症，成绩突出，得到国内同行的公认。⑥长期从事高等教育工作，在教书育人方面成绩显著，得到同行专家公认或获得全国普通高校优秀教学成果特等奖的主要获奖者。总人数控制在本行业专业技术干部总人数的万分之二点五之内，不包括文艺创作家和表演艺术家；优先提高有突出贡献的中青年科学、技术、管理专家的生活待遇的有关工作，由人事部负责办理。

## 二　突贡专家制度的建立

为进一步落实《优先提高有突出贡献的中青年科学、技术、管理专家生活待遇的通知》的有关规定，1984 年 9 月，国家科委牵头负责办理该项工作并下发了《关于批准有突出贡献的中青年专家晋升工资的通知》。第一批有 424 人获得"有突出贡献的中青年专家"的荣誉称号。1985 年，国家科委、卫生部又下发了《关于对有突出贡献的中青年科学、技术、管理专家医疗照顾的通知》，规定对有突出贡献的中青年专家给予相当于当地高级知识分子和厅、局级干部的医疗待遇。1984～1998 年共选拔 8 批，有 5206 人获此荣誉。在当时国家经济比较困难的情况下，能给他们晋升工资，享受厅局级干部的医疗待遇，解决两地分居和孩子上学等实际问题，对广大中青年专业技术人员及管理人员具有明显的激励和导向作用，在社会上产生了积极的影响。①

在优先提高其生活待遇的具体细节上，主要包括以下几个方面。一是越级（不限级次）提升工资级别。提升后的月基本工资金额，一般暂不超过200 元。二是夫妻两地分居者，要限期尽快将另一方调至中青年科学、技术、管理专家所在地。配偶为在职职工的，由人事、劳动部门负责调动并安排工作；配偶属农村户口的，由中青年科学、技术、管理专家所在地的公安部门准予落户。子女随迁问题，按有关规定执行。三是住房按照当地高级知识分子住房标准给予调整，由省、市、自治区或中央、国务院各部委统筹安排，尽快解决。四是因公、因病由所在单位保证用车。无车单位可乘出租汽车，凭票报销。五是改善医疗条件。根据各地医院设施的实际情况，给予住院或门诊照顾，每年全面检查身体一次，加强实施保健措施。

在选拔程序方面，选拔工作每两年进行一次；选拔对象一般由所在单位推荐，同行专家和学术团体也可以推荐，但必须返回专家所在单位征求意见；业务主管部门审核同意后，填写"有突出贡献的中青年科学、技术、管理专家呈报表"，汇总报省、自治区、直辖市和部委专家管理部门；省、自治区、直辖市和部委专家管理部门必须对基层和主管部门推荐的对象逐个认真进行实地考察，着重考察突出贡献事迹、政治表现和职业道德，并组织同行知名专家或省（部）级学术团体进行评议，对推荐对象的实际业绩和科学、技术、管理水平提出评价意见；确定为申报对象者，填写由人事部统

---

① 徐颂陶、孙建立主编《中国人事制度改革三十年》，中国人事出版社，2008。

一印制的"有突出贡献的中青年科学、技术、管理专家呈报表"一式3份，经省、自治区、直辖市人民政府或部委审核同意；加盖公章报人事部审批，向人事部报送推荐人选名单和有关材料。选拔推荐时，不层层下达指标，不搞群众评议。人事部根据各地区、各部门的科技、经济发展水平及专业技术队伍结构和历次选拔情况，会同有关部门对推荐的人选进行审核。人事部审批后将审批名单通知各地区和有关部门。

在选拔原则方面，必须按条件从严掌握，优中选优，宁缺毋滥，确保质量。

### 三　突贡专家制度的发展

该制度起初由国家科委牵头负责，后因国家机构改革，具体负责此项工作的科技干部局由国家科委划转到人事部，自1988年起，该项工作由人事部负责审批。为了进一步做好对有突出贡献的中青年专家的管理工作，统一规范名称，1989年12月，人事部印发了《关于有突出贡献的中青年科学、技术、管理专家统一名称的通知》。

为了加速科技人才的培养、促进整体性人才资源开发，人事部于1995年印发了《关于进一步做好有突出贡献的中青年科学、技术、管理专家工作的意见》，明确：有突出贡献的中青年专家选拔工作在国有企事业单位中进行。选拔对象是在科学研究、高等教育、医疗卫生、工农业生产、科技管理等领域的专业技术人员。被选拔人员的年龄严格控制在55周岁（含55岁）以下。选拔工作每两年进行一次。选拔对象一般由所在单位推荐，也可以由同行专家或学术团体推荐，经所在单位和主管部门同意后，填写"有突出贡献的中青年科学、技术、管理专家呈报表"，按隶属关系逐级向上级人事部门推荐。由省、自治区、直辖市或部委人事部门负责考察，并组织有关专家或省部级学术团体进行评议和综合平衡，经省、自治区、直辖市人民政府或部委审核后，向人事部报送推荐人选名单和有关材料。人事部根据各地区、各部门的科技、经济发展水平及专业技术队伍结构和历次选拔情况，会同有关部门对推荐的人选进行审核。人事部审批后将审批名单通知各地区和有关部门。选拔原则，必须按条件从严掌握，优中选优，宁缺毋滥，确保质量。同时对选拔条件、优先改善生活工作条件，以及其他有关事项作出了详细规定，使这项工作进一步规范化、制度化。

为使人事部批准的有突出贡献的中青年科学、技术、管理专家的奖励晋升工资工作与正常晋升工资工作协调进行，并考虑有关政策的连续性，1996年4月，人事部下发《关于有突出贡献的中青年科学、技术、管理专家奖励晋升工资有关问题的通知》，对有突出贡献专家的工资晋升奖励作出规定："1994年度有突出贡献的中青年专家，凡未奖励晋升工资的，均从1995年1月起奖励晋升一档工资。奖励晋升的工资，不影响正常晋升工资。""1996年度以后批准的有突出贡献的中青年专家，在批准后的本人第一个正常晋升工资年份，在正常晋升工资的基础上，再一次性奖励晋升一档工资。"

截至2021年底，我国有突出贡献的中青年专家已达6500余人，成为我国科技专家和科技人才队伍中一支不可忽视的中坚力量。

## 第三节　学科技术带头人培养制度

学科技术带头人培养制度，即"百千万人才工程"（以下简称"工程"），是根据国家科技发展规划和经济社会发展需要制定的，旨在加强中国跨世纪优秀青年人才培养的一项重大举措。"工程"重点是：在对国民经济和社会发展影响重大的自然科学和社会科学领域，面向45周岁以下的优秀专业技术人才群体，培养造就一批不同层次的学术和技术带头人及后备人选。[1] 百千万人才工程坚持以培养（而不是选拔）为主的原则，至今已有20多年的历史。据统计，截至2021年末，"工程"国家级人选达到6500余人，分布在国内的各行各业，他们通过不懈努力，在航空航天、装备制造、生物技术、通信信息、新能源新材料等重点领域取得了一大批具有世界先进

---

[1] 《吹响"高端引领"的时代号角》，《中国劳动保障报》2013年1月26日。

水平的重大科研成果，为提高我国自主创新能力、推动经济科技发展作出了突出贡献，为国家培养了一大批急需的高级专业人才，在材料科学、环境保护等领域尤为突出。

## 一 学科技术带头人培养制度的发起与建立

新中国成立以来，党中央、国务院高度重视专业技术人才的培养和使用，造就了一支规模较大、素质较高的专业技术人才队伍。改革开放后，经济社会发展急需大批中青年专业技术人才，尤其是学术和技术带头人，但因老专家逐步退休，青黄不接，中青年专家严重短缺。

针对这一问题，党的十四届三中全会提出了"要造就一批进入世界科技前沿的跨世纪的学术和技术带头人"的要求。为了落实中央决定精神，1994年，人事部专门召开了全国专家工作会议，就跨世纪学术和技术带头人培养工作作了全面部署，决定组织实施"百千万人才工程"。①

1995年4月，国务院办公厅转发了人事部、国家科委、国家教委、财政部四部门《关于培养跨世纪学术和技术带头人的意见》。根据这个文件的精神，人事部、国家科委、国家教委、财政部、国家计委、中国科协、国家自然科学基金委员会七部门于1995年12月联合下发了《"百千万人才工程"实施方案》（以下简称《方案》）。《方案》提出，到20世纪末，在对国民经济和社会发展影响重大的自然科学和社会科学领域里，造就一批不同层次的跨世纪学术和技术带头人及后备人选，其中包括上百名能进入世界科技前沿影响较大的杰出青年科学家；上千名具有国内领先水平、保持学科优势的学术和技术带头人；上万名在各学科领域里有较高学术造诣、成绩显著、起骨干或核心作用的学术和技术带头人后备人选。"百千万"不完全是一个数量的概念，其根本目的在于形成一支结构合理、高效精干的学术和技术带头人队伍，从整体上提高我国学术和技术水平与科技队伍的素质。这一实施方案的出台，标志着酝酿多年的"百千万人才工程"已正式运行，开

---

① 王晓初主编《专业技术人才队伍建设与管理》，中国劳动社会保障出版社，2012。

始进入工作的实施阶段。

《"百千万人才工程"实施方案》指出，"百千万人才工程"的目标是：根据国家科技发展规划和经济社会发展的需要，到 20 世纪末，在国民经济和社会发展影响重大的自然科学和社会科学领域，造就一批不同层次的跨世纪学术和技术带头人及后备人选。"百千万人才工程"坚持以培养（而不是选拔）为主的原则。

"工程"提出三个层次的培养目标：第一层次，到 2000 年，造就上百名 45 岁左右，能进入世界科技前沿，在世界科技界享有盛誉的学术和技术带头人；第二层次，造就上千名 45 岁以下具有国内先进水平、保持学科优势的学术和技术带头人；第三层次，培养出上万名 30~45 岁在各学科领域里有较高学术造诣、成绩显著、起骨干或核心作用的学术和技术带头人后备人选。

为了实现上述目标，方案中还提出了"工程"分两个阶段的实施步骤：第一阶段，到 1997 年遴选和掌握五六千名或更多 30~40 岁的优秀人才，作为重点培养对象；第二阶段，到 2000 年，在国民经济和社会发展影响重大的 50 个左右的一级学科和 500 个左右的二级学科门类中，造就一批国内一流或具有世界水平的专家、学者，使他们成长为各个学科领域跨世纪的学术和技术带头人，从而改善中国专业技术带头人队伍的结构，全面推动中国专业技术队伍建设工程。

"工程"具体的实施办法包括组织领导、人选条件、人选产生的程序、人选的管理和考核及人选的培养措施五个方面。其中，《方案》系统提出了"工程"人选的培养措施。主要包括：积极吸收他们参与国家、省区市、部门的重大科研、生产项目，提高他们的科研和组织能力；吸收他们参加各类学术委员会、学术团体等的活动，对他们委以重任；加大对"工程"人选经费支持的力度；继续完善中青年专家培养和选拔制度；进一步加大青年优秀专业技术人才在享受政府特殊津贴人员中的比重；优先改善人选的生活待遇等。值得注意的是，《方案》将做好吸引海外优秀人才为国服务作为一项重要措施，提出要积极从留学人员中选拔"工程"人选，并在国家自然科学基金中设立留学人员短期回国工作讲学的专项基金，以支持海外学者为祖国科技事业发展作贡献。[①]

"工程"实施期间，我国涌现了一批杰出的科学家、各行业领域学术技术领军人才，在国家重大科研项目攻关和重点工程建设等方面发挥了重要作用，为提高我国自主创新能力、推动经济科技跨越式发展作出了突出贡献。以"百千万人才工程"为龙头，各地区、各部门组织实施了一系列高层次科技人才培养工程，到 2000 年，入选"工程"的各类人才近万名，初步形成了分层次、多渠道、自下而上的中青年学术技术领军人才培养工作体系，逐步健全了创新型高层次人才选拔培养机制，对推动国家高层次专业技术人才队伍建设起到了重要的引领作用。

## 二　学科技术带头人培养制度的发展与改革

进入 21 世纪后，中共中央办公厅和国务院办公厅又下发了《关于加强专业技术人才队伍建设的若干意见》，随后的《2002—2005 年全国人才队伍建设规划纲要》和《2006—2010 年全国人才队伍建设规划纲要》，均明确要求要继续实施"百千万人才工程"。在认真总结经验的基础上，2002 年 5 月，人事部、科技部、教育部、财政部、国家发展改革委、国家自然科学基金委、中国科协联合下发了《关于印发〈新世纪百千万人才工程实施方案〉的通知》，启动了"新世纪百千万人才工程"。根据培养目标的要求，重点抓好国家级学术技术带头人的选拔、培养工作，特别是培养造就一批冲击世界科技前沿、勇于创新和创业的杰出科技人才。

"新世纪百千万人才工程"的实施目标是：根据我国社会主义现代化建设第三步战略目标和实施人才战略的总体部署，到 2010 年，培养造就数百名具有世界科技前沿水平的杰出科学家、工程技术专家和理论家；数千名具有国内领先水平，在各学科、各科技领域有较高学术技术造诣的带头人；数万名在各学科领域里成绩显著、起骨干作用、具有发展潜力的优秀年轻人才。

---

①　李潇：《〈"百千万人才工程"实施方案〉隆重出台》，《中国人才》1996 年第 1 期。

国家级"工程"人选每两年选拔一次，每次选拔 500 名左右。其中，在科技创新目标明确、能带动前沿学科发展和提升我国在世界范围内科技地位的学科领域中选拔 100 名拔尖人才；在事关国民经济和社会发展的主要学术技术领域选拔 400 名学术技术带头人后备人才和高层次急需人才。

"新世纪百千万人才工程"的主要特点如下。一是突出了工作重点，提出"以培养国家急需紧缺的高级人才为目标"，"重点是在关系国民经济和社会发展关键学术技术领域涌现出来的具有较大发展潜力的优秀人才，以及适应我国加入世界贸易组织新形势要求的信息、金融、财会、外贸、法律和现代管理等急需的高级专门人才"。二是拓宽了选拔领域，提出"其他成分的企事业单位中符合条件的，也可以选拔"。三是丰富了培养措施，进一步完善机制和环境建设，强化竞争和考核机制，加强以入选人员为核心的高层次人才科研团队建设。①

从 1995 年到 2009 年，"百千万人才工程"以及"新世纪百千万人才工程"共遴选出 7 批"百千万人才工程"国家级人选共 4113 名。"工程"自实施以来，取得了一系列阶段性成果。一是"工程"成为海内外高层次青年科技人才聚集的战略高地，促进了青年科技人才的加速成长，在一定程度上缓解了我国学术和技术带头人队伍青黄不接的现象，对推动我国高层次人才队伍建设具有战略意义。二是"工程"有力地推动了青年人才不断涌现、脱颖而出的竞争机制的形成。一方面，"工程"各种培养措施，尤其是倡导在实践中培养的做法，给青年人才发挥自己的聪明才智提供了广阔的历史舞台；另一方面，"工程"对入选人员实行跟踪管理，遵循统一规划、分级实施、分类考核、依靠专家的原则，对入选人员的德、能、勤、绩，主要是业务能力和被批准为人选后所取得的工作实绩进行严格考核，实行动态管理，择优汰劣，这促进了人选不断向上、奋发进取、锐意创新。三是"工程"促进了分层次、多渠道、自下而上的人才培养工作体系的初步形成。各地

① 蔡秀萍：《高层次人才的"品牌加油站"——记"新世纪百千万人才工程"国家级人选高级研修班》，《中国人才》2007 年第 13 期。

区、各部门对"工程"各项工作的积极性很高。以"工程"为龙头，全国绝大多数地区和部门都在开展人才资源调查研究的基础上，根据本地区、本部门的实际情况制定了跨世纪人才培养规划，实施了各具特色的人才培养工程，掌握和联系了一批各层次的跨世纪人才，促进了多层次学术、技术梯队合理结构的逐步形成。

### 三　学科技术带头人培养制度的提升与完善

《国家中长期人才发展规划纲要（2010—2020年）》和《专业技术人才队伍建设中长期规划（2010—2020年）》明确提出，要进一步实施并完善"百千万人才工程"，制定不同层次、不同类别、不同地区的人才培养计划。2012年，中组部、人力资源和社会保障部等11部门共同印发了《国家高层次人才特殊支持计划》，将"百千万人才工程"纳入"国家高层次人才特殊支持计划"统筹实施。"百千万人才工程"国家级人选将每年选拔一次，每次选拔400人左右。

为贯彻落实《国家中长期人才发展规划纲要（2010—2020年）》、《专业技术人才队伍建设中长期规划（2010—2020年）》和《国家高层次人才特殊支持计划》精神，进一步实施并完善百千万人才工程，加强高层次创新型专业技术人才队伍建设，人力资源和社会保障部、科技部、教育部、财政部、国家发展改革委、中国科协、国家自然科学基金会、中国科学院、中国工程院等9部门于2013年共同印发了《国家百千万人才工程实施方案》，启动新十年工程实施工作。

该"工程"进一步拓展了遴选范围，由"主要在国有企事业单位中选拔"扩大到"面向各类企事业单位"，为非公领域专业技术人才入选畅通了渠道。[①] 进一步加大培养支持力度，积极推进人才、项目、基地有机结合，完善激励保障措施，统筹实施"国家百千万人才工程"与有突出贡献中青年专家制度，对入选者授予"有突出贡献中青年专家"荣誉称号等，积极

---

① 刘祖华：《坚持高端引领选拔培养领军人才》，《中国组织人事报》2013年1月28日。

为"工程"国家级人选成长创造有利条件、提供良好服务。[1] 此外，"工程"还首次规定，事业单位可不受岗位总量、最高等级和结构比例等限制申请特设岗位引进人选；对跨区选调的，开辟绿色通道。不仅如此，入选者在申请"863""973"等重大科技计划时可优先立项，并能择优安排到国家重点实验室、重点科研基地等担任首席专家等职务。[2]

"国家百千万人才工程"的总体目标是：从 2012 年起，用 10 年左右时间，有计划、有重点地选拔培养 4000 名左右"工程"国家级人选，重点选拔培养瞄准世界科技前沿，能引领和支撑国家重大科技、关键领域实现跨越式发展的高层次中青年领军人才。其中，纳入"国家高层次人才特殊支持计划"的基础学科、基础研究领域领军人才 1000 名左右。"工程"地方部门人选选拔 30000 名左右，重点选拔培养在各学术和技术领域起骨干作用、具有发展潜能的中青年领军后备人才。"国家百千万人才工程"与国家重大人才计划，各地区、各部门专业技术人才培养工程相互协调衔接，形成分层次的高层次人才培养选拔体系。目前，"国家百千万人才工程"新遴选出 1600 多名国家级人选，已经成为我国高端人才选拔培养的品牌工程。

现阶段，"国家百千万人才工程"的工作实施情况主要有如下几个方面的亮点。

1. 选拔范围拓展到非公领域，特殊培养，大胆使用人才

"工程"面向各类企事业单位专业技术人员选拔。围绕《国家中长期人才发展规划纲要（2010—2020 年）》和《国家中长期科学和技术发展规划纲要》确定的科技领域和经济社会发展重点领域，向引导基础理论原始创新、推动基础学科创新发展的中青年领军人才倾斜。"工程"由过去的"主要在国有企事业单位中选拔"扩大到"面向各类企事业单位"，为非公领域专业技术人才发展畅通渠道。事业单位引进"工程"国家级人选而无相应空缺岗位的，可按规定申请设置特设岗位，不受单位岗位总量、最高等级和

---

[1] 《"国家百千万人才工程"新十年首批人选揭晓》，《中国科技信息》2013 年第 23 期。

[2] 人力资源和社会保障部：《人才大潮涌夯筑强国路——党的十八大以来高层次人才选拔培养工作综述》，2017。

结构比例限制。支持"工程"人选参与重大政策咨询、重大项目论证、重大科研计划和国家标准制定、重点工程建设。组织"工程"人选参加各类专家服务基层实践活动。学术团体、学术技术委员会等要积极吸收"工程"人选参加，并安排其担任一定职务，支持他们到国际组织任职。

2. 坚持人才、项目、基地相结合，国内培养和国际交流相结合

支持"工程"人选通过竞争承担国家或省部级重大科研项目、重大科技计划和重大工程项目，对符合条件的"工程"国家级人选，"863""973"等重大科技计划，国家自然科学基金、国家杰出青年科学基金等在同等条件下优先立项，已承担重点项目的，完成项目任务后优先给予持续滚动支持。择优安排"工程"国家级人选到国家重点实验室、工程技术研究中心、重点科研基地、重点建设学科等担任首席专家等重要职务。当前，"工程"已经建立高级研修和实践锻炼相结合、国内培养和国际交流合作相衔接的开放式培养体系。以国家专业技术人才知识更新工程、高层次专家国情研修规划为依托，举办多层次、多领域、多渠道的高级研修班。探索建立学术休假制度，分领域、分类别举办多种形式的学术论坛、学术报告会等，支持"工程"人选参加国际学术会议、出国（出境）进修考察等，有计划、有重点地选送到国内外一流大学、科研机构、知名企业等从事研修工作。

3. 紧缺人才可实行项目工资，领军人才给予优先资助

作出突出贡献的"工程"国家级人选，可优先纳入全国杰出专业技术人才、中国青年科技奖获得者等国家科学技术和人才奖励选拔推荐候选人。"工程"国家级人选可按规定享受国务院政府特殊津贴，被授予"国家有突出贡献中青年专家"称号。事业单位绩效工资分配向作出突出贡献的"工程"人选倾斜，对部分急需紧缺引进的高层次人才，经批准可实行协议工资、项目工资等分配办法，支持用人单位为他们建立补充养老、医疗保险。当前，"工程"逐步健全部门、地方和单位相结合的多元投入机制，多渠道筹措资金，加大对"工程"投入力度。将"工程"国家级人选纳入各地区（部门、单位）重大人才培养工程、计划，并对其承担的重点科研项目等给予充分的科研自主权。加大对中青年领军后备人才支持力度，对符合中国博

士后科学基金资助、留学人员科技活动项目择优资助等条件的优先给予资助。

4. 支持自主组建创新团队，建立动态管理服务体系

支持"工程"人选自主组建创新团队，在选题立项、科研管理、人才配置等方面给予更多自主权。对以"工程"国家级人选为核心的研究团队，国家自然科学基金委员会按规定优先遴选为创新研究群体。支持"工程"人选依托重大科研项目等招收项目博士后，组建团队急需人才或助手，可打破所有制和地域限制，通过多种形式予以聘请。鼓励用人单位依托重点实验室、技术研发中心、博士后科研流动站、博士后科研工作站和专家工作站等，加强以"工程"国家级人选为支撑的创新团队建设。当前，"工程"已经建立健全人选考核制度，建立信息档案，加强动态跟踪。将"工程"人选纳入各级政府重点联系专家范围，组织开展多种形式的联谊、座谈、交流、休假等活动。探索建立"工程"人选联谊会、专业委员会等，搭建信息交流平台，及时掌握他们的思想动态、工作生活状况，听取建议和意见。建立健全动态信息反馈系统，健全服务体系，提供全方位、个性化的服务。①

# 第四节　重点科技人才工程

科技人才是实现民族振兴、赢得国际竞争主动的战略性资源。20 世纪 90 年代开始，为充分参与国际竞争，解决人才断层、高层次人才短缺等问题，我国开始启动实施一系列人才工程项目，作为推动人才队伍建设的重要举措。这些人才工程主要面向的群体是科技人才和科技专家，实施人才工程既是做好科技人才工作的重要抓手，也是被实践证明的成功经验。科技人才发展要集中利用有限资源，实行重点突破，从而带动整体发展。

---

① 《坚持高端引领　选拔培养领军人才——〈国家百千万人才工程实施方案〉》，《现代人才》 2013 年第 1 期。

目前我国公认度较高的重要科技人才工程包括教育部的"长江学者奖励计划"、科技部的"创新人才推进计划"、国家自然科学基金委员会的"杰出青年基金"等。在"国字号"工程的带动下，各地围绕重大战略决策、产业发展计划、重点建设项目需求，基本建立了相应的人才工程，如江苏实施"双创计划"，陕西推行"三秦学者"计划等。这些工程与人力资源和社会保障部"百千万人才工程"、教育部"长江学者奖励计划"等人才工程一起，形成了多层次、多渠道、相互衔接的科技人才工程体系，成为科技人事管理制度中非常重要的部分。[①]

近年来，我国积极探索以人才工程为抓手，聚天下英才而用之，蹚出一条符合中国国情、体现中国特色社会主义制度优势的人才队伍建设之路，为创新中国加速崛起奠定了坚实的人才根基。相关统计显示，自《国家中长期人才发展规划纲要（2010—2020年）》颁布以来，中央财政专门审核安排经费预算1066亿元，用于实施12项重大人才工程。以实施人才工程为切入点，有效破解了财政科研经费不能直接支持人才的难题，带动各地各部门加大对人才投入力度，政府、企业、社会多元投入机制不断健全。

党的十八大以来，围绕落实习近平总书记"聚天下英才而用之"的重要人才思想，突出"高精尖缺"导向，不唯地域、不求所有、不拘一格，通过人才工程更积极、更开放、更有效地集聚人才，极大地调动了人才创新创造活力，推动我国重大科技成果"井喷"，在全球创新版图中的位置节节攀升。

## 一　"长江学者奖励计划"的建立与发展

为落实科教兴国战略，延揽海内外中青年科技精英，培养造就高水平学科带头人和高层次科技人才，带动国家重点建设学科赶超或保持国际先进水平，在时任教育部部长陈至立的主持下，1998年8月，教育部和李嘉诚基金会共同启动实施了"长江学者奖励计划"。2002年7月7～9日，首届

---

① 孙忠法：《枝秀花繁香愈馥——人才工程托举创新中国崛起》，《中国人才》2018年第3期。

"长江学者论坛"在汕头大学举行，45位"长江学者"聚会共同研讨生命科学的奥秘。"长江学者奖励计划"包括特聘教授、讲座教授岗位制度和长江学者成就奖。

2004年，为全面贯彻党的十六大精神和全国人才工作会议精神，深入实施科教兴国战略和"人才强国"战略，教育部对"长江学者奖励计划"进行了调整，进一步加大了实施力度，每年计划聘任特聘教授、讲座教授各100名，聘期为三年，李嘉诚基金会继续给予了一定支持。新一轮"长江学者奖励计划"认真落实中央关于哲学社会科学与自然科学并重的方针，将实施范围扩大到人文社会科学领域；增加了讲座教授招聘数量，大力吸引更多的海外知名学者短期回国或来华进行合作研究；更加重视发挥高等学校在长江学者岗位设置、遴选聘任和提供科研配套条件等方面的主体作用；进一步强化长江学者岗位与科技创新平台、重点研究基地的紧密结合，积极探索"学科带头人+创新团队"的人才组织新模式，努力实现设岗、选人与做事的有机统一，为优秀人才的发展提供更大的空间。

为进一步发挥中国内地、港澳地区高等学校和中国科学院研究机构的整体优势，2005年6月，教育部与李嘉诚基金会联合召开新闻发布会，对"长江学者成就奖"实施办法作出了重要调整，将奖励范围由内地高等学校扩大到港澳地区高等学校和中国科学院所属研究机构。"长江学者成就奖"获奖人员遴选条件是：科学道德高尚、年龄在50岁以下、主要在自然科学领域取得国际公认领先水平的重大科研成果或者突破性进展的杰出华人学者。该奖项每年计划评选一等奖1名，奖励人民币100万元，二等奖3名，每人奖励人民币50万元，奖金仍由李嘉诚基金会全额捐赠。[①]

2011年12月，教育部调整"长江学者奖励计划"，印发《"长江学者奖励计划"实施办法》。新的"长江学者奖励计划"继续实施特聘教授、讲座教授项目，每年支持高校聘任150名特聘教授、50名讲座教授；特聘教

---

① 焦仁:《实施"长江学者奖励计划"成效显著》,《中国高等教育》2006年第9期。

授聘期为 5 年，聘期内享受每年 20 万元人民币奖金；讲座教授聘期为 3 年，聘期内享受每月 3 万元人民币奖金，按实际工作时间支付；增设支撑服务专项，重点支持长江学者创新团队建设，举办"长江学者论坛"、出版"长江学者文集"、推荐"长江学者精品课程"，发挥长江学者在创新团队建设、人才培养、协同创新等方面的辐射带动作用。

新的"长江学者奖励计划"由中央财政专项经费支持，面向全国高等学校，加大对人文社科、中西部高校的支持力度，取消申报限额，鼓励通过个人自荐、专家推荐、驻外使（领）馆举荐等多种形式应聘。长江学者实行岗位聘任制，高校自主设置岗位，面向海内外公开招聘，择优推荐，经教育部组织同行专家评审通过后，由高校聘任。

新的"长江学者奖励计划"作为国家重大人才工程的重要组成部分，与"海外高层次人才引进计划""青年英才开发计划"等共同构成国家高层次人才培养支持体系。坚持育引并举，同条件、同平台、同标准，着力培养和吸引学术新锐。在吸引海外人才方面，讲座教授人选全部面向海外知名大学教授，特聘教授人选面向海外知名大学副教授。"长江学者奖励计划"的实施，有力地推动了高校人事制度改革，促进了高校国际合作与交流，带动了地方和高校高层次人才队伍建设。在"长江学者奖励计划"的带动下，"珠江学者计划""闽江学者计划""天府学者计划"等一批人才计划相继实施，许多高校也实施了一批相应的人才计划。一个有利于优秀人才脱颖而出和充分发挥作用的氛围正在高校逐渐形成。

## 二 创新人才推进计划的建立与发展

2010 年 6 月，中共中央、国务院印发了《国家中长期人才发展规划纲要（2010—2020 年）》。纲要明确提出设立创新人才推动计划的要求。为贯彻落实纲要，2010 年 11 月，科技部、人力资源和社会保障部、财政部、教育部、中国科学院、中国工程院、国家自然科学基金委员会、中国科学技术协会等 8 个部门共同颁布《创新人才推进计划实施方案》。

创新人才推进计划旨在通过创新体制机制、优化政策环境、强化保障措施，培养和造就一批具有世界水平的科学家、高水平的科技领军人才和工程师、优秀创新团队和创业人才，打造一批创新人才培养示范基地，加强高层次创新型科技人才队伍建设，引领和带动各类科技人才的发展，为提高自主创新能力、建设创新型国家提供有力的人才支撑。

到 2020 年，创新人才推进计划的主要任务如下。

（1）设立科学家工作室。为积极应对国际科技竞争，提高自主创新能力，重点在我国具有相对优势的科研领域设立 100 个科学家工作室，支持其潜心开展探索性、原创性研究，努力造就世界级科技大师及创新团队。

（2）造就中青年科技创新领军人才。瞄准世界科技前沿和战略性新兴产业，重点培养和支持 3000 名中青年科技创新人才，使其成为引领相关行业和领域科技创新发展方向、组织完成重大科技任务的领军人才。

（3）扶持科技创新创业人才。着眼于推动企业成为技术创新主体，加快科技成果转移转化，面向科技型企业，每年重点扶持 1000 名运用自主知识产权或核心技术创新创业的优秀创业人才，培养造就一批具有创新精神的企业家。

（4）建设重点领域创新团队。依托国家重大科研项目、国家重点工程和重大建设项目，建设 500 个重点领域创新团队，通过给予持续稳定支持，确保更好地完成国家重大科研和工程任务，保持和提升我国在若干重点领域的科技创新能力。

（5）建设创新人才培养示范基地。以高等学校、科研院所和科技园区为依托，建设 300 个创新人才培养示范基地，营造培养科技创新人才的政策环境，突破人才培养体制机制难点，形成各具特色的人才培养模式，打造人才培养政策、体制机制"先行先试"的人才特区。

到 2020 年，创新人才推进计划的支持措施如下。

（1）落实和制定配套政策。加大现有人才政策落实力度，结合《国家中长期人才发展规划纲要（2010—2020 年）》的实施，研究制定《关于加强高层次创新型科技人才队伍建设的意见》等政策文件。根据推进计划各项任务的具体情况，在科研管理、人事制度、经费使用、考核评价、人员激励等方面制定相关配套措施，并先行先试、逐步完善。

（2）加强人才与项目、基地的有机结合。在国家科技计划实施和重点创新基地建设中，进一步突出对人才和团队的培养。改革科技计划管理办法，简化立项程序，对推进计划入选对象中已承担科研项目的，完成项目任务后优先给予滚动持续支持；未承担科研项目的，可自主提出研究项目，符合国家科技计划要求的，按程序给予优先立项。具备条件的依托单位优先建设国家（重点）实验室、工程中心等创新基地。

（3）进一步加大经费投入。统筹国家科技计划等相关经费的安排，调整投入结构，创新支持方式，加大对推荐计划入选对象的支持力度。在充分利用现有资源的基础上，设立中央财政专项经费，对科学家工作室等重点任务给予支持。加强专项经费监督管理，提高经费使用效益。

（4）探索建立适应不同任务特点的具体支持措施。对科学家工作室采取"一事一议、按需支持"的方式，给予充分的经费保障，不参与竞争申请科研项目；首席科学家实行聘期制，赋予其充分的科研管理自主权，建立国际同行评议制度。对中青年科技创新领军人才、创新团队加大培养和支持力度，扩大科研经费使用自主权。落实期权、股权和企业年金等中长期激励措施，加强科技与金融结合，加大对科技创新创业人才的支持力度。鼓励创新人才培养示范基地加强体制机制改革与政策创新，大胆探索，先行先试。

（5）营造良好社会氛围。推进计划入选对象所在单位、园区、地方和部门要集成各方资源，加大政策和资金支持力度；及时总结推广在推进计划实施过程中创造的典型经验和成功做法，加强对优秀科技人才和创新团队的宣传报道，为加强创新人才队伍建设营造良好的社会氛围。

## 三　国家杰出青年科学基金的建立与发展

20世纪90年代，为解决当时我国科研队伍的人才老化、后继乏人的问题，在陈章良等众多科学家的呼吁下，1994年3月，国务院批准设立国家杰出青年科学基金（以下简称"杰青基金"），由国家自然科学基金委员会负责管理，用于资助在基础研究方面已取得突出成绩的 45 岁以下青年学者自主选择研究方向开展创新研究。"杰青基金"的目标是促进青年科学技术人才的成长，吸引海外人才，培养造就一批进入世界科技前沿的优秀学术带头人。"杰青基金"的战略定位是面向创新型国家建设的战略需求，发现和培养新一代学术领军人才，实施创新驱动发展战略。

"杰青基金"设立初期允许海外中国籍学者进行申请并可在回国前有一段缓冲期。"杰青基金"（外籍）项目在 2005 年设立，专门资助在内地依托单位全职工作的外籍华人青年学者，该项目在 2008 年后并入"杰青基金"中，并允许符合条件的外籍华人进行申报。这些政策的实施保证了"杰青基金"活力的持续迸发。①

"杰青基金"自设立以来得到党和国家领导人的亲切关怀。1995 年 4 月，中央领导接见了首批"杰青基金"获资助者；1999 年 6 月，国务院领导人出席了"杰青基金"实施 5 周年座谈会，他们对"杰青基金"在吸引人才、稳定人才、培养人才等方面取得的成绩给予了充分肯定。

"杰青基金"历经多年发展，其申报条件与资助模式发生过多次变化，但一直不变的是坚持本土培养与海外延揽并重的定位。在注重培养国内学者的同时，采取多种措施吸引优秀海外学子回国发展、为国效力。在"杰青基金"设立的近 30 年来，资助强度和规模不断增加，资助人数从 1994 年的 49 人增长到 2023 年的 415 人，总计资助 5700 多人，目前的资助额度为 5 年 400 万元，他们中有的成为国际有影响力的专家、院士，有的成为学科领域内的国内领军人物，有的成为科学技术部门的领导者和政策制定者。1995~2017 年增选的 12 批中国科学院院士（不含外籍院士）中，228 人曾获"杰青基金"资助，占总数的 36.36%；现年 60 岁（含）以下的中国科学院院士中，86.41% 曾获"杰青基金"资助；50 岁以下的中国科学院院士全部曾获"杰青基金"资助。② 此外，还有 200 余名"杰青基金"

① 高阵雨、陈钟、刘权、田起宏、王长锐、孟宪平：《国家杰出青年科学基金 20 周年回顾与展望》，《中国科学基金》2014 年第 3 期。
② 杨舒：《"杰青"基金释放科技人才巨大效能》，《光明日报》2019 年 9 月 12 日。

获得者担任过或正在担任双一流大学校长、中国科学院下属研究所所长以及其他国家级科研机构领导者。当前，"杰青基金"获得者是我国高层次科技人才的人才链和科技人才库的重要组成部分，使我国科学国际影响力显著提升。

# 第四章
# 博士后制度

　　博士后制度是指在高等院校、科研院所和企业等单位设立博士后科研流动站（以下简称"流动站"）或博士后科研工作站（以下简称"工作站"），招收获得博士学位的优秀青年，在站内从事一定时期科学研究工作的制度。中国内地的博士后制度创立于 1985 年，是在借鉴国外先进经验的基础上，结合我国国情创立的一种培养和使用高水平人才的制度，是我国有计划、有目的地培养高层次后备人才的一项重要制度。该制度虽然起步较晚，但已形成独具特色和相对独立、完善的人才培养和使用制度，培养了一大批年轻有为、富有活力的博士后人才和青年科技人才，同时也取得了一批高水平科技创新成果。[①]

　　博士后制度最初创立的目的，首先便是培养高层次青年科技人才，为科技人才队伍建设储备力量，是科技人事管理制度的重要环节之一。自 1985 年建立以来，截至 2023 年，全国已有 8000 余家博士后科研流动站和科研工作站，累计招收博士后研究人员约 35 万名，出站 20 余万名，平均进站年龄 31 岁，其中 2023 年招收人数创新高，达 3.4 万余人。出站博士后绝大多数成为国家科研骨干、学术技术带头人，有 96 名博士后研究人员当选两院院士，博士后制度既在我国的科技人才制度体系中发挥了培养

---

　　① 李政道：《前程似锦的中国博士后事业：纪念中国博士后制度建立 25 周年》，《中国博士后》2010 年第 4 期。

青年科技研发人员的特殊作用，也成为各地区各部门培养吸引高层次科技人才的重要渠道。

## 第一节 博士后制度的建立与发展

自 1985 年起，我国为加快培育青年才俊中的学术技术领军者和科技领域的中坚力量，启动了博士后制度。自该制度设立至今，我国的博士后制度尚不足 40 年历史。尽管中国的博士后制度相较于世界其他国家起步晚些，但已逐步构建起一套独具中国特色、自成体系且日趋成熟的高素质青年人才培育及任用机制。在培养科技领域人才，特别是扶持青年科技人才方面，我国的博士后制度发挥了不可或缺的作用，成为我国科技人才管理体系中的核心组成部分。

### 一 博士后制度产生的历史背景

作为一项发掘、培育及高效利用青年才俊的重要机制，我国博士后制度形成的因缘际会主要涵盖了以下几个重要层面。

第一，构筑与现代市场经济体系相契合的教育体系及科研机制，标志着我国改革开放的重要成果，同时也是构建博士后制度不可或缺的基石。随着改革开放的深入推进，教育领域和科研领域的制度均经历了翻天覆地的变革。一方面，自 1977 年起，我国重新启动了高考录取体系，1978 年则启动了研究生培养计划，并向海外派遣学生深造。到了 1981 年，我国正式推行学位制度，1983 年便有了首批博士学位获得者。自此，研究生教育迅猛发展，为博士后制度的建立提供了丰富的人才资源。另一方面，改革开放赋予了科研体制新的活力，科研活动变得愈加频繁，这不仅为流动性强的博士后制度的确立创造了条件，还因其有助于科研体系改革，使博士后制度的诞生显得尤为必要。

第二，实施博士后制度符合我国优化高端人才培育土壤、更新培育模式的现实需求。伴随我国改革开放的深化，原有的育人机制在促进高端人才培育及运用方面发挥了作用。该体系的设立，满足了国家在促进人才流动、增进学术研讨、促进学科交融以及将科研活动更好地服务于国家经济发展方面的需求，为高端人才的培育与利用打造了一个特殊的发展区域。

第三，科研教育领域千帆竞发，催生了博士后制度的快速形成与扩展。就人才层面而言，高层次专业技术人才的缺失问题尤为突出，科研单位及高等学府等众多机构普遍面临着人才短缺、后继无人的困境，各学科研究教学的中坚力量、学科领军人才极为稀缺，对人才的需求极为迫切；在科学研究领域，为了加速经济发展，不断涌现了众多迫切需要深入探究的新领域与新课题。与此同时，博士后制度凭借其在人才培养上的显著优势，以及其固有的灵活性、目的性、时效感和可变动性等特质，完美契合了我国对高端人才培育及运用的需求，同时也满足了科研工作的特定要求。[①]

第四，引进留学归国博士并促使他们投身国内建设是设立博士后制度的根本动因和核心目的。自1983年始，伴随我国改革开放步伐，海外求学的博士们开始纷纷返国。如何妥善且高效地利用这些宝贵人才资源，并且吸引更多的留学博士归国效力，打造良好的工作和生活环境，加速他们成为国家紧缺的高端人才以及学术和技术领域的领航者，这一问题迫切需要得到解决。博士后制度因其独特的运作模式，成为应对这一挑战的最为恰当方案。[②]

## 二　博士后制度的建立

社会精英在中国博士后制度的创立中起到了非常重要的推动作用，而国家领导人起到了决定性作用。[③]

1978年，中国迎来了改革开放的春天，各个行业百废待兴，科教领域

---

①　刘海飞：《中国博士后制度的起源和发展》，《人力资源管理》2015年第12期。

②　全国博士后管委会办公室、中国博士后科学基金会编《博士后工作实用手册（2014）》，中国人事出版社，2014。

③　姚云：《中国博士后制度的制度分析与时代变革》，西南师范大学出版社，2012。

实施了一系列诸如恢复高考、建立学位制度等改革。在 20 世纪 80 年代初，我国教育经费缺乏，出国留学渠道不通，国家面临人才断档的危机。为了借鉴发达国家先进教育体系为我国培养人才、增进与国际学术界的联系和交流，在社会精英的倡导下，我国实施了派出留学生的教育改革举措。在美国的教育交流领域，由享有盛誉的美国哥伦比亚大学教授同时也是诺贝尔物理学奖获得者的李政道先生发起并创建的 "中美联合培养物理类研究生项目"（CUSPEA，代表中国与美国物理学考试与应用）发挥了极其重要的推动作用。随着该项目的开展，我国共计派出近千名学子前往美国进行深入的学术研究，追求更高层次的学术成就。在这些留学生中，有 4/5 的学子投身于对国家科技进步具有关键意义的行业。不少留学生在海外取得博士学位后，纷纷踏上了归国的道路；与此同时，自 1981 年起，我国正式推行学位体系，并在本土启动了博士研究生招生工作，一批学子成功取得了博士学位。如何妥善运用这些优秀人才，打造一个优良的职业和生活氛围，同时在岗位实践中对其加强培养，以培养符合国家发展战略的高新技术领域人才，这一议题迫切需要解决。鉴于此，国内外的众多有识之士及专家纷纷提议，参考先进国家的年轻高端人才培育模式，在我国设立博士后制度。在这一进程中，李政道先生的贡献尤为突出。

1983 年的 3 月以及 1984 年的 5 月，李政道先生两次致信我国领导人邓小平同志，提出了在我国建立流动科研站并推行博士后制度的构想。他强调，作为一个全球性的大国，我国亟须培育一批引领科技领域的尖端人才；获得博士学位只是人才培养的一个阶段，年轻的博士们需要在充满活力的学术氛围中，通过数年的独立研究实践，方能逐步成长为行业精英。因此，李政道先生提出建议，我国应当挑选一些学术实力雄厚、科研设施完备的高等学府及研究机构，建立博士后流动站点；并从中挑选一批在国内外成功获得博士学位的杰出青年才俊，让他们在此开展一段时间的科研活动。[1] 李政道先生的提议受到了我国高层领导以及科研、教育领域的广泛关注，尤其是获

---

[1] 庄子健、潘晨光：《中国博士后》，经济管理出版社，2006。

得了邓小平同志的肯定。1984 年 5 月，邓小平同志在与李政道先生交流的过程中，对他的提议给予了肯定。邓小平同志将博士后体系概括为一种新型的育才与用才相结合的模式，旨在通过实际应用来加速人才的成长，并在这一过程中筛选出更为杰出的人才，这一机制对于促进科研发展、人才的培育与选拔起到了至关重要的作用。

1985 年 5 月，国家科委、教育部和中国科学院为了贯彻落实党和国家领导人对李政道先生所提建议的批示精神，在广泛吸收专家学者和留学回国博士的建议、征求一些部门和地方意见的情况下，同财政部、国家计委、公安部、劳动人事部、商业部等有关部门进行了反复磋商，并向国务院报送了《关于试办博士后科研流动站的报告》。1985 年 7 月，国务院正式批准该报告，标志着博士后制度在中国的正式确立。

### 三 博士后制度的发展

近 40 年来，我国的博士后事业从无到有、从小到大，不断创新发展。博士后制度在我国确立之后主要经历了以下 4 个发展阶段。

#### （一）初创阶段（1985～1987年）

1985 年，由国家科委牵头，我国成立了全国博士后管理委员会，统一组织和协调全国博士后工作。同年，全国博士后管理委员会首批批准在 73 个单位设立了 102 个博士后科研流动站（以下简称"流动站"）。初创阶段，国家先后下发了《关于试办博士后科研流动站申请办法的通知》、《博士后研究人员管理工作暂行规定》、《国家博士后科学基金试行条例》和《博士后经费管理使用暂行规定》等文件。与此同时，全国博士后管理委员会会同教育部、人事部、公安部、商业部等部门，就博士后及其配偶和子女的户籍管理、劳动人事关系、商品粮供给、住房、上学、工资、职称评审等一系列问题作出了具体规定，为博士后创造了较好的工作和生活条件。这些政策和规定，对具有中国特色的博士后制度的主要内容和基本问题作出比较全面的规定，形成了中国博士后制度的基本框架。

初创阶段的工作主要是基础设施建设和准备工作，涉及机构组建、规章创制以及建立流动站和招收博士后。在所有工作中，尝试是初创阶段的基本特征。[①] 具体来说，本阶段的发展特点可概括为以下 5 个方面：一是博士后制度启动快，在很短的时间里就搭建起了基本的制度框架；二是实行两级管理体制，国家博士后工作主管部门对设站单位直接进行管理；三是设站规模比较小，设站学科分布比较窄，主要集中在理科和少数工科，招收单位均是国内顶尖的高等院校、科研院所；四是招收规模逐年翻番，留学博士回国做博士后研究的人数占相当大的比重；五是博士后的资助模式以国家财政计划拨款为主。[②]

（二）稳步发展阶段（1988~1998年）

1988 年，博士后工作划转人事部负责；直至 1998 年，博士后工作稳步发展，无论是流动站的设站数量还是博士后的招收规模，都比以前有了较大幅度的增长。全国博士后管理委员会根据国家科技、教育、经济和社会发展的客观需要，先后开展了 3 次范围较大的设站评审，设站学科从最初的主要集中在少数理、工科逐步扩展到理、工、农、医、文、哲、法、经济、教育、历史、军事、管理等十二大学科门类的 78 个一级学科，设立流动站点数近 800 个，形成了比较完整的博士后工作网络。[③]

从 1990 年开始，在保证博士后质量的前提下，国家相继出台了一些促进博士后事业发展的改革措施，使博士后招收和管理方式、投资渠道逐渐多样化。为促进产学研结合，加速培养更多的优秀人才，1994 年，国家决定在企业设立博士后科研工作站（以下简称"工作站"），越来越多的博士后进入企业，成为博士后事业新的生长点。自 1988 年以来，企业招收博士后人数迅速增加，平均每年增长约 23%，到 1998 年底，每年招收人数达 2000

① 姚云：《中国博士后制度的发展与创新》，《教育研究》2006 年第 5 期。
② 全国博士后管委会办公室、中国博士后科学基金会编《博士后工作实用手册（2014）》，中国人事出版社，2014。
③ 全国博士后管委会办公室、中国博士后科学基金会编《博士后工作实用手册（2014）》，中国人事出版社，2014。

多人。随着博士后规模的扩大，博士后工作在科技、教育、人才培养等方面发挥了越来越重要的作用。①

在此期间，我国博士后制度不断完善。为了进一步扩大基金来源，加强基金的管理与有效运作，1989年5月，经中国人民银行批准，国家博士后科学基金会正式成立，李政道教授担任名誉理事长；1989年8月，国家博士后科学基金会更名为中国博士后科学基金会；1990年5月，中国博士后科学基金会正式成立，邓小平题写了会名。同时，为促进博士后工作的顺利开展，1990~1993年，人事部和全国博士后管理委员会在多个省市进行国家、地方、设站单位三级管理体制改革试点，逐步下放管理权限。国家出台了《博士后工作管理体制改革试点暂行办法》，对试点工作进一步规范。②

这一阶段博士后事业发展的特点有：一是博士后管理工作逐步制度化、规范化，博士后进站、考核、出站等各项配套措施逐步完善；二是进行了博士后管理体制改革试点；三是博士后设站规模大幅度扩大，并开始在企业设立工作站，博士后站点覆盖了大部分学科专业和国民经济的诸多行业领域；四是博士后的招收规模扩大，招收方式逐步多样化；五是投资渠道呈现多样化，博士后科学基金资助逐步科学规范。③

（三）改革质量提高阶段（1999~2010年）

1999~2010年是我国博士后制度的改革质量提高阶段。在此期间，为了适应中国经济与社会体制改革，博士后制度做了必要的调整，我国出台了大量的政策性文件。同时，这一阶段跨越了博士后发展的"十五"和"十一五"两个时期：2001年出台的《博士后工作"十五"规划》明确提出了建立更为高效的分类分级管理体制的思路；2006年出台的《博士后工作"十一五"规划》提出了创新完善制度、稳步扩大规模、注重提高质量、造就

---

① 潘晨光、方虹：《独具特色的中国博士后制度》，社会科学文献出版社，2004。
② 张睦楚：《在探索中改革：我国博士后创新人才培养政策发展的历程》，《黑龙江高教研究》2017年第3期。
③ 全国博士后管理委员会办公室、中国博士后科学基金会：《博士后工作实用手册（2014）》，中国人事出版社，2014。

创新人才的博士后工作发展的指导思想。到 2013 年，已在除港澳台以外的全国所有省、自治区、直辖市开展了博士后工作，包括全部"985"和"211"大学、各主要科研院所共 436 个单位设立了 2703 家流动站，覆盖了理、工、农、医和哲学社会科学等 13 个学科门类的全部 110 个一级学科；在 2772 家国家重点企业中开展了博士后科研工作，覆盖了电子信息、生物医药、国防科技、经济金融等国家经济社会发展的主要领域，全国累计招收博士后达 11 万多人。博士后工作逐步形成了学科专业门类齐全、部门和地区分布广泛的工作体系。[①]

改革质量提高阶段，博士后工作主要在以下几个方面取得了成效。

第一，对博士后管理机制进行了深化和完善。2001 年，颁布了《博士后管理工作规定》，明确了管理机构的职能、站点设立、博士后的招募、福利、研究经费的分配以及工作评价等方面的具体要求。到了 2006 年，鉴于博士后科研场所的演变及进步，对《博士后管理工作规定》进行了重新梳理，从而促进了博士后管理体系的标准化和制度化建设。

第二，注重提高博士后的培养质量。2004 年，全国博士后管理委员会举行了第十七次重要会议，明确提出将培育具备卓越素质与能力的博士后人才作为战略核心任务，并明确了将博士后项目的发展重心由增设站点数量转变为提升整体质量的新策略。随后，在 2006 年发布的《博士后工作"十一五"规划》中，进一步阐述了深化改革，逐步拓展规模，着重强化品质，培养创新型人才的指导原则，并在站点设立、人才选拔、质量评价、激励政策以及退出机制等多个方面，制定了旨在保障质量的方针与措施。

第三，为加大国家财政的支持力度，持续优化并构建了分层次、多样化的资金投入体系。到了 2003 年，在维持原有保本付息的操作模式之下，创立了由国家财政按年度划拨资金的资助体系，并确立了资助金额逐年上升的规则，完成了从保本付息到财政直接资助的划时代转变；资助的强度从微弱

---

① 全国博士后管理委员会办公室、中国博士后科学基金会编《博士后工作实用手册（2014）》，中国人事出版社，2014。

逐步增强，资助的金额也逐年增加。到了 2006 年，在确保基本资助比例保持在当年新进站人员总数的约33%的同时，提升了资助标准，分为 3 万元和 5 万元两个不同等级。另外，对于在站工作期间取得显著自主创新成就，以及在研究技能方面表现出色的博士后人才，我国中央财政会一次性提供高达 10 万元的特殊的奖励金。自 2008 年起，博士后资助计划特别项目正式开展，共有 500 位学者获得资助，总资金达 5000 万元；2009 年，该计划扩大规模，支持了 700 位学者，资金增至 7000 万元；至 2010 年，特别资助项目已成为年度预算的一部分，资金额度提升至 8000 万元。博士后科学基金的支持方式从最初的单一模式转变为面上与特别资助并行的双轨制度。

第四，为了促进博士后事业的良性进步，国家人事部门与全国博士后管理审议机构联合实施了博士后岗位绩效评价活动。2004 年，上海、湖北、四川以及黑龙江四地启动了博士后评估的初步试验项目；到了 2005 年，针对全国范围内在 2002 年末之前成立的 927 个流动站以及 660 个固定站实施了一次全面的评价审查。2006 年以来，管理部门加强了对博士后评估理论与技术的相关研究。2008 年 12 月，人力资源和社会保障部门联合全国博上后管理委员会，共同出台了一项名为《博士后科研流动站和工作站评估办法》的规章制度，此举旨在进一步规范并强化博士后评估体系的标准化进程。2009 年，人力资源和社会保障部、全国博士后管理委员会对 2005 年 12 月 31 日前设立的并未参加 2005 年评估的流动站、工作站，以及 2005 年评估结果为基本合格和不合格的流动站、工作站进行合格评估。参加评估的流动站有 495 个，工作站有 501 个。

第五，促进博士后信息化管理体系建设，构筑博士后资讯互动的网络桥梁。自 2004 年起，我国成功开发并投入使用了"全国博士后信息处理系统"，而到了 2006 年，我国实现了博士后进出站手续的网上办理，这一改革显著提高了博士后进出站管理的效率，同时也增加了办理的便利性。

第六，逐步完善国家层面、地方及相关部门以及设立站点单位的三级管理体系，全力推动博士后管理体制改革向纵深发展。2009 年，人力资源和社会保障部联合全国博士后管理委员会发布了《关于推进博士后工作管理体制改革的意见》，明确提出了深化博士后管理体制改革的方向，旨在构建一个权责明确、运作顺畅、管理有序、服务优质的分级管理体系及运作机制；构建以人力资源和社会保障局为主导，联动各相关部门协同配合，各建站机构承担人才培育与运用的核心角色的运作模式；打造中央、地方（机构）及建站单位共同参与的多元化资金投入体系。

改革质量提高阶段，博士后事业的发展呈现以下4个特点：一是随着招生规模的持续扩大，不断强调加大博士后工作站的建设力度，同时重视提升博士后人才的培养与运用水平，着重于培育其创新才能；二是在博士后工作中，既要重视与前沿学科、关键学科以及国家重点扶持行业的融合，又要关注对西部和偏远贫困地区的支持，使博士后工作的地域布局更加合理；三是博士后在促进科技创新与社会经济进步中的作用越来越显著；四是博士后管理机制正在逐步与社会主义市场经济的发展需求相适应，不断深化改革和完善自身。[①]

### （四）快速发展阶段（2011年至今）

2011年，中国博士后制度面临新的发展形势，为贯彻落实《中华人民共和国国民经济和社会发展第十二个五年规划纲要》《国家中长期人才发展规划纲要（2010—2020年）》《专业技术人才队伍建设中长期规划（2010—2020年）》《人力资源和社会保障事业发展"十二五"规划纲要》精神，我国制定了《博士后事业发展"十二五"规划》。规划指出：我国将会进一步扩大博士后招收规模，招收人数每年递增10%，到2015年，年招收博士后达到1.7万人，比2010年提高60%左右；进一步提高高校和科研院所博士后工作的覆盖面，到2015年，流动站增加600个左右，比2010年提高28%。博士后在科研团队中比例达到10%；博士后成为重点高校和科研院所师资与科研人员的重要来源，到2015年，重点高校和科研院所在引进教师和科研人员时具有博士后研究经历人员的比例达到30%；稳步扩大工作站

---

① 全国博士后管理委员会办公室、中国博士后科学基金会编《博士后工作实用手册（2014）》，中国人事出版社，2014。

规模，到 2015 年，工作站增加 700 个左右，比 2010 年提高 32%。企业招收博士后占当年全国总招收人数的 30%；加大财政投入，国家对博士后日常经费投入比例占当年进入流动站人数的 1/3 左右，并向基础学科、交叉学科和新兴学科倾斜。中国博士后科学基金会保持平稳较快发展。"十二五"期间，国家财政对博士后事业的投入比"十一五"有较大提高。

党的十八大以来，博士后工作顶层设计持续改革创新，严把入口，打开出口，实施分类培养、分类评价，推动博士后从事关键核心技术和"卡脖子"领域研究；实施博士后创新人才支持计划、香江学者计划、澳门青年学者计划、中德博士后交流项目、博士后国（境）外学术交流项目等一系列重点项目；举办全国博士后创新创业大赛，启动企业博士后科研工作站备案制改革；开展国家资助博士后研究人员计划，通过日常经费分档分类对博士后进行资助，强化服务保障。① 博士后进站人数由 2012 年的 1.25 万人增长到 2022 年的 3.2 万人，2021 年、2022 年连续两年突破 3 万人，平均进站年龄 31 岁。截至 2023 年 11 月，已设立博士后科研流动站 3352 个、博士后科研工作站 4338 个，设站单位涵盖国家经济社会发展各主要领域。博士后工作从重点高校和科研院所扩展至企业、园区；研究领域发展到 14 个学科门类的 117 个一级学科，并鼓励跨学科招收、培养复合型博士后。博士后创新人才支持计划实施以来，累计投入资助经费约 15 亿元，遴选资助 2500 名优秀博士后；中国博士后科学基金会累计资助 83 亿元，资助博士后近 12 万人。

2021 年 12 月，第一届全国博士后创新创业大赛总决赛在广东佛山举行，这是我国博士后制度建立以来首次举办的全国性创新创业赛事。大赛共吸引 5000 多个团队 2.4 万人报名参赛，经过层层选拔，共有 47 个代表团 1400 多个团队项目进入总决赛，决出金银铜奖 273 个，总奖金超过 1200 万元。为总结第一届全国博士后创新创业大赛成功经验，推进博士后科研成果与企业需求深入对接，激发博士后创新潜能，释放博士后创业活力，推进"卡脖子"关键技术难题破解和博士后科研成果转化，2022 年 6 月，全国博

---

① 任社宣：《党的十八大以来博士后事业发展综述》，《中国劳动保障报》2023 年 10 月 25 日。

士后管理委员会办公室、中国博士后科学基金会印发《关于开展全国博士后揭榜领题常态化活动的通知》，搭建了全国博士后揭榜领题交流对接平台。

为进一步加强博士后科研工作站建设，2021 年人力资源和社会保障部、全国博士后管理委员会印发《关于进一步加强企业博士后科研工作站建设的通知》，启动了工作站新设站备案制改革，同时对工作站实行动态管理。2022 年，全国博士后管理委员会办公室印发《博士后科研工作站新设站工作指南（试行）》，进一步明确了新设站备案条件、程序和工作要求。

## 四 博士后制度在科技人才队伍建设中的重要意义

中国博士后制度实施 35 周年座谈会于 2020 年在北京召开，会议强调，要全面贯彻党的十九届五中全会精神，深入学习习近平总书记关于人才工作一系列重要讲话精神，全面把握新发展阶段的新形势新任务，围绕"十四五"时期经济社会发展特别是深入实施人才强国战略和创新驱动发展战略的新要求，突出培养使用重点，培养造就具有国际竞争力的青年科技人才后备军。经过 35 年发展，特别是党的十八大以来，中国博士后制度从无到有，博士后队伍逐步壮大，博士后工作成效显著，博士后人员已成为高校科研院所补充师资和科研人员的重要来源，成为国家重点科研平台和重大科技项目团队中科研创新的主力军。[①]

### 1. 吸引和培养了大批青年科技人才

高级人才培养及运用体系借助博士后机制构建了一条高效的"快车道"。自该制度设立伊始，便吸引了众多杰出的海外学子归国投身博士后研究。他们将在海外习得的尖端科研技巧与手法，投入国内的科研探索，为高等学府和科研机构开辟了众多前沿科研领域，并取得了显著成就。同时，博士后制度助力众多青年博士从依附性的科研人员蜕变为能够自主确定研究路

---

① 《中国博士后制度实施 35 周年座谈会在北京召开》，《中国组织人事报》2020 年 12 月 3 日。

径、独立领导科研项目的学术领军人。① 2016～2019 年，博士后研究人员在站期间提交了 43000 项专利申请，承担了 125000 项科研任务，并且在离站时总计赢得了超过 14000 项奖励荣誉；其中，87 位博士后研究人员获得了包括国家科技进步奖、国家技术发明奖以及国家自然科学奖在内的国家级奖项。② 至 2023 年，已有 150 位离站博士后荣膺中国科学院或中国工程院的院士头衔。在超过 20 万的博士后工作者中，绝大多数凭借杰出的工作业绩荣获了更高的职称，其中不乏直接或在短时间内晋升为教授或研究员的杰出人才，他们迅速崛起，成为各自研究机构的学术带头人或是科研领域的核心支柱。众多人才还担任了科研机构的领导职务、高校校长、企业高层管理者、首席工程师以及国家部委的领导职务，在政府机关及企事业单位的管理层扮演着关键角色。③

2. 加强了科研力量，取得了一批高水平的研究成果

我国的博士后体系确保了研究人员在科研机构、教育单位与产业界之间的灵活转移，这一机制已成为汇聚研究团队与人才资源的关键渠道。它不仅推动了学术思想的交融，还助力了不同学科、跨学科以及尖端学科领域的繁荣进步，从而加速了科技创新成果的涌现。依据相关数据分析，驻站博士后平均每人负责 2～3 个关键性研究课题，其中国际级别的研究计划所占比例为 40%；每位博士后在海外学术期刊平均产出 1.5 篇研究论文，而在国内重点学术期刊则发表了 3.4 篇学术作品，另外在国内一般期刊上也发表了 3.2 篇论文；每位博士后平均获得 0.5 项省级及以上级别的奖项，并且有 19.2% 的博士后获得了部级以上的科技成果奖或其他形式的荣誉表彰。④

3. 促进了人才的合理流动，探索了新的用人机制

我国博士后体系作为计划经济体制下的一块创新高地，专为培育高端人

---

① 刘丹华：《中国博士后制度的制度分析》，浙江大学硕士学位论文，2004。
② 赵兵：《我国累计招收博士后二十八万余人》，《人民日报》2021 年 12 月 19 日。
③ 潘晨光、方虹：《全球化背景下的中国博士后发展模式研究》，《社会科学管理与评论》2005 年第 4 期。
④ 姚锐：《中国博士后制度发展政策分析的视角》，南京大学博士学位论文，2011。

才而设立的特殊区域，它打破了旧有的人事管理模式，在户籍管理、人事调动、职称晋升、人员配置以及跨学科交流等多个领域实现了突破。这一制度的推行，极大地推动了我国高层次人才的有序流动，既优化了人才的培养与运用，又成功吸引了众多杰出人才，确保了人才的稳定和储备。我国博士后体系为人才发展打造了全新的平台与机遇，它在挑选和培育杰出的青年科研力量方面起到了关键作用，同时促进了国内外学术界的互动，推动了人才的流动以及高质量科研成果的涌现。此外，该模式为我国人事制度改革探索出了一条新颖的用人途径，积累了大量珍贵且多样化的实践成果，为各行业人才使用机制的革新与进步提供了良好的借鉴效应。

4. 促进了产学研结合，提高了企业科研和技术创新能力

企业博士后项目作为博士后体系的关键一环，在我国的教育、研究机构与产业界之间搭建起了沟通与协作的桥梁。它为高级科研人才提供了直接投身国家经济建设的有效途径，打造了一个促进产学研一体化的成功模式。通过建立企业博士后工作站，公司能够吸引优秀的青年才俊，进而提升公司的技术革新能力，推动技术进步和经济利益的提高。[①]

## 第二节 博士后的定义和类型概述

博士后、博士后人员、博士后研究人员、博士后科研人员是同一概念，指同一类人。无论是国内还是国外，对博士后概念都没有非常明确的界定，但通过对文献中相关内容的理解，基本可以领会它的内涵。[②] 因此，本节将对博士后的定义、特点和类型三部分进行阐述，厘清概念、明确内涵。

### 一 博士后的定义

我国博士后制度设立之初，全国博士后管理委员会曾因"有些建站单

---

① 何勇涛：《军队医学院校博士后研究人员出站考核评价指标体系的研究》，第三军医大学硕士学位论文，2004。

② 许士荣：《试析全球化视野下的我国博士后政策取向》，《黑龙江高教研究》2010 年第 7 期。

位反映，感到博士后的身份还不太明确"而下发《全国博士后管委会关于进一步明确博士后研究人员身份等问题的通知》，首次明确提出了博士后的身份定义。该通知指出：博士后"系国家正式职工，其行政、工资、组织等各类关系均在建站单位。所以，他们虽不被列入建站单位的正式编制，但属于各建站单位经国家批准的流动编制内的工作人员，一切待遇应按建站单位正式职工对待"。① 通知同时指出，博士后进站后，享受以下待遇：各建站单位应发给博士后正式工作证、医疗证、图书借阅证等各类证件，职务（职称）一栏，请填写"博士后"；已被确认或评定了专业技术职务任职资格的博士后，在对外联系工作或在国内外进行学术交流活动时，可以此专业技术职务的身份对外；博士后按规定享受建站单位正式职工同等的福利待遇，各建站单位不应以博士后已享受了国家特殊规定的生活补贴为由，而把他们排除在外。由此可见，按照我国当时的博士后管理制度，博士后虽然没有被列入国家正式职工编制，但其身份为国家正式职工，享受国家公务人员的相关福利待遇。

1992年，全国博士后管理委员会下发《人事部、全国博士后管委会关于博士后招收对象问题的通知》，将博士后招收对象规定为"新近在国内外获得博士学位，符合品学兼优、身体健康、年龄在四十岁以下等要求者"②；2006年下发的《博士后管理工作规定》将博士后招收对象表述为"具有博士学位，品学兼优，身体健康，年龄一般在四十岁以下的人员，可申请进站从事博士后研究工作"，同时规定"在职人员不得兼职从事博士后研究工作"。③ 由此可见，我国对博士后招收的基本要求为：获得博士学位；品德和学识俱佳；身体状况良好；年龄一般为40岁以下；进站后主要任务为从事研究工作；非在职人员。另外，该规定提出："博士后制度是指在高等院

---

① 人力资源和社会保障部、全国博士后管理委员会编《博士后工作文件资料汇编（1985-2007）》，中国人事出版社，2008。
② 人力资源和社会保障部、全国博士后管理委员会编《博士后工作文件资料汇编（1985-2007）》，中国人事出版社，2008。
③ 人力资源和社会保障部、全国博士后管理委员会编《博士后工作文件资料汇编（1985-2007）》，中国人事出版社，2008。

校、科研院所和企业等单位设立博士后科研流动站或博士后科研工作站，招收获得博士学位的优秀青年，在站内从事一定时期科学研究工作的制度。"据此，也可以将博士后表述为：在流动站或工作站内从事一定时期科学研究工作、获得博士学位的优秀青年。在全国博士后管理委员会办公室、中国博士后科学基金会编制出版的《博士后工作实用手册（2014）》中，将博士后研究表述为"经批准并在全国博士后管理委员会注册，在流动站或工作站从事研究工作的人员"。[①]

综上所述，可以得出博士后的基本定义，即指在近期内获得博士学位，在科研机构、高等院校和企业合作导师的指导下，以学术研究为导向，在固定期限内全职从事科研工作的流动人员。

## 二 博士后的特点

第一，时间性，博士后研究人员在入驻工作站时，需与所在机构签署具有明确期限的劳动合同，根据我国相关法律法规，该合同期限一般设定为两年，且续签期限不得超过三年，若连续在两个工作站工作，总时限最长不得超过六年。

第二，过程性，我国对博士后以培养为主、培养和使用相结合，因此，博士后所代表的是个人的学术与实践背景，它既不属于学位范畴，也非职业资格或官方职位。

第三，流动性，尽管身为设站单位的正规职员，我国的博士后并不纳入常设编制之中，合同期届满即需离站流动。在此期间，他们未获得稳定职位之前，实际上一直处于不稳定的工作状态。

第四，学术性，博士后主要从事科学研究工作，而这种科研工作往往具有探索、开拓和创新性质。

第五，全职性，我国博士后研究员原则上应全职投身于研究项目，不允

---

① 全国博士后管理委员会办公室、中国博士后科学基金会编《博士后工作实用手册（2014）》，中国人事出版社，2014。

许在职人员以兼职形式参与博士后研究，务必完全脱离本职工作，专事博士后研究。

第六，指导性，博士后有配备专门的导师，双方构建的是一种平等的协作模式，而非传统的师徒或等级关系。尽管如此，受到儒家传统文化的影响，我国博士后研究人员与导师之间往往还是表现出一定师徒间的情谊。

第七，契约性，博士后与设站单位及其指导教师之间的权益与责任是依约而定的。依据双方签订的协议，博士后应当获得包括薪酬、补助、保险等在内的各项福利，并且需要遵守协议中列明的各项职责。在我国，博士后的权益尚缺乏明确界定，尽管国家有统一的薪酬标准，但社会保障机制尚处于不断完善之中。[①]

## 三 博士后的类型

根据不同的标准，可将博士后划分成不同的类型，例如，根据培养单位的不同，可将我国博士后划分为高校博士后、科研院所博士后和企业博士后；根据培养模式的不同，又可将博士后划分为学科博士后、项目博士后和企业博士后等。目前，比较详细的博士后类型是以博士后招收模式为依据来划分的。博士后制度设立之初，仅有国家资助招收一种。随着博士后制度的发展以及博士后招收人数的增多，目前已发展为 7 种类型：国家资助招收、自筹经费招收、流动站与工作站联合招收、工作站招收、留学博士计划外招收、留学非设站单位招收、依托项目招收。依据招收类型的不同，博士后资助模式和培养模式相应发生变化。

### 1. 国家资助招收

这是中国招收博士后最原始的类型，也是目前招收博士后主要的类型之一。它的特点有：一是招收机构为流动站设站机构，其中大学和公立研究机构为招收主体；二是博士后接受国家财政资助。机构根据国家财政拨款下达的年度招收博士后资助名额，实施招收工作。

---

[①] 许士荣：《试析全球化视野下的我国博士后政策取向》，《黑龙江高教研究》2010 年第 7 期。

2. 自筹经费招收

自筹经费招收类型是在国家资助招收类型基础上发展而来的一种招收类型。它的特点有：一是招收机构为流动站设站机构；二是经费自筹。招收机构根据研究项目、人才培养或学科建设的需要，确定招收名额并自筹博士后经费。全国博士后管理委员会要求，自筹经费招收的博士后的福利应与国家资助招收的博士后一样，在工资酬金、福利、家属随调等方面享受同等待遇。

3. 流动站与工作站联合招收

流动站与工作站联合招收的特点有：一是招收机构为流动站设站机构和工作站设站机构，双方协商招收博士后的人选；二是经费由工作站支付，招收的博士后需要遵守联合招收制定的各项管理规章制度；三是博士后的户口，可根据研究工作需要由联合机构商定，即可落户在流动站或工作站的设站机构所在地。

4. 工作站招收

工作站单独招收的特点有：一是工作站设站机构独立招收，该工作站必须是全国博士后管理委员会批准的具有独立招收博士后资格的工作站设站机构；二是博士后的经费由工作站独立支付。

5. 留学博士计划外招收

这是为吸引出国留学博士回国做博士后的一种主要类型。它的特点有：一是只针对出国留学并获得博士学位的人员；二是它的招收指标不受当年度国家招收指标的限制，由流动站设站机构向全国博士后管理委员会申请备案即可；三是博士后日常经费由国家财政支付。

6. 留学非设站单位招收

这是为吸引出国留学博士回国做博士后的一种特殊类型。它的特点有：一是只针对出国留学并获得博士学位的人员；二是招收机构为未设立的流动站设站机构；三是它的招收必须经全国博士后管理委员会批准；四是博士后日常经费由国家财政支付。

### 7. 依托项目招收

依托项目招收的博士后也称项目博士后。它的特点有：一是机构承担了国家重大科技项目并具备招收博士后条件的非设站机构；二是需经全国博士后管理委员会审批后依托重大项目招收一定数量的博士后从事项目研究；三是项目结束或中止后，该机构停止招收；四是博士后日常经费由项目中的经费支付。

博士后招收类型的多样化，是市场经济发展在中国博士后制度方面的反映，它体现了不同利益群体对博士后的需求。[①]

## 第三节　博士后制度的管理体制

中国博士后制度是指在国内有较强科研实力和较好研究条件的高等院校、科研院所和企事业单位等设立博士后科研流动站或博士后科研工作站，招收获得博士学位的优秀青年，在站内从事一定时期科学研究工作的制度。我国的博士后制度是人才使用与培养相结合的制度，它既不同于一般意义上的教育制度，也有别于国外的博士后制度，具有鲜明的中国特色。

### 一　指导思想和实施路径

#### （一）指导思想

国家设立博士后制度，旨在吸引、培养和使用高层次特别是创新型优秀科技人才，建立有利于学术交流、学科交叉，有利于人才流动的灵活机制，促进产学研结合。博士后管理工作坚持政府主导与社会参与相结合的原则，坚持公开、平等、竞争、择优的原则，注重提高质量，稳步扩大规模，健全完善制度。中国博士后制度的宗旨是通过促进人才流动、学术交流，不断增强我国科研、教学队伍的活力，加快培养和造就适应我国社会主义现代化建设需要的高级专门人才。因此，博士后工作紧紧围绕经济社会发展和科技进

---

① 姚云：《中国博士后制度的制度分析与时代变革》，西南师范大学出版社，2012。

步需要，坚持人才培养和使用相结合，坚持产、学、研相结合，加强政府部门的引导作用，广泛调动设站单位和社会各方面的积极性，充分发挥博士后制度在我国高层次科技人才队伍建设中的重要作用。

坚持以习近平新时代中国特色社会主义思想为引领，全面贯彻落实科教兴国战略、人才强国战略和创新驱动发展战略，坚持完善制度，稳步扩大规模，注重提高质量，加快培养和造就一支适应社会主义现代化建设需要，具有自主创新能力的跨学科、复合型和战略型博士后人才队伍，为实现全面建成小康社会的宏伟目标提供人才和智力支持，是新时期博士后工作的核心任务。

（二）实施路径

中国的博士后制度由国家主导，在政府的大力推动下组织实施。从宏观层面上，国家主管部门（现为人力资源和社会保障部）牵头，成立由人事、科技、教育、财政等有关部门领导和专家组成的全国博士后管理委员会，协调解决博士后工作管理的有关问题。从微观层面上，通过专家评审、评议，国家主管部门批准，在部分大学、科研院所和企事业单位设立流动站或工作站，赋予它们招收博士后的资格，组织开展博士后工作。

国家从上到下建立起一整套组织管理网络来保证博士后工作的顺利开展。国家的相关政策文件赋予博士后制度明确的目标定位，对实行博士后制度的基本目标、方针等作出规定，并且随着时代的发展不断为其注入新的内涵和功能，使博士后制度在发展中不断完善。国家逐步建立起由中央、地方和设站单位组成的博士后工作组织管理网络，并根据经济社会发展的要求和博士后管理工作实际，进行博士后工作管理体制改革，注重发挥各方面的积极性，调动社会各界广泛参与的积极性，充分发挥博士后制度在我国高层次人才队伍建设中的重要作用。

## 二　管理机构

我国博士后工作实行中央、地方和设站单位三级管理，博士后工作的组织管理机构主要有国家博士后工作管理部门、地方（部门）博士后工作管理部门、设站单位博士后工作管理部门。

（一）国家博士后工作管理部门

人力资源和社会保障部是全国博士后工作的主管部门，负责制定博士后工作的政策、规章、规划，并组织实施。全国博士后管理委员会成立于1985年，负责对全国博士后工作中的重大问题进行研究和协调，主任由人力资源和社会保障部的领导担任；全国博士后管理委员会办公室设在人力资源和社会保障部专业技术人员管理司，主任由专业技术人员管理司司长担任。全国博士后管理委员会下设若干个学科专家组，每个专家组均由学术水平高、有名望、熟悉国内高等学校和科研机构情况的专家组成，主要任务是对申请设站的单位进行设站评审。

专业技术人员管理司是博士后日常工作的综合管理部门，负责拟定博士后工作的政策法规并组织实施，指导协调全国博士后工作；组织开展制订博士后工作发展规划和年度计划并组织实施；负责流动站和工作站评审、评议工作；负责博士后公寓建设的监督管理工作；指导博士后表彰工作；负责博士后工作宣传和网络管理工作；负责博士后进出站的监督管理工作；制定博士后工作评估办法并组织实施；会同有关部门推进博士后工作国际交流；承担全国博士后管理委员会办公室有关工作。

中国博士后科学基金会成立于1990年5月，在人力资源和社会保障部以及全国博士后管理委员会的领导下开展工作。中国博士后科学基金会实行理事会领导下的秘书长负责制，下设中国博士后科学基金会办公室，负责博士后工作的日常管理事务。中国博士后科学基金会的主要职责是：负责中国博士后科学基金规划、筹集、管理工作和资金使用效益的监督和评估工作；负责基金面上资助、特别资助的评审工作；负责流动站、工作站评估工作的具体组织实施；负责流动站、工作站设站评审事务；办理博士后进出站手续及相关日常管理事务；承担中国博士后网站的建设、运营和管理；负责博士后数据库、基金资助人员数据库和评审专家数据库建设；负责中国博士后科学基金资助经费的年度预算编制、拨款和使用监督；负责博士后日常经费拨款；发放"博士后证书"；承办中外博士后交流与合作项目；编辑、发行

《中国博士后》杂志；组织博士后管理人员业务培训和工作交流活动；承担全国优秀博士后的评选工作；组织开展博士后学术交流、科技成果推广和博士后人才引荐工作；负责博士后公寓建设经费拨款以及北京地区博士后公寓的日常管理工作；开展与国内外有关基金会和学术组织的交流合作，承担中国博士后科学基金会理事会日常事务工作，协调博士后联谊会活动；承担人力资源和社会保障部交办的其他工作。我国博士后工作管理部门的设置如图4-1所示。

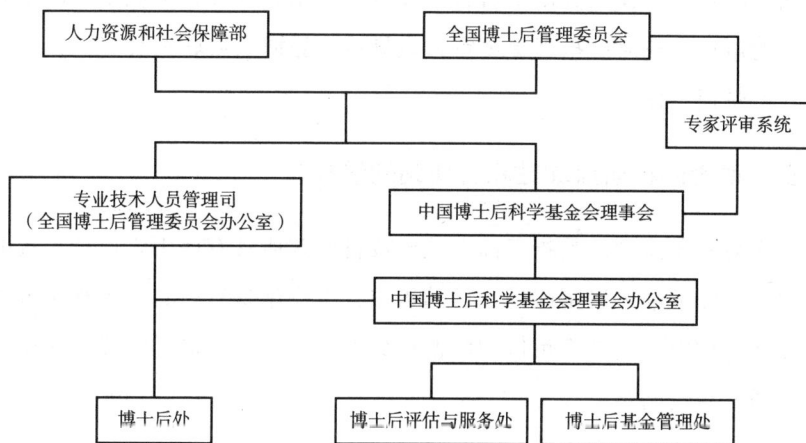

图 4-1  我国博士后工作管理部门的设置

（二）地方（部门）博士后工作管理部门

各省、自治区、直辖市政府人事部门和军队系统博士后工作主管部门在人力资源和社会保障部的指导下，负责本地区（部门）的博士后工作，并结合本地区（部门）的实际情况，研究制定符合本地区特点的博士后发展规划和配套政策、措施。经人力资源和社会保障部批准，省、自治区、直辖市博士后管理部门可承担本地区的博士后设站申报、博士后进出站手续办理，并向人力资源和社会保障部博士后管理部门登记注册等事宜。国务院有关部委及直属事业单位的博士后工作管理部门可按照有关规定制定配套政策、措施，负责本部委及直属机构博士后工作的指导、协调和监督。

（三）设站单位博士后工作管理部门

设立流动站或工作站的单位是博士后工作的基本管理单元。各设站单位制定本单位博士后工作的具体管理办法，配备专门的管理人员，负责本单位博士后管理工作。主要职责有：制订本单位博士后工作规划和博士后的年度招收计划；负责博士后的招收、在站、出站管理和考核工作，审核博士后进出站的各类证明材料，为博士后及其家属办理相关手续；落实博士后的研究项目和科研经费，保证博士后的科研条件；解决博士后工资、住房等福利待遇方面的问题；具体负责博士后日常经费的使用和管理；组织中国博士后科学基金的申报，并对申报者提出审核意见；指导博士后联谊会工作；负责博士后日常管理工作。

## 三 博士后科研流动站和工作站的设立

博士后科研流动站是指在高等院校或科研院所具有博士学位授予权的一级学科内，经批准可以招收博士后的组织；工作站是指在具备独立法人资格的企业等机构内，经批准可以招收博士后的组织。设有流动站或工作站的单位统称博士后设站单位。

（一）设立流程

1. 流动站设立条件

高等院校和科研院所申请设立流动站，应当具备以下基本条件。

（1）具有相应学科的博士学位授予权，并已培养出一届以上的博士毕业生。

（2）具有一定数量的博士生指导教师。

（3）具有较强的科研实力和较高的学术水平，承担国家重大研究项目，科研工作处于国内前列，博士后研究项目具有理论或技术创新性。

（4）具有必需的科研条件和科研经费，并能为博士后提供必要的生活条件。

另外，具有博士学位一级学科授予权、建有国家重点实验室的学科和国家重点学科可优先设立流动站。

2. 工作站的设立条件

企业、从事科学研究和技术开发的事业单位、省级以上高新技术开发区、经济技术开发区和留学人员创业园区申请设立工作站，应当具备以下基本条件。

（1）具备独立法人资格，经营或运行状况良好。

（2）具有一定规模，并具有专门的研究与开发机构。

（3）拥有高水平的研究队伍，具有创新理论和创新技术的博士后科研项目。

（4）能为博士后提供较好的科研条件和必要的生活条件。

建有省级以上研发和技术中心，承担国家重大项目的单位可优先设立工作站。

3. 流动站和工作站设立审批程序

根据国家经济社会发展需要和博士后工作发展规划，流动站和工作站增设工作一般每两年开展一次（流动站与工作站设站工作隔年交替进行）。

流动站和工作站的设立，由拟设站单位提出申请，各省、自治区、直辖市人力资源和社会保障部门或国务院有关部委及直属机构人力资源和社会保障部门审核汇总后报人力资源和社会保障部。经专家评审委员会评审（评议），由人力资源和社会保障部（全国博士后管理委员会）审核批准。

（二）设立情况

1. 流动站的设立情况

我国博士后工作最初主要局限在理学研究领域。1985年，共有131个高等学校和科研机构报送了444份申请设立流动站的材料，经全国博士后管理委员会专家组评审和全国博士后管理委员会批准，首批确定在73个高等学校和科研机构中设立流动站102个（后来由于学科调整变更为104个）。此后，全国博士后管理委员会根据博士后工作发展情况，决定在理、工、农、医各学科普遍开展博士后工作，先后零星批准设立57个流动站，并于1991年进行了一次较大规模设站评审，批准增设流动站117个。

1992年，为适应国家加快改革开放和社会主义现代化建设的形势，全国博士后管理委员会决定在经济学、法学进行博士后工作试点，批准设立流动站 20 个。自此，博士后开始进入人文科学研究领域。从 1992 年起，博士后设站工作逐步走上规范化的轨道。全国博士后管理委员会确定设站评审工作每 3~4 年进行一次（现改为两年进行一次），截至 2023 年，已批准设立流动站 3717 个。

此外，为支持军队的现代化建设，加强国防高科技项目研究力量，全国博士后管理委员会在 1996 年特别为军队组织了设站评审工作，批准了 8 个包括军事学在内的流动站。

截至 2023 年，流动站设站学科已经覆盖了全部 14 个学科门类的 117 个一级学科。

### 2. 工作站的设立情况

我国科教兴国和可持续发展两大战略的实施以及经济体制和经济增长方式两个具有全局意义的根本性转变，给我国博士后工作带来了新的发展机遇，提出了更高的要求。围绕经济建设这个中心，培养大批适应现代化建设需要的高水平人才成为我国博士后工作发展的方向。[①] 在这种形势下，1994 年全国博士后管理委员会首先批准在上海宝山钢铁集团建立了第一个工作站，开始实行企业与流动站联合招收、培养博士后的试点工作。接着，又陆续在大庆油田、吉化、上海石化、江苏春兰（集团）公司、辽河油田等企业以及深圳、佛山两个城市建立了不同类型的 9 个工作站。[②]

企业博士后工作的开展，开创了产学研合作促进企业技术进步和使用、培养高层次人才的新机制，在社会上产生了很好的影响，众多企业纷纷要求设立工作站。为此，1999 年全国博士后管理委员会决定正式开展并大力推进这一工作，定期组织进行工作站的设站评审。

我国设立的工作站分布在全国除港澳台地区外的所有省、自治区、直辖市，覆盖大部分国民经济行业领域，截至 2023 年，已批准设立工作站 4338 个。

---

① 林艾英：《做好博士后工作 促进河南经济腾飞》，《行政人事管理》1999 年第 6 期。
② 《企业博士后工作》，《人事与人才》2000 年第 9 期。

## 四 博士后科研流动站和工作站的管理

按照我国博士后工作主管部门要求，各设站单位自设站之日起，按照博士后工作的有关规定，建立健全了博士后工作管理制度，加强了博士后工作管理人员队伍建设，逐步实现博士后工作管理的制度化、规范化。

### （一）健全管理机构

博士后工作涉及科研、人事、教育、财务、后勤等诸多方面，根据全国博士后管理委员会的有关规定，博士后设站单位成立博士后工作领导小组，由本单位主要领导牵头，科研、人事、教育、财务、后勤等相关部门主要负责人参加，对本单位的博士后工作发展进行决策、指导和协调。博士后管理工作涉及日常管理等许多繁杂的事务。目前，为更有效地开展博士后日常管理事务，大部分设站单位设立了博士后管理办公室，配备了专职工作人员。根据各自的管理特点和实际情况，有的单位把博士后管理办公室设在组织人事（干部）部门，有的设在研究生培养或科研部门，负责协调各部门关系，统筹管理、分工负责，将博士后的培养、科研、生活安排和人事管理等分别纳入各有关部门职责范围内，形成运转合理、高效、协调的组织管理体系，为博士后工作的顺利开展提供了良好的组织保障。

### （二）制定发展规划

同时，博士后设站单位根据国家有关政策规定，结合本单位的实际情况和发展需要，制定本单位博士后工作发展的总体规划。在规划中，设站单位将博士后工作与本部门、本单位的工作发展紧密结合，以使博士后工作在促进本单位、本部门学科发展，教学、科研水平提高，人才队伍建设中发挥重要作用。在制定博士后工作发展规划的基础上，目前，博士后设站单位大多按国家的法规和有关博士后工作的政策，出台了符合本单位特点的博士后工作管理办法，就博士后的经费、住房、学术交流、科研合作等方面制定管理细则。建立了博士后进站招收、中期和出站考核制度，制定对博士后目标管理、绩效评价、奖励惩处等措施，这些管理办法和规定保证了各设站单位博士后管理工作的科学性、规范性和有效性。

（三）博士后进出站管理

为了对博士后的科研工作进行有效管理，设站单位重视并加强博士后的进出站管理，制定了科学的博士后科研评价和考核制度，管理方式主要以博士后进站遴选、在站管理和考核、出站管理和考核、年度考核为重点。

1. 进站遴选

博士后设站单位大多根据国家博士后工作管理的有关规定和本单位实际，制订招收计划并进行宣传，面向社会公开招收博士后。大多数博士后站建立了专家委员会，在平等竞争的原则下，对申请者的科研能力、学术水平和已取得的科研成果进行严格审核，采用考察、考核或答辩等形式进行认真遴选，保证将合适的人员选进站。

2. 在站管理和考核

为保证博士后科研工作的顺利进行，博士后设站单位按照国家博士后管理工作规定的各项要求，为博士后在站期间提供管理和服务，主要包括以下三点。

（1）落实政策规定。博士后进站后，各设站单位按照国家法规和博士后工作的有关政策，与博士后就其福利待遇、工作期限、科研项目内容和应达到的目标及科研成果归属等事项签订协议（或合同），明确各自的权利和义务。此外，各博士后设站单位按照博士后工作的有关规定，将博士后纳入本单位人事管理范围，其人事、组织关系等比照本单位同等人员对待或按协议执行，将国家规定的各项政策措施落到实处。

（2）坚持开题报告。博士后进站后，为促使其尽快在博士后合作导师的指导下开展科研工作，博士后的首要任务是进行科研选题，课题的选择主要依托国家重点项目或站点的重点课题选题，同时也鼓励博士后自选课题，进行前沿性、探索性或创新性研究。博士后设站单位大多对博士后选题时间作出了明确规定，要求博士后在规定的时间里就选题目的和意义、研究内容、方法和技术路线、研究进度、预期成果等主要问题作开题报告，由专家评议小组进行评议，对博士后的科研选题进行必要的指导，博士后根据专家意见，对存在的问题作出相应的修改，从而保证科研选题的科学性。

（3）实行中期考核。在博士后研究工作开展的中期，设站单位大多按照预定的管理目标，组织专家对博士后进行中期考核，听取博士后研究工作进展汇报，对博士后的科研工作进行考核。对表现优秀的博士后，给予适当的鼓励；对中期考核不合格的博士后，设站单位要求其在规定的时间里加以改进，并督促检查改进，改进后仍不合格的劝其退站。

3. 出站管理和考核

按照国家博士后工作的管理规定，出站前，博士后设站单位应组织专家组对博士后进行出站考核。考核根据进站协议规定的内容对博士后的科研项目完成情况、论文发表情况和参加学术交流情况以及个人综合素质状况等进行全面考核，并由专家委员会作出书面评价。考核合格的，设站单位及时为其办理各项出站手续，考核不合格的限时改进，乃至退站。

4. 年度考核

按照国家博士后政策规定，博士后应纳入本单位人事管理范围，设站单位同对待本单位职工一样，对博士后进行年度考核，考核内容包括思想品德、学术作风、科研成绩等，并将考核结果记入博士后本人的档案，以此作为博士后工资正常增长的依据，同时保证博士后档案内容的连续和完整。

（四）优化工作环境

博士后的培养和使用离不开良好的环境和氛围。博士后设站单位按照国家的规定和要求，不断优化博士后的工作环境，营造良好的科研氛围。博士后的科研经费投入是博士后设站单位普遍重视的问题。博士后设站单位应不断加大投入力度，为博士后科研工作提供必需的试验设备、图书资料、网络信息等服务，不断改善博士后的科研条件。目前一些有条件的单位拿出专项经费建造博士后公寓，并为博士后家属工作、子女上学、入托等方面提供必要的帮助，不断解除博士后生活上的后顾之忧。

许多博士后设站单位注重对博士后的业务指导和培训，组织博士后开展站内外、国内外的学术交流和科研合作，创造条件支持博士后到国外进行学术访问、进修学习或出席国际会议；努力营造尊重个性、鼓励创新、自由探索的学术氛围；积极开展博士后人才引荐和科技成果转化活动等，不断优化博士后科研工作环境与氛围。

（五）建立奖惩机制

为确保博士后人才的培养水准，绝大多数设站机构依据各自博士后工作的具体情况，借鉴内部员工的评估机制，制定了一套博士后奖励与处罚机制。依据博士后中期评估、年度评审以及期满离站审核的各项标准，依照国家相关法律法规，把评审结果与薪酬福利、离站后的留用安排紧密相连。有些单位还出台配套激励措施，对获得国家科研项目或基金的博士后进行配套资助，或在本单位设立优秀博士后奖或年终奖，对在站期间表现优秀、考核突出的博士后进行奖励，对达不到要求或考核不合格的博士后要求其限期改进，对经改进仍达不到要求的人员予以退站。

（六）加强流动站与工作站的联系

工作站与流动站联合招收和培养博士后，是我国博士后制度的一种重要招收和培养模式。加强流动站和工作站的联系，形成了企业与高等学校、科研院所的合作机制，使生产、科研紧密联系，实现人才培养、科研开发、成果转化、企业技术进步的有机融合。

工作站与流动站的管理既有许多共性，也有明显的不同。根据相关政策指示，流动站和工作站两大主体针对博士后人才培养及合作事宜有权签订相应的合同，清晰界定彼此以及博士后个体的权益与责任。在此联合培养博士后的过程中，工作站承担主导作用，博士后的科研工作主要在工作站进行，因此，日常管理工作以工作站为主，流动站单位在此过程中应向工作站提供科研支持和专家指导，帮助工作站做好博士后招收、研究项目的确定、必要的网络信息服务的提供等。联合培养形式的博士后管理工作具有以下3个特点。一是以企业为主导，实现优势互补。企业经济实力雄厚、科研课题来源丰富，新技术实施条件良好。高校信息畅通，资料、实验设备齐全，研究基础较好，学术氛围活跃，校企联合可以实现优势互补、合作共赢。二是以合作为机制，实现培养与使用相结合。通过与企业联合招收博士后，高校的人才培养和科研工作可以延伸到企业，使人才培养和科研工作直接面向经济建设主战场，实现培养与使用相结合。三是以项目为依托，造就高层次创新人才。四是以项目为纽带，实现校企合作：围绕研发项目需要选人、用人；按照项目进度进行考核和滚动管理；根据项目成果，建立激励机制。流动站和工作站成立专家委员会，由双方派人组成，对博士后的科研工作进行指导和考核。

## 第四节　博士后的培养体制

中国博士后制度是有目的、有计划地吸引、培养和使用年轻科技人才的制度。国家按照经济和社会发展的要求，通过博士后本人申请、设站单位择优选拔、全国博士后管理委员会审核备案等程序，选拔优秀人员进站开展研究工作。通过制定经费、住房、户口、子女上学、人事关系调转等方面的优惠政策，以及严格博士后在站出站考核等方面的措施，保证在站期间人才培养的良好环境和质量，以及博士后出站后的合理流动。

### 一　博士后进站管理

（一）申请条件

申请做博士后应具有博士学位，品学兼优，身体健康，年龄一般在40岁以下。除特殊批准外，申请人不得进入授予其博士学位单位的同一个一级学科流动站从事博士后研究工作（申请工作站与流动站联合培养者除外）。在职人员不得兼职从事博士后研究工作。

（二）进站申请

博士后可以根据自身专业方向、条件和愿望随时向设站单位提出进站申请（设站单位自行规定申报时间的除外）。申请从事博士后研究工作的人员，首先向设站单位提出书面申请，按规定提交有关证明材料。申请者可以同时向几个设站单位提出申请，但一经确定进站单位，应立即撤回向其他单位的申请。对多家单位上报的申请，以在"全国博士后管理信息网络系统"中先审批通过的材料为准。进站申请所需主要材料如下。

（1）"博士后申请表""专家推荐信""博士后进站审核表"一式两份

（含原件 1 份），"流动站设站单位学术部门考核意见表"或"工作站研究项目指导小组考核意见表"（工作站独立招收类型）。

（2）有效身份证明："居民身份证"、"护照"（外籍人员）。

（3）博士学位证书或博士论文答辩决议书复印件。博士论文答辩决议书须由校级学术委员会签发。对提交博士论文答辩决议书复印件的博士后，设站单位须在其进站半年后复查其博士学位证书，对没有获得博士学位证书的人员应予以退站。

（4）工作站和流动站联合招收的博士后还需提交"工作站招收博士后研究项目立项表""联合培养博士后研究人员协议书"。

（5）留学人员还需提交教育部"留学回国人员证明"；如出国前已注销户口，需提供户口注销证明。

**（三）进站审批**

设站单位面向社会公开招收博士后，采用考核、考试、答辩等形式对申请者的科研能力、学术水平和已取得的科研成果以及综合素质等情况进行审核。审核通过后，设站单位按照国家博士后工作的有关规定，要求申请人准备申报证明材料。授权省市所在地设站单位（非军队系统）将有关材料报送授权省市博士后工作管理部门核准，非授权省市所在地设站单位（非军队系统）报全国博士后工作管理部门核准；军队系统设站单位报解放军博士后管理信息中心核准。

全国或授权省市博士后工作管理部门、解放军博士后管理信息中心收到设站单位的申报材料并予以核准后，向设站单位下发博士后进站批函。设站单位接到博士后进站批函后，通知申请者本人，并为博士后办理各项具体进站手续。

## 二　博士后在站管理

**（一）日常管理**

1. 在站时间

博士后的第一个任期是 2 年，一般最多 3 年。承担国家重大课题，已获国家自然科学基金、国家社科基金、中国博士后专项基金计划的博士后，在征得所在单位批准的情况下，可以继续留在工作站；这样，就能按照项目和研究主题的需要，适当地延长停留的时间。博士后在站时间不超过 6 年。博士后进站后一般不得转站。如确有需要转站，需由设站单位报全国博士后管理委员会审核批准。

2. 研究课题

博士后所从事的研究课题及职责目标，需在确保与设站机构所承担的关键科研项目相融合的基础上，通过个人与指导教师共同商议来明确决定。博士后需恪守既定研究主题与方案，全身心投入科研任务。若需对研究方向或方案进行调整，必须获得所在研究站的明确许可。各设站单位需积极引导博士后研究人员，紧跟国家经济发展和科技进步的大势所趋，紧密围绕本单位学科建设核心及科研工作关键领域，提出具有针对性的研究课题和具体研究内容，支持博士后独立承担研究任务，在科研工作中培养博士后的独立工作、开拓创新、组织协调等综合能力。

3. 考核评估

各个站点单位需自行构建一套针对站内博士后的评价标准体系，并确立博士后在站期间的中期评估与离站审核机制。同时，要拟定博士后目标设定、成效评定、奖惩措施等方面的详细管理规定，并实施定期的学术能力评估工作。博士后的人事管理归属设站单位，设站单位应按照有关规定安排博士后参加单位的年度考核，并将考核结果记录在博士后的人事档案。设站单位应与博士后签订合同，遵循我国知识产权相关法律法规，清晰界定知识产权成果的归属权。在博士后即将离站之际，设站单位有权依据其在站内展现的科研实力、学术造诣以及所取得的业绩，对其进行职称评审的提议或给予专业意见。

（二）福利待遇

1. 薪酬

从 2006 年 7 月 1 日起，博士后实行岗位绩效工资制度，执行专业技术人员基本工资标准。博士后职位的薪酬依据聘任岗位级别而定；基础薪酬按照首站 16 级薪酬标准执行，后续每完成一站，薪酬级别提升两级。若依此计算的基础薪酬低于同岗位级别人员，则按同岗位级别人员的薪酬级别来确定；绩效奖金则由设立博士后流动站的单位（包括接纳留学归国博士进行研究的非流动站单位）依据其工作表现及实际贡献进行发放；各类津贴补助则依照国家相关法规执行。为确保博士后薪酬的合理增长，各博士后站点需对在站博士后实施年度评审。自 2006 年开始，凡是通过站点评审且成绩评定为合格或更高等级的博士后，将每年提升一档薪酬等级，该调整将于次年的 1 月开始正式生效。博士后工作期满出站，并被聘用到事业单位后，各设站单位应将其在站期间岗位工资、薪级工资及考核情况介绍到接收单位。在岗位尚未具体确定之前，博士后需继续按照在站期间既定的薪酬水平领取工资；一旦岗位明确，则依照所任岗位的薪酬规定发放相应工资。关于薪级工资的确定方式如下：若博士后受聘于专业技术类岗位，其原有薪级工资若低于新岗位的起始薪级工资，则按照新岗位的起始标准执行；若原有薪级工资已等同于或高于新岗位的起始薪级工资，则薪级工资保持不变；被聘用在管理岗位的，薪级工资按所聘岗位比照同等条件人员重新确定。

2. 其他福利

政府、地方当局及建站机构联合投资，于博士后人数众多的城镇集中打造博士后住宅区。部分具备条件的建站机构还能够自行筹集资金建设博士后住宅。此类住宅专为在站博士后提供居住，严禁他用，博士后合同结束后务必搬离。无博士后公寓的设站单位和地区应根据博士后实际需要，提供必要的住房条件。

博士后人员应当享有与设站单位正式员工相同的医疗保险福利，资金筹措应遵循与该机构员工医疗保险资金相同的途径进行。对于那些在入站时已满足设站机构所在城市户籍迁入条件的博士后，若入站时未完成户籍迁移，则可凭借相应证明材料，办理户籍迁入相关手续。为使对博士后的进出站管理具有延续性，各设站单位应妥善保管博士后人员办理进出站手续的所有纸质材料，保证这些材料的齐备，并在博士后出站后至少留存 10 年。

### 三　博士后出站管理

#### （一）出站条件

博士后工作期满必须出站。博士后工作期满，须向设站单位提交博士后研究报告和博士后工作总结等书面材料。设站单位应将博士后研究报告交送国家图书馆和中国科学技术信息研究所。博士后出站时，设站单位要及时组织有关专家对其科研工作、个人表现等进行评定，形成书面材料归入其个人人事档案。

博士后工作期满出站，除与原在职单位或定向委托培养单位有协议的外，就业实行双向选择、自主择业。各级政府博士后工作管理部门和设站单位要为出站博士后的合理使用创造条件，做好出站博士后的就业引荐等服务工作。

#### （二）出站申请

博士后出站考核合格后，应按照设站单位的有关规定，向设站单位提交出站申请材料。出站所需主要材料如下。

（1）"博士后研究人员工作期满登记表""博士后研究人员工作期满审批表""博士后研究人员工作期满业务考核表"（工作站和流动站联合招收博士后需分别提供）。

（2）配偶有效身份证明（"居民身份证"、"军官证"或"文职干部证""武警警官证"、"士兵证"），结婚证、独生子女证、子女出生医学证明；多子女的博士后还须提交子女母亲户口所在地计划生育委员会出具的子女准生证明及本人和家属户口本；同时，出具设站单位已核查上述证明材料的意见。

（3）出站接收单位（人事或干部部门）的接收意见（函）。

#### （三）出站审批

对出站考核合格的博士后，由人力资源和社会保障部以及全国博士后管理委员会颁发"博士后证书"。"博士后证书"由人力资源和社会保障部博士后工作管理部门统一印制。博士后到各设站单位领取空白证书后，到中国博士后科学基金会或分级管理省市博士后工作管理部门审核、盖章。

## 第五节　博士后制度的经费与资助体制

### 一　博士后日常经费管理制度

**（一）日常经费的性质、来源及标准**

博士后的日常经费是用于博士后日常生活费用和日常公用的专项经费，主要来源于中央财政拨款、地方财政拨款和设站单位筹资。博士后的日常经费现行标准目前为每人每年 8 万元人民币。

**（二）国家资助名额博士后日常经费的计划及拨付**

人力资源和社会保障部博士后管理部门根据每年博士后在站实际人数和年招收博士后的计划人数，按规定标准向财政部提出年度预算报告。财政部批准后，按规定的拨款时间和渠道划拨经费至人力资源和社会保障部博士后管理部门。

人力资源和社会保障部博士后管理部门按规定向设站单位拨付。

留学博士回国从事博士后研究工作，国家按照博士后日常经费标准给予专门资助。

**（三）日常经费使用范围及办法**

博士后日常经费的 80% 用于博士后的工资、奖金、生活补贴等（各设站单位对博士后有关生活福利待遇等方面所需经费，凡有正常开支渠道的，不要在博士后日常经费中列支）；另外的 20% 为日常公用经费，主要用于参加学术会议和学术交流活动。具体办法按各设站单位财务管理的有关规定办理。

国家下拨的博士后日常经费由设站单位统一管理，单独立账，专款专用。对此部分经费，设站单位博士后工作主管部门可以提取不高于博士后日常经费总额的 3%，作为博士后管理工作经费。

享受国家资助名额的博士后因故提前出站、退站，设站单位财务部门应及时将剩余的博士后日常经费退回人力资源和社会保障部博士后管理部门。

省、自治区、直辖市和设站单位资助招收博士后，其日常经费标准参照国家规定的博士后日常经费标准。

## 二　中国博士后科学基金会

中国博士后的资助主要包括申报科研项目获得资助和博士后进站的补助。作为博士后，既可以申请专门的中国博士后科学基金会的科研资助，也可以像普通在职教师或工作人员一样通过申请各类科研项目获得资助。

### （一）概述

中国博士后科学基金是著名科学家李政道教授倡议，经邓小平决策于1985年由国家拨专款设立的，用以鼓励和支持博士后中有科研潜力和杰出才能的年轻优秀人才，使他们顺利开展科研工作，迅速成长为高水平的专业人才。[①] 1990年5月成立中国博士后科学基金会。截至2023年底，中国博士后科学基金会已累计资助了73批约13万名博士后，总资助金额近84亿元人民币。博士后科学基金被视为种子基金，为博士后顺利开展科研工作创造了良好条件。[②]

### 1. 管理机构

中国博士后科学基金会在人力资源和社会保障部的领导下，负责博士后科学基金资助的评审、追踪问效和经费日常管理等工作。

中国博士后科学基金会负责组织制订基金的年度经费预算和年度资助计划，组织基金资助的评审工作，向中国博士后科学基金会理事会提交年度预算、计划和报告，签署基金资助的有关文件。年度资助计划报人力资源和社会保障部批准。年度经费预算由中国博士后科学基金会理事会审定后，经人力资源和社会保障部报财政部。

中国博士后科学基金会秘书长办公会负责审核面上资助和特别资助的专家评审结果，并根据评审结果提出获资助人员名单，报中国博士后科学基

① 楚燕、陈芳：《一年获8项国家级科研立项》，《厦门日报》2009年1月13日。
② 李倩：《我国博士后经费投入政策存在的问题及改进建议》，东北大学硕士学位论文，2009。

会理事会审核。面上资助经中国博士后科学基金会理事会审核后报人力资源和社会保障部备案，特别资助经中国博士后科学基金会理事会审核后报人力资源和社会保障部审核批准。中国博士后科学基金会公布获资助人员名单。

2. 资助类型

中国博士后科学基金分面上资助和特别资助两种。

面上资助是对博士后从事自主创新研究的科研启动或补充经费。面上资助比例为当年进站人数的1/3左右，按照资助比例确定资助额度。资助额度划分为8万元和5万元两档。对从事基础研究、原始性创新研究和公益性研究，以及中西部等艰苦边远地区的博士后给予适当倾斜。

特别资助是对在站期间取得重大科研成果和研究能力突出的博士后的资助，一次给予15万元的资助。特别资助获资助人数依据财政部每年的预算经费确定。

（二）申报程序

1. 申报时间

面上资助一年评审两次，上半年一次，下半年一次，具体申报安排参阅《年度资助指南》。特别资助每年评审一次，一般在上半年开展。申报半年面上资助的博士后不能同时申报同期开展的特别资助。

2. 申报条件

（1）面上资助申报条件。申请面上资助必须是在站博士后，博士后在进站后至出站前半年时间内，可以多次申请面上资助，每站只能获得一次面上资助。申请资助的博士后必须具备良好的思想品德、较高的学术水平和较强的科研能力；申报评审的项目应具有基础性、原创性和前瞻性，具有重要科学意义和应用价值；所报项目应为本人承担；申报材料的内容应当真实可靠，不得弄虚作假。

（2）特别资助申报条件。博士后进站满4个月可申请特别资助，每站只能获得一次。具体申报条件如下。

①在站期间表现出良好的科学道德和科学精神，遵守国家法律，身体健康。

②学术水平和科研能力突出，发展潜力大，有创新思维，取得了创新研究成果，具有科学意义和应用价值。

③具备下列条件之一的博士后可优先推荐。

——获得中国博士后科学基金面上资助，或获得国家自然科学基金、国家社会科学基金等资助的博士后。

——获得省部级以上科技奖励或荣誉称号的博士后。

——设站单位引进的优秀海外留学人才。

——设站单位作为学术技术带头人后备人才或紧缺人才重点培养的博士后。

——在重点学科设立的流动站中，从事科研工作的骨干博士后。

④博士后用获得面上资助的科研项目继续申报特别资助的，该项目必须有创新点。

⑤申报特别资助的博士后应承诺获得特别资助后，根据项目研究需要延长在站时间，经费用于科研支出。

3. 申报流程

（1）面上资助申报流程。博士后申请面上资助，先由个人提出申请，经专家推荐和所在设站单位审核，签署意见后报中国博士后科学基金会。

面上资助实行网上申报，博士后用进站时的用户名和密码，在指定时间内登录中国博士后网站 www.chinapostdoctor.org.cn，下载"中国博士后科学基金面上资助申请书"，按要求填写完毕后上传中国博士后科学基金会并打印，所在设站单位博士后工作管理人员审核纸质"中国博士后科学基金面上资助申请书"通过后，统一上报中国博士后科学基金会。

本项目不进行网上申报。用进站时的用户名和密码登录后，仅下载检查保护的文档，网下填写后打印 8 份，与电子版一同提交给设站单位博士后管理人员，经博士后管理人员审核通过后，快递至中国博士后科学基金会。

（2）特别资助申报流程。根据《中国博士后科学基金资助规定》申请特别资助，先由个人提出申请，经专家推荐和所在设站单位审核后，向中国博士后科学基金会推荐候选人。流动站设站单位的推荐人选可通过本单位学术委员会等权威学术组织择优选拔，经所属省（自治区、直辖市）人力资源和社会保障厅（局）审核备案并签署意见后推荐；工作站设站单位的推荐人选由所属省（自治区、直辖市）人力资源和社会保障厅（局）组织选拔推荐；流动站设站单位及在京的非北京市属工作站设站单位的推荐人选直接报中国博士后科学基金会。

申报人数为在站博士后人数的1/15。在站博士后人数在15人以下的单位，原则上可以申报1人；在站人数在15人以上的，按在站博士后人数1/15的比例申报。各单位根据上述比例和申报条件自行控制申报人数。

4. 注意事项

设站单位统一组织博士后科学基金的申报工作，中国博士后科学基金会不接受个人申请。

外籍博士后享有相同申报博士后科学基金的条件。流动站设站单位和工作站设站单位联合培养的博士后申请基金资助，既可由流动站设站单位申报，也可由工作站设站单位申报。设站单位向中国博士后科学基金会报送纸质申请材料时，需同时报送本单位申报情况汇总，内容包括：申报人数、申报人员名单及有关说明。

中国博士后科学基金会不收取评审费。

（三）评审程序

1. 评审流程

博士后科学基金资助实行同行专家评审，评审专家按学科分组。面上资助采用专家函评的形式评审，特别资助采用专家函评与会评相结合的形式评审。

（1）函评程序。

①学科分组。根据国务院学位办划分的十四大门类117个一级学科及对应的二级学科，按博士后本人填报的二级学科进行分组。

②选择专家。根据申报材料的学科分组情况，由计算机从评审专家库中随机自动抽取5名同行专家。避免人为选择专家的随意性，保证评审专家选择的科学性、公正性和保密性。

③专家评审。基金会按学科分组将申报材料寄送同行专家,随同寄送评审要求和打分标准。专家从博士后学术水平、申报项目创新性等方面按百分制打分,并签字确认后,函寄中国博士后科学基金会。

④汇总核对。基金会将专家评审结果如实进行汇总,并逐一与专家评审表原件进行核对。

⑤计算排序。计算每位博士后的平均得分,按得分在学科组内部由高到低进行排序。

⑥确定获资助人员名单。根据当年财政部拨付的资助经费计算出获资助人员的比例,按各学科组的排序确定每一学科组获资助人员名单。

⑦秘书长办公会对评审工作各环节进行审核后,将确定的资助人员名单提交中国博士后科学基金会理事会审核。

特别资助的函评程序与面上资助相同。

(2)会评程序。

①中国博士后科学基金会按参加会评人选的一级学科分布和参评人数,将相近学科合并为一组。

②每组都包含若干个一级学科,对应一级学科聘请同行评审专家。

③会评专家经过审阅材料、评议、投票等程序,按照一定比例确定拟资助人员。

2. 专家评审标准

评审专家依据"专家评审表"中的评审标准,对申请者申报的项目进行综合评审,按百分制量化打分。

面上资助评分标准为:博士后申请资助项目的创新性占60分,学术水平和科研能力占30分,项目基础条件占10分,总分即个人的成绩。

特别资助评分标准为:申请人的科研成果、学术水平、科研能力、发展潜力等占50分,学术思想的创新性,研究方法、研究计划和技术路线的可行性占50分,总分即个人的成绩。

3. 评审结果的审核

评审结果经中国博士后科学基金会理事会审核后,面上资助结果报人力资源和社会保障部备案，中国博士后科学基金会公布获资助人员名单，核拨资助经费；特别资助评审结果公示后，报人力资源和社会保障部领导审核批准。中国博士后科学基金会公布获资助人员名单，核拨资助经费。

（四）经费管理

1. 资助金的开支范围

资助金的开支范围包括科研必需的仪器设备费、实验材料费、出版/文献/信息传播/知识产权事务费、会议费、差旅费、专家咨询费、国际合作与交流费以及劳务费的开支。用于支付参与研究过程且没有工资性收入的相关人员（如在校研究生）和临时聘用人员的劳务费支出不得超过资助金总额的30%。

2. 资助金的管理

（1）设站单位对资助金单独立账，代为管理，对资助经费的使用情况进行审核和监督。

（2）博士后出站时，资助金结余部分应当收回基金会，由中国博士后科学基金会按照财政部关于结余资金管理的有关规定执行。

（3）资助金获得者因各种原因中途退站的，设站单位应当及时清理账目与资产，编制财务报告与资产清单，按程序报中国博士后科学基金会。结余资助金收回中国博士后科学基金会，资助金所购资产，收归设站单位所有。

（4）申请人有剽窃、弄虚作假等违反学术道德和知识产权规定行为的，不得获得资助；已经获得资助的，撤销资助，追回已拨付的资助经费并给予通报。

3. 资助金的使用监督

中国博士后科学基金会对资助经费的使用情况进行监督检查，对基金使用效益进行评估，对获资助者的成长情况进行跟踪问效。获资助的博士后出站时须向设站单位提交资助总结报告。设站单位每年应向基金会提交资助金使用效益情况的报告。资助金获得者在公开发表资助成果时，应标注"中国博士后科学基金资助项目"。

### 三 博士后创新人才支持计划

博士后创新人才支持计划简称"博新计划"，是人力资源和社会保障部、全国博士后管理委员会新设立的一项青年拔尖人才支持计划，旨在加速培养造就一批进入世界科技前沿的优秀青年科技创新人才，是我国培养高层次创新型青年拔尖人才的又一重要举措。"博新计划"结合国家实验室等重点科研基地，瞄准国家重大战略、战略性高新技术和基础科学前沿领域，通过个人申报、拟进站单位推荐、专家评审等程序，择优遴选一批应届或新近毕业的优秀博士，专项资助其从事博士后研究工作，争取加速培养一批国际一流的创新型人才。

**（一）概述**

2015年，在我国博士后制度设立30周年之际，人力资源和社会保障部、全国博士后管理委员会就改革完善博士后制度开展了系列调研。调研结果显示，优秀博士来源不足是博士后工作存在的突出问题，是制约博士后培养质量提升的最主要因素。经人力资源和社会保障部与全国博士后管理委员会反复研究，认为有必要推出一个人才计划，进一步统筹和发挥博士后合作导师、设站单位的作用，集中有限财力和有效政策资源，着力吸引国内优秀博士毕业生进站做博士后。同时，突出"高精尖缺"导向，着力发现、培养、集聚战略科学家、科技领军人才，为国家更长远的创新发展储备人才。[①] 因此，人力资源和社会保障部、全国博士后管理委员会对此项工作高度重视，将其作为"十三五"时期提高博士后人员培养质量的重要引擎。2016年，《博士后创新人才支持计划》印发，标志着"博新计划"正式启动。

博新计划（国家资助博士后研究人员计划A档，以下简称"国资计划A档"）结合国家实验室等重点科研基地，瞄准国家重大战略、战略性高新技术和基础科学前沿领域，遴选一批应届或新近毕业的优秀博士，进入国

---

① 《培养国家未来科技创新主力军》，《人民日报》2019年12月20日。

内博士后设站单位从事博士后研究工作，给予每人每年 28 万元的博士后日常经费资助，国家资助期为 2 年，另每人一次性配套中国博士后科学基金会科研资助经费 8 万元。设站单位根据获选人员在站期间科研工作业绩，按一定标准或比例给予资助。

（二）申报条件

申请人须为当年拟进站或新近进站从事博士后研究工作的人员，同时符合以下条件。

（1）拥护《中华人民共和国宪法》，遵守国家法律法规，具备良好思想品德。

（2）具有较高学术水平和较强科研能力，无科研失信情况。

（3）年龄必须为 31 周岁以下，且获得博士学位 3 年以内。

（4）申报项目属自然科学，涉密项目须脱密。基础研究主要面向基础科学、交叉理论以及人工智能、量子信息、集成电路、生命健康、脑科学、生物育种、空天科技、深地深海等前沿领域；应用研究主要面向新一代信息技术、生物技术、新能源、新材料、高端装备、新能源汽车、绿色环保以及航空航天、海洋装备、数字经济以及各领域重大工程技术、共性技术等。

（5）申请人的博士后合作导师应为高水平专家，学术造诣深厚，可为申请人提供高水平科研平台。向国家重大科技项目、国家战略性科学计划和科学工程、国家实验室、国家重点实验室等倾斜。[①]

（6）拟进站的申请人须为全日制博士，应届博士毕业生同等条件下优先。拟进站的应届博士毕业生在申报时须已满足博士学位论文答辩的基本要求，已初步选定博士后合作导师，并与合作导师初步拟定研究计划。

（7）新近进站的博士后研究人员须为上一年度 3 月 1 日（含）之后进

---

① 《博士后创新人才支持计划：加速培养优秀青年科技创新人才》，《科学中国人》2021 年第 36 期。

站的人员，且本站博士后研究期间未申报过博新计划（国资计划 A 档）、中国博士后科学基金特别资助（站前），过往未获得过上一年度国资计划 B 档、C 档单位推荐和中国博士后科学基金特别资助（站中）；须依托所在博士后科研流动站、工作站进行申请，不得变更设站单位和博士后合作导师。

（8）在职身份的博士后研究人员不得申报。获选人员须在博士后设站单位全职从事博士后研究工作，并须将人事关系（含人事、工资关系及人事档案）转入博士后设站单位。

（9）留学回国博士和外籍博士不可申请本项目。

（10）入选中国科协青年人才托举工程、香江学者计划、澳门青年学者计划、中德博士后交流项目等各类国家博士后引进、派出项目（博士后国际交流计划学术交流项目除外），以及其他国家级人才计划的，不得申报。

（三）申报材料

申请材料包括"博士后创新人才支持计划（国家资助博士后研究人员计划 A 档）申报书"、"博士导师推荐意见表"、"博士后合作导师推荐意见表"、学位证明、学术及科研成果材料。申请人无须提交纸质申请材料，所有申请材料均为在线生成或上传原件扫描件，上传扫描件须为 PDF 格式。具体要求如下。

1. 申报书

申请人进入人力资源和社会保障部留学人员和专家服务中心（中国博士后科学基金会）官网，选择申报"博士后创新人才支持计划（国家资助博士后研究人员计划 A 档）"，在线填写申请信息并生成申报书上传，使用模板线下填写无效。

2. 推荐意见表

在中国博士后科学基金会网站"资料下载"专区或"中国博士后科学基金管理信息系统"中下载"博士导师推荐意见表"和"博士后合作导师推荐意见表"并完成填写，导师签字并上传原件扫描件。

3. 学位证明

拟进站的申请人须提交学位证明。已获得博士学位证书的申请人须提供博士学位证和毕业证。暂未获得博士学位证书的应届博士毕业生须提供学生证、博士学位论文答辩决议书或博士学位论文预答辩通知书，或提供学校学位主管部门或所在院系出具的相关证明。以上材料均须上传原件扫描件。

4. 学术及科研成果材料

代表申请人最高学术水平和科研成果的论文、专著、专利、项目课题或奖励等，可以从以上类型材料中任选，但总个数不超过 5 个。其中，论文提供全文，项目课题提供批准通知书或项目计划书首页及基本信息页等相关证明，专著提供目录和摘要，专利或奖励提供证书。以上材料均须提供原件扫描件。

（四）申报程序

1. 提交申请

申请人按要求填写并上传申请材料，在线提交至博士后设站单位。申请人对已提交的申请数据有修改需求时，需在规定日期前逐级申请驳回。

2. 设站单位审核

博士后设站单位登录中国博士后科学基金会网站"中国博士后科学基金管理信息系统"，网上审核申请材料并提交。

设置院系分级管理账号的流动站设站单位及园区工作站设站单位须先由院系或工作站分站审核，再提交至设站单位。

（五）专家评审

1. 评审方式

博新计划（国资计划 A 档）通过两轮同行专家评审确定获选人员。第一轮为通讯评审，遴选 1000 人进入会议评审；第二轮为会议评审，遴选拟获选人员。

2. 评审标准

一级指标项共有 5 个，分别对应不同的分值，如表 4-1 所示。

表 4-1 "博新计划"评分标准

| 序号 | 指标项 | 评价内容 | 分值 |
|---|---|---|---|
| 1 | 申请人学术绩效 | 1. 博士论文的学术水平<br>2. 科研成果的个人贡献、原创性 | 20 |
| 2 | 申请人创新潜力 | 1. 研究计划的学术创新性<br>2. 研究方案的可行性<br>3. 研究计划在合作导师承担项目中的独立性 | 20 |
| 3 | 博士后合作导师的学术水平 | 在研究计划所属领域的学术贡献和创新活跃度 | 15 |
| 4 | 科研平台的条件 | 对研究计划的支撑作用 | 15 |
| 5 | 研究方向的前沿性 | 与规定资助领域的相关性 | 30 |

3. 时间安排

一般情况下,当年 4 月,通讯评审;5 月,会议评审;会议评审后进行公示并公布获选结果。

(六)有关要求和注意事项

(1)申请人如符合博新计划(国资计划 A 档)和国资计划 B、C 档申报条件可同时申报。同时申报者须先登录博新计划(国资计划 A 档)申报系统选择申报的具体项目,完成博新计划(国资计划 A 档)申报,再按提示跳转至国资计划 B、C 档申报系统,完成 B、C 档申报(跳转后,仅需修改和上传 B、C 档部分申报内容即可,无须重复申报)。

(2)通过博新计划(国资计划 A 档)通讯评审进入会议评审但未获得该资助的申请人,如符合相应条件,博士后科研流动站招收的全职博士后(不含与博士后科研工作站联合招收人员);申请人实际进站单位与申请时依托的设站单位一致;申请人同时申请国资计划 B、C 档且获设站单位推荐,可获得国资计划 B 档资助。

(3)获选人员须在出站前(一般应为获资助 18 个月至资助期满时)申报博士后科研业绩评估考核资助,全国博士后管理委员会办公室、中国博士后科学基金会将择优给予一次性资助,获选人员未提交博士后科研业绩评估考核资助申报材料的,不得办理出站手续。

（4）对于申请进入本单位同一个一级学科且由博士生导师继续担任博士后合作导师的情况不作限制。①

（5）拟进站的获选人员须在获选通知印发之日起 3 个月内办理进站手续，逾期视为自动放弃获选资格。

（6）博新计划（国资计划 A 档）资助经费中，博士后日常经费（每人每年 28 万元）由中国博士后科学基金会按年度分两期拨付至设站单位，在资助通知印发当年拨付第一期、次年拨付第二期。中国博士后科学基金科研资助经费 8 万元由中国博士后科学基金会一次性拨付至设站单位。

（7）设站单位对获选人员资助经费中的博士后日常经费实行单独管理、专款专用，严格执行有关经费管理办法，从获选人员完成办理进站手续并工作报到起按月计发，核发 24 个月；中国博士后科学基金科研资助经费按照《中国博士后科学基金资助规定》的使用范围列支，单独立账、专款专用，不设具体经费的比例限制，由获选人员自主统筹使用。获选人员因在站时间不满 24 个月提前出站（或退站）或其他原因导致资助经费有剩余的，须将剩余资助经费退回至中国博士后科学基金会。

（8）设站单位应在获选人员职称评定、工作保障等方面制定配套政策，并在出站留任、支持职业发展等方面给予适当倾斜；与获选人员签订科研计划书，做好绩效评价和成果追踪工作，将创新型科研成果作为考核重点，根据考核情况按一定标准或比例给予配套资助；支持获选人员在站期间开展国内外学术交流。获选人员期满出站后，首次聘用岗位不受单位专业技术岗位结构比例限制。

（9）获选人员确因科研项目需要延长在站时间的，在获选人员和设站单位协商一致的前提下，由设站单位负责承担获选人员延期在站期间的日常生活费用，一般应不低于博新计划（国资计划 A 档）国家资助标准。

---

① 《2018 博士后创新人才支持计划亮点纷呈》，《中国组织人事报》2018 年 2 月 28 日。

（10）获选人员在当前站内不得申报中国博士后科学基金特别资助。

（11）发挥博新计划（国资计划 A 档）示范引领作用，地方人力资源社会保障部门应建立本地区博士后重点支持项目，加强配套投入，对获选人员给予倾斜支持。

# 第五章
# 科技表彰与奖励制度

　　中国的科技表彰和奖励起源很早，它的萌芽和发展是伴随科学技术的发展而前进的。早在上古时期，就有对天文、水利方面的奖励。春秋战国时期以后，随着人类对自然界认识的深化，表彰和奖励的范围进一步扩大，君王、朝廷官员和一些社会显贵等采用不同形式的科技奖励，来激励创造者的热情，推动中国古代科技的发展。明代末期，随着西方近代科学的传入，西方制度化科技表彰和奖励也开始对我国科技奖励的发展产生影响。太平天国时期的洪仁玕首次在中国提出了建立专利制度的奖励思想。到了晚清，光绪皇帝批准设立了我国第一个制度化科技奖励。民国时期，我国科技表彰和奖励制度已形成较好的基础，政府奖励、研究院所和学术团体的奖励互为补充，科技奖励体系已具雏形。[①]

　　新中国成立后，科技表彰和奖励制度成为基本国策。《中华人民共和国宪法》和《中华人民共和国科学技术进步法》中都有明确的规定，确立了科技表彰和奖励的法律地位。经过多年的发展完善，我国形成独具中国特色的科技表彰和奖励制度，以国家最高科学技术奖、国家自然科学奖、国家技术发明奖、国家科学技术进步奖和中华人民共和国国际科学技术合作奖五大科技奖项为代表的科技奖励制度，以及以全国杰出专业技术人才表彰大会为

---

　　① 姚昆仑：《中国科学技术奖励制度研究》，中国科学技术大学博士学位论文，2007。

代表的国家科技表彰制度与省部级科技奖励、社会力量设立的科技奖励构成了多方位、多渠道、多层次的科技表彰和奖励体系，基本覆盖了所有的科学技术研究和活动领域，对激励广大科技人员的自主创新热情和创造性劳动产生了积极的作用。

五大科技奖项每年评审一次，并于每年初召开的国家科学技术奖励大会上，对上一年度这些奖项的获得者进行表彰。其中，国家最高科学技术奖报请国家主席签署并颁发证书和奖金，中华人民共和国国际科学技术合作奖由国务院颁发证书，这两个奖项不分等级。其他三个奖项由国务院颁发证书和奖金，分为一、二等奖两个等级；对作出特别重大科学发现或者技术发明的公民，完成具有特别重大意义的科学技术工程、计划、项目等作出突出贡献的公民、组织，可以授予特等奖。

全国杰出专业技术人才表彰每五年开展一次，旨在重点表彰在关系经济社会高质量发展的重大国家战略、重大工程项目、重大基础科学研究、关键核心技术攻关等领域涌现出来的领军人才和创新团队；瞄准世界科技前沿、勇于攻克科技难题、引领支撑国家重大科技战略创新发展的中青年学术技术带头人；在地方区域发展重点领域、战略性新兴产业、传统优势产业等涌现出来的杰出人才等。

# 第一节　专业技术人才表彰制度的建立与发展

中华人民共和国成立之初，中共中央就提出了要对科技人才进行表彰奖励的政策，主要是针对生产中的发明和技术改造的奖励，以精神奖励为主，附带少量物质奖励。随着国家对科学技术发展的日益重视，对科技人才的奖励形式越来越多样化，从笼统的"优秀"发展到"突出贡献人才""拔尖人才""领军人才"等，分类越来越细致，覆盖面越来越广泛。①

---

① 李丽莉：《改革开放以来我国科技人才政策演进研究》，东北师范大学博士学位论文，2014。

1950 年 8 月，政务院下达了首个奖励决定，即《关于奖励有关生产的发明、技术改进及合理化建议的决定》，并且发布了首个保护知识产权的规定，即《保障发明权与专利权暂行条例》。1954 年 5 月，政务院正式颁布《有关生产的发明、技术改进及合理化建议的奖励暂行条例》，由此我国建立起了科技表彰制度。

## 一 科技表彰制度的建立（1978~1992年）

1978 年 3 月，中共中央、国务院在北京召开全国科学大会，中共中央政治局委员方毅在大会上指出，对国家有重要贡献的科技人员，要给予各种不同的奖励。参与这次大会评选的科研成果有 7657 项，党中央热情表彰和奖励了这些科研成果，以及科技系统 826 个先进集体和 1192 名先进个人。[①]此次颁奖活动有效地激发了科技人才的工作热情，振奋了广大科技工作者的精神，标志着我国科技奖励制度的恢复。同年 12 月，国务院发布了《中华人民共和国发明奖励条例》，提出奖金分配按照贡献多少派发，不能搞平均主义，这样才能有针对性地激励科技人才，真正发挥出激励的作用。1979 年 11 月，国务院在对《中国科学院科学奖金条例》进行修订的基础上，出台了《中华人民共和国自然科学奖励条例》。修订内容包括以下几个方面：一是将原来的条例提升为国家科技奖励条例，由国家科委负责自然科学奖的评审工作[②]；二是规定奖励只在自然科学内进行；三是增加奖励等级，由三个等级调整为四个等级，增加了特定奖。

1980 年 5 月，为做好国家自然科学奖励的评审工作，国家科委出台了《自然科学奖励委员会暂行章程》，并成立了自然科学奖励委员会。1982 年 10 月，在北京举行的全国科学技术大会上，由国家科委主持评选的 428 项发明、124 项自然科学成果，受到国家的表彰和奖励。1984 年 1 月，中共中央组织部、宣传部、人事部、财政部根据中共中央书记处和国务院的指示，

---

① 张潇婧：《我国科技人才激励政策的问题与对策——基于政策内容维度的分析》，湖北大学硕士学位论文，2012。

② 中国科学院：《编年史》，2009 年 9 月 28 日。

联合发出《优先提高有突出贡献的中青年科学、技术、管理专家生活待遇的通知》。按照这个通知，经国家科委批准，1984 年第一批给 25 名有突出贡献的中青年科学、技术、管理专家，奖励晋升一级至三级工资，并优先改善了他们的工作和生活条件。1986 年和 1988 年，又第二批、第三批分别给 915 名、877 名有突出贡献的中青年科学、技术、管理专家，奖励晋升一级至三级工资。

此外，一些地区和单位还给予重大贡献者以重奖。新疆维吾尔自治区人民政府拨款 21 万元奖励为新疆建设事业作出优秀成绩的知识分子，在授予他们"优秀专业技术人员"光荣称号的同时，分别奖励 150~500 元的奖金，对其中有突出贡献者实行重奖或晋升二级至三级工资。中共宁夏回族自治区党委、人民政府对 118 名有突出贡献的自然科学专业技术人员颁发证书，分别发给 500~1500 元奖金。上海市为 466 名有突出贡献者奖励晋升一级至三级工资。北京农林科学院作物研究所副研究员胡道芬因培育出小麦高产新品种，得到北京市人民政府发给的 1 万元奖金。

1984 年 4 月，国务院发出《关于修改中华人民共和国自然科学奖励条例的通知》，同年 9 月，国务院发布《中华人民共和国科学技术进步奖励条例》，修改后的条例提高了自然科学奖金的奖励额度，明确了国家级科学进步奖的奖励标准和范围。《中华人民共和国科学技术进步奖励条例》中将国家科技进步奖分为三个等级，一等奖、二等奖、三等奖的获得者均可获得证书、奖状等，并分别可获得 1.5 万元、1 万元、0.5 万元奖励。经国务院批准，对有突出贡献的项目可授予特定奖，此外，该条例还将科学技术进步奖分为国家级和省部两级，这标志着国家科学技术进步奖正式成立。[1]

1987 年 9 月，中国科学技术协会设立青年科技奖，并制定《中国科学技术协会青年科技奖条例》，其中规定获奖者年龄不超过 35 岁。后来中央政府将中国科学技术协会设立的"青年科技奖"更名为"中国青年科技

---

[1] 国家科学技术奖励工作办公室汇编《国家科学技术奖励工作指南》，北京科学技术出版社，1988。

奖",并改为由中共中央组织部、人事部、中国科学技术协会共同组织评审、颁奖等项工作,对原中国科学技术协会《中国青年科技奖条例》进行适当修订,改为《中国青年科技奖条例》。"中国青年科技奖"仍以精神奖励为主,对获奖者颁发证书和奖杯,并召开颁奖大会。中国青年科技奖设立以来,《中国青年科技奖条例》及《中国青年科技奖条例实施细则》一直是开展中国青年科技奖推荐、评审等方面工作的主要依据,也是规范中国青年科技奖各项工作的行为准则,对保障推荐、评审等各个工作环节的质量和水平及中国青年科技奖的权威性和社会影响力起到了至关重要的作用。

## 二 科技表彰制度的发展（1993~2002年）

1993年颁布的《中华人民共和国科学技术进步法》确立了国家科学技术奖励的法律地位,其中的第八章是专门关于科学技术奖励的规定,由此推动了我国科学技术奖励的法制化建设。1995年12月,国家科委第33次委务会议通过《国家科学技术奖励评审委员会章程》,调整了国家科技奖励评审机构的设置,将"三大奖"——国家自然科学奖、技术发明奖、科技进步奖合并为一个评审委员会,并采用"两级三审"的评审制度。"两级",即国家科学技术奖励评审委员会和国家科学技术奖励学科（专业）评审委员会;"三审",即初审、复审、终审。这奠定了现行科技奖励制度的基础。

1998年召开的全国人事厅（局）长会议提出,"要努力为专业技术人员创造应有的工作条件,营造和谐的群体氛围,宣传专业技术人员的先进事迹,表彰和树立一批优秀专业技术人员典型"。截至1998年底,国家科学技术进步评审委员会评审核准的科技进步奖为3082项;国家科委发明评选委员会批准的发明奖为1561项,国家自然科学奖为303项,国家星火奖为138项。对于有突出贡献的文化、艺术、体育工作者,国家也针对不同情况,实行了各种奖励措施。上述奖励表彰措施,对专业技术人员是极大的鼓励,并在一定程度上宣传了"科学技术是第一生产力"这一马克思主义观点。①

---

① 《当代中国》丛书编辑部编《当代中国的人事管理》（下）,当代中国出版社,1994。

为了给专业技术人员创造应有的工作条件，营造和谐的工作氛围，宣传专业技术人员的先进事迹，推动专业技术人员队伍建设，全国杰出专业技术人才表彰工作于 1999 年正式启动。当时的设计是每三年表彰一次，每次表彰 50 名左右。表彰对象包括：在我国科技、教育、文化、卫生等领域和工农业生产第一线为社会主义现代化建设作出突出贡献的杰出专业技术人才，重点是在关系国民经济和社会发展的关键学术技术领域涌现出来的创新型人才。[①] 表彰的主要目的是弘扬专业技术人员热爱祖国、拼搏创新、攀登奉献的崇高精神，激励广大专业技术人员为实现全面建成小康社会的宏伟目标和建设创新型国家多做贡献。

人事部于 1999 年组织承办第一次全国杰出专业技术人才表彰工作。经过从下而上、从上而下的反复酝酿推荐，从全国科技、教育、文化、卫生等领域和工农业生产第一线，挑选 50 名为社会主义现代化建设作出突出贡献的优秀人才予以表彰，并受到了时任党和国家领导人的接见。[②] 其中，授予"杰出专业技术人才奖章" 10 人，记一等功 40 人。受表彰人选有著名水稻专家袁隆平、火箭专家龙乐豪、生命科学家陈竺等。同年，国务院对科技奖励制度进行重大改革，国务院办公厅转发了科技部《科学技术奖励制度改革方案》。改革的内容有：调整奖项设置、奖励力度、评价标准和评审办法等。同年 5 月，国务院发布了《国家科学技术奖励条例》，设立五项国家级科学技术奖——国家最高科学技术奖、国家自然科学奖、国家技术发明奖、国家科学技术进步奖、中华人民共和国国际科学技术合作奖；12 月，科技部发布了配套的《国家科学技术奖励条例实施细则》，决定于每年初召开一次国家科学技术奖励大会，会上对上一年度的上述奖项获得者进行表彰，我国现代国家科技奖励体系正式确立。[③]

2002 年，由中央组织部、中央宣传部、人事部、科学技术部共同组织，

---

① 王晓初主编《专业技术人才队伍建设与管理》，中国劳动社会保障出版社，2012。
② 姬养洲：《世纪之交我党人才工作实现飞跃发展》，《中国人才》2021 年第 5 期。
③ 吴恺：《我国科技奖励制度研究》，武汉大学博士学位论文，2010。

人事部承办的第二次全国杰出专业技术人才表彰工作顺利开展。[①] 受表彰的50人受到了时任党和国家领导人的接见，并被授予"杰出专业技术人才奖章"。1999年表彰工作由人事部独自组织承办，而2002年的表彰工作由包括中共中央组织部、中共中央宣传部、人事部、科学技术部在内的多部门共同组织，人事部作为承办部门具体落实。

## 三　科技表彰制度的完善（2003年至今）

《2002—2005年全国人才队伍建设规划纲要》中提出要建立国家级功勋奖励制度，对曾经为国家发展作出突出贡献的管理人员和科研人员予以国家级奖励。

2003年12月，《中共中央国务院关于进一步加强人才工作的决定》中提出，"坚持精神奖励和物质奖励相结合的原则，建立以政府奖励为导向、用人单位和社会力量奖励为主体的人才奖励体系，充分发挥经济利益和社会荣誉双重激励作用。建立国家功勋奖励制度，对为国家和社会发展作出杰出贡献的各类人才给予崇高荣誉并实行重奖。进一步规范各类人才奖项。坚持奖励与惩戒相结合，做到奖惩分明，实现有效激励"。2003年修订《国家科学技术奖励条例》，2004年和2008年两次修改《国家科学技术奖励条例实施细则》；2020年第三次修订后颁布的最新版《国家科学技术奖励条例》沿用至今。

人事部和中共中央组织部、中共中央宣传部、科学技术部于2006年12月共同召开了第三届全国杰出专业技术人才表彰大会，43个地区和部门的50名杰出人才受到表彰。党和国家领导同志接见了受表彰人员和全体与会代表。受表彰的杰出人才参观了航天城，登上了天安门城楼。他们的先进事迹先后在《人民日报》、中央电视台等10余家媒体进行了报道。通过宣传表彰活动，弘扬了专业技术人员热爱祖国、拼搏创新、攀登奉献的崇高精

---

① 韩联郡：《中国科技人才政策演变研究（1949-2009年）》，上海交通大学博士学位论文，2019。

神，有效地激励了广大专业技术人员为实现全面建成小康社会的宏伟目标和建设创新型国家多作贡献。①

2009 年 9 月，人力资源和社会保障部、中共中央组织部、中共中央宣传部、科学技术部共同召开了第四届全国杰出专业技术人才表彰大会，全国 50 名杰出专业技术人才和 30 个先进集体受到表彰。习近平总书记等中央领导同志接见了受到表彰的全国杰出专业技术人才和全体会议代表，并在表彰大会上作了重要讲话。②

2014 年 9 月，中共中央组织部、中共中央宣传部、人力资源和社会保障部、科学技术部在北京共同召开了第五届全国杰出专业技术人才表彰大会，联合表彰了 99 名全国杰出专业技术人才和 96 个专业技术人才先进集体。中央领导人在表彰大会上发表了重要讲话，进一步明确了我国专业技术人才队伍建设的战略地位、指导思想、总体思路和目标任务，极大地鼓舞了广大专业技术人员，标志着专业技术人员管理工作迈向新的阶段。③时任中共中央政治局常委、中央书记处书记刘云山会见与会代表并讲话，强调要认真贯彻习近平总书记关于科技工作和人才工作重要指示，大力实施科教兴国战略和人才强国战略，充分激发各类专业技术人才的创造活力，为实现"两个一百年"奋斗目标和中华民族伟大复兴的中国梦提供有力支撑。刘云山指出，各级党委、政府要认真贯彻党的十八大和十八届三中全会精神，深入推进科技体制和人才体制改革创新，充分调动各类专业技术人才的积极性、主动性、创造性。各有关部门要充分发挥职能作用，更好地团结人才、关心人才、服务人才，把各类专业技术人才集聚到党和国家事业中来。

2021 年 10 月，中共中央组织部、中共中央宣传部、人力资源和社会保障部、科学技术部在北京共同召开了第六届全国杰出专业技术人才表彰大

---

① 徐颂陶、孙建立主编《中国人事制度改革三十年》，中国人事出版社，2008。
② 王晓初主编《专业技术人才队伍建设与管理》，中国劳动社会保障出版社，2012。
③ 《第五届全国杰出专业技术人才表彰大会在京举行　刘云山会见与会代表并讲话》，新华网，2014 年 9 月 22 日。

会。大会重点表彰了在经济社会高质量发展的重大国家战略、重大工程项目、重大基础科学研究、关键核心技术攻关等领域中涌现出的领军人才和高水平专业技术人才;并决定授予93名个人"全国杰出专业技术人才"称号,享受省部级表彰奖励获得者待遇;授予97个集体"全国专业技术人才先进集体"称号。①

全国杰出专业技术人才表彰工作体现了党中央、国务院对广大专业技术人才的亲切关怀,体现了对专业技术人才工作的高度重视。在历届表彰大会上受到中共中央组织部、中共中央宣传部、人力资源和社会保障部、科学技术部联合表彰的"杰出专业技术人才"和专业技术人才先进集体都展现了当代专业技术人员"科学、创新、拼搏、奉献"的精神风貌。表彰工作既是对他们的肯定,也是对全国专业技术人才的激励和鼓舞。同时,历届全国杰出专业技术人才表彰大会为来自不同地区、不同行业、不同领域的杰出专业技术人才和各地区、各部门、各中央企业的专业技术人才提供了交流的平台,促进了我国科技人才队伍的建设。②

## 第二节　科技奖励制度的建立与发展

科学技术奖励制度是我国科技政策的重要组成部分,是党"尊重劳动、尊重知识、尊重人才、尊重创造"方针的具体体现。自新中国成立以来,我国的科学技术奖励从初创开始,已发展为由国家最高科学技术奖、国家自然科学奖、国家技术发明奖、国家科学技术进步奖、中华人民共和国国际科学技术合作奖构成的五大奖项,形成了独具中国特色的科技奖励制度。国家科学技术奖励制度的实施,对激励广大科技人员投身于"提高自主创新能力,建设创新型国家"的伟大征程中,发挥了重要作用。

1949年9月,中国人民政治协商会议第一届全体会议通过了《共同纲

---

① 周飞飞、钟勇:《自然资源系统2人获评全国杰出专业技术人才》,《中国自然资源报》2021年11月2日。

② 王晓初主编《专业技术人才队伍建设与管理》,中国劳动社会保障出版社,2012。

领》，其中第四十三条明确规定："努力发展自然科学，以服务于工业、农业和国防建设，奖励科学的发现和发明，普及科学知识。"1955年8月，国务院发布《中国科学院科学奖金的暂行条例》，同时成立以郭沫若为主任委员的"中国科学院奖金委员会"。这是新中国成立以来对自然科学和社会科学研究成果给予奖励的第一个条例，标志着我国科技奖励制度的建立。

## 一　科技奖励制度的建立（1978~1986年）

改革开放后，我国工农业生产蒸蒸日上，群众性的技术革新运动蓬勃发展，广大工农群众、科技人员和干部的技术改进日益增多。中央不断调整科技干部的奖惩等管理制度，以进一步调动科技人员的积极性、创造性。

### （一）分级管理科学技术干部

中华人民共和国成立后，我国实行了与计划经济相适应的高度集中的干部管理体制，在这种管理体制下，国有企业、事业单位基本没有干部管理权。1978年3月，全国科学大会胜利召开，会上邓小平同志作出了"科学技术是生产力"的著名论断，着力为科技发展扫清障碍，科技事业迎来了春天。[①] 会上对科技成果举行盛大隆重的颁奖活动，标志着科技奖励制度的恢复。同年12月，国务院发布《中华人民共和国发明奖条例》，恢复国家发明奖。1979年11月，国务院发布《中华人民共和国自然科学奖励条例》。为做好国家自然科学奖的评审工作，1980年5月，国家科委成立自然科学奖励委员会，并在成立会上讨论通过了《自然科学奖励委员会暂行章程》。

1981年，国务院成立科技干部局，国务院科技干部局是国务院管理科技干部的职能机构，由国家科委代管，协助中央组织部统一管理科技干部，对国务院各部委和地方各级科技干部管理部门有业务指导的任务。此后，中共中央、国务院转发国家科委党组《关于我国科学技术发展方针的汇报提纲》的通知，强调要大力抓好科学技术成果的推广应用，对于善于按照科

①　邓小平：《在全国科学大会开幕式上的讲话》，《人民日报》1978年3月22日。

学规律办事、运用科研成果取得成绩的，要给予奖励；对于违反科学常识搞瞎指挥、使生产遭受重大损失的，要给予批评甚至处分。① 同年4月，《科学技术干部管理工作试行条例》发布，明确科学技术干部管理实行由国务院、国务院各部委和省、自治区、直辖市分级管理的制度。国务院管理下列科学技术干部：二级以上的教授、研究员、工程师、农业技师和医师；具有世界先进水平和国内一流水平的科学技术专家。国务院各部委（包括直属局）管理所属单位的下列科学技术干部：中央和国务院管理以外的六级以上的教授、副教授、研究员、副研究员、工程师，以及相当这类技术职称的农林、卫生及其他科学技术干部；本系统内成绩突出的拔尖人才。国务院各部委所属各管理局和企业、事业单位管理的范围，由各部委决定。省、自治区、直辖市管理的范围，可参照国务院各部委的管理范围，由省、自治区、直辖市自行决定。省、自治区、直辖市所属厅（局）、区（市）、县（市）和企业、事业单位管理范围，由省、自治区、直辖市审定。

1982年3月，国务院重新修订和颁布《合理化建议和技术改进奖励条例》。1984年3月，全国人大常委会通过《中华人民共和国专利法》。国家专利制度的实施，从知识产权保护角度来激励科技人员的创造性劳动，对国家科技奖励的创新发展带来了积极影响。同年9月，国务院发布《中华人民共和国科学技术进步奖励条例》，对国家级科技进步奖的奖励范围、条件、奖金等作了规定。条例同时还规定科学技术进步奖分为国家级和省部级两级，标志国家科学技术进步奖正式启动。

（二）科技事业单位的奖励制度规范不断明确

1985年，国务院批准成立国家科学技术奖励工作办公室，作为国家自然科学奖、国家技术发明奖和国家科学技术进步奖组织评审和日常办事机构，并正式公布《中共中央关于科学技术体制改革的决定》，标志着我国科技体制改革全面展开。在人事制度方面，要克服"左"的影响，扭转对科学技术人员限制过多、人才不能合理流动、智力劳动得不到应有尊重的局

① 中共中央文献研究室编《改革开放三十年重要文献选编》（下），中央文献出版社，2008。

面，营造人才辈出、人尽其才的良好环境。该决定正式提出，研究机构在上级拨给的事业费以外的纯收入，应以大部分用于事业的发展，余下的部分视事业费自理程度核定额度，用于集体福利和奖励，研究机构要建立必要的精神奖励与物质奖励制度。报酬、奖励和荣誉要同个人贡献密切联系起来，对有重大贡献的实行重奖。

这一阶段，科技事业单位奖励制度的发展呈现以下特点。一是奖励主体明确。国家科学技术委员会统一领导全国发明奖励工作。① 二是奖励方式明确。1978年，国家劳动总局发布《关于给工作成绩特别突出的职工升级的通知》。同年，国家科委《关于重新印发一九六三年国务院发布的〈技术改进奖励条例〉的通知》明确了技术改进采取荣誉奖与物质奖相结合的方式（见表5-1）。三是奖励对象明确。根据1981年《科学技术干部管理工作试行条例》，科学技术干部有创造发明、技术革新、重大的合理化建议，或在发现人才和培养人才等方面对国家经济建设和提高全民族文化科学水平有贡献者，应按照国家规定给予奖励。科技人员兼职也有明确的奖励规定，如《国务院科技干部局关于试行科学技术人员兼职、交流的暂行办法的通知》规定，对科学技术人员兼职，在精神鼓励的同时，还应当给予一定的物质报酬。聘请单位可根据兼职人员的工作量和工作成绩，给予适当的职务（技术）津贴。边远地区聘请沿海地区或内地的科学技术人员兼职时，兼职人员还可以临时享受边远地区的工资差额补助。四是奖励依据明确。1984年，国务院发布了《中华人民共和国科学技术进步奖励条例》。1986年12月，《中华人民共和国科学技术进步奖励条例实施细则（试行）》正式颁布。国家行政机关所属事业单位工作人员的升级奖励，在国务院各主管部门未制定奖励办法之前，各事业单位参照《国家人事局关于执行〈国家行政机关工作人员升级奖励试行办法〉中几个问题的复函》办理。五是对特定对象因人施策。为调动知识分子的积极性，促进科学、技术、管理的进步，加快

① 1978年12月，《中华人民共和国发明奖励条例》出台。1979年12月，国务院发布了《中华人民共和国自然科学奖励条例》，规定国家科委统一领导自然科学奖励工作，设立自然科学奖励委员会负责奖励评定工作。

"四化"建设，优先破格提高有突出贡献的中青年科学、技术、管理专家的待遇。1984年，《中央组织部、中央宣传部、劳动人事部、财政部优先提高有突出贡献的中青年科学、技术、管理专家生活待遇的通知》要求，着力解决那些在国内外有名望的中青年科学家的生活待遇问题，如工资、级别、住房、两地分居、医疗等。选拔采取归口审核的方法，各口在审核时，选拔人数控制在本口专业技术干部总人数的万分之二点五之内。推荐提名时，不搞群众评议，可以参考国家已设立的奖励办法的获奖名单，优中选优。

**表 5-1　技术改进的奖励等级**

| 奖励等级 | 年实际增产节约价值 | 荣誉奖 | 奖金 |
|---|---|---|---|
| 一 | 100 万元以上 | 批准单位表扬,并发奖状 | 500~1000 元 |
| 二 | 10 万元以上 | 批准单位表扬,并发奖状 | 200~500 元 |
| 三 | 1 万元以上 | 采用单位表扬 | 100~200 元 |
| 四 | 0.1 万元以上 | 采用单位表扬 | 100 元以下 |
| 五 | 不满 0.1 万元 | 采用单位表扬 | |

资料来源：根据《关于重新印发一九六三年国务院发布的〈技术改进奖励条例的通知〉》规定要求整理而得。

### （三）滥发奖金、补贴、实物的行为得到有效控制

事业单位发放奖金、补贴、实物等，奖励个别确有发明创造和贡献大的人员，对调动事业单位职工的积极性有积极作用。但同时事业单位按人头平均滥发奖金、补贴和实物的情况十分严重，并有继续发展的趋势，还有不少单位相互攀比，标准越来越高，名目越来越多，有的单位资金来源也有问题。为了有效地制止事业单位滥发奖金、补贴和实物，1984年，《国务院关于坚决制止事业单位滥发奖金、补贴和实物的通知》明确，上级主管部门要按照国家规定进行监督检查，不得以任何借口加以支持，乱开奖金、补贴发放口子。如有违反，要追究有关领导和当事人的责任，严重的要给予纪律处分。同时，对事业单位滥发奖金、补贴和实物的情况进行一次检查，对严重违反国家规定的单位和个人，要在调查核实后，公开进行处理。

（四）规范科学技术干部的职业行为

1981 年，中共中央办公厅、国务院办公厅发布《科学技术干部管理工作试行条例》，对科学技术干部的职业行业进行规范，规定科学技术干部玩忽职守，弄虚作假，剽窃别人成果，泄露机密，违反纪律，违反国家政策，给经济建设和科学技术工作造成损失者，应分清错误性质及情节轻重，结合本人一贯表现和对错误的认识程度进行批评教育，或者给予处分；对于违反国家政策法令、打击压制科学技术干部者，必须严肃处理。

## 二　科技奖励制度的发展（1987~1998 年）

（一）科技系统开展特定事项的表彰奖励活动

1987 年，国务院批准同意在国家科技进步奖中增列"国家星火奖"，以奖励为发展农村经济和乡镇企业科技进步作出创造性贡献的科技成果。当年 7 月国家科委正式公布《国家星火奖励办法》，9 月发布《国家星火奖励办法实施细则（试行）》。

1988 年，国务院对参加黄淮海平原农业开发实验的科技人员进行了表彰奖励，这一表彰奖励活动针对 20 世纪 60 年代开始的黄淮海平原农业综合开发试点工作进行，国家有关科研单位和部属院校等单位先后派出大批科技人员参加试验区的开发建设。为了进一步调动和发挥科技人员参加黄淮海平原农业综合开发的积极性，鼓励更多的科技人员投入我国农业开发第一线，推动科技进步，促进农业发展，国务院决定对在黄淮海平原农业开发试点中作出突出成绩的科技人员给予表彰、奖励。

1989 年底，时任党中央总书记和国家主席的江泽民同志在国家科学技术奖励大会上明确指出："奖励科技进步，是我们党和政府长期坚持的一项重要制度，是促进科技事业的一项重要政策。"同期，国家自然科学奖授奖范围扩大到港、澳地区。

（二）鼓励并规范科技人员兼职

科技人员业务兼职表现出色的，成绩可记入本人档案，因兼职严重影响本职工作或侵害本单位技术权益的，也有相应的处分措施。具体规范举措为：科技人员在业余兼职活动中的成绩和表现，可以视同本职工作的成绩和表现，记入本人档案。出色完成本职工作，并在兼职活动中作出突出贡献的，由本单位和兼职单位给予奖励。科技人员业余兼职，严重影响本职工作的，其所在单位应当批评教育；侵害本单位技术权益的，单位有权要求其赔偿损失。必要时，可以责令其停止兼职活动，直至给予行政处分。

（三）明确专业技术人员辞职的相关行为规范

1990年，《人事部关于印发〈全民所有制事业单位专业技术人员和管理人员辞职暂行规定〉的通知》明确，辞职人员不得私自带走属原单位的科研成果、内部资料和设备器材等，违者视情节轻重给予行政处分或责令赔偿经济损失。有关单位应支持人才合理流动，对有意刁难、打击申请辞职人员者，应给予严肃处理。

（四）规范技术职务聘任行为

1989年，人事部《关于对专业技术职务评审聘任工作进行复查的通知》明确，为完善专业技术职务聘任制，防止乱评滥评，在各单位自查的基础上，由各级人事部门、职改办组织专门队伍进行抽查和验收。查出的问题一经核实，要根据有关文件精神严肃处理，对骗取的专业技术职务和工资待遇，要坚决予以撤销和取消。对情节严重的，要给予单位负责人和本人以必要的纪律处分。

（五）开启国家科技奖励制度法制化进程

1990年，中华人民共和国技术发明奖实施细则正式出台。1991年10月，党中央、国务院、中央军委授予钱学森同志"国家杰出贡献科学家"的荣誉称号。

1992年10月，全国代表大会通过《中共中央关于建立社会主义市场经济体制若干问题的决定》。随着市场经济的发展和科技体制不适应性问题逐步显露，1993年下半年，为适应形势发展的不断需求，国家科技奖励制度的改革提上议事日程。1993年7月，全国人大常委会通过《中华人民共和国科学技术进步法》，对国家科技奖励的奖项、内容等作出规范，推动了国家科技奖励制度的法治化。

1993年8月，国家科委决定从1993年起国家自然科学奖、国家技术发明奖、国家科学技术进步奖、国家星火奖（1993年度）和国际科学技术合作奖的获奖证书上，统一加盖国家科委印章。

1995年12月，国家科委委务会议通过《国家科学技术奖励评审委员会章程》，调整国家科技奖励评审机构的设置，将"三大奖"——国家自然科学奖、国家技术发明奖、国家科学技术进步奖合并为一个评审委员会，并采用"两级三审"的评审制度。"两级"即国家科学技术奖励评审委员会和国家科学技术奖励学科（专业）评审委员会；"三审"即初审、复审、终审。形成"国家自然科学奖、国家技术发明奖、国家科学技术进步奖和中华人民共和国国际科学技术合作奖"四大科技奖项，奠定了现行科技奖励制度的基础。

1996年10月，国务院颁发《关于"九五"期间深化科学技术体制改革的决定》，提出"改革科技奖励制度，设立国家科技成果推广奖，建立科技工作评价体系和知识产权管理体系，形成新的科技工作激励机制"。1997年4月，国家科委发布《国家科技进步奖科技著作评审暂行规定》，同年7月发布《国家科学技术奖励推荐和评审工作的补充规定》；1998年2月发布《国家科技成果推广项目奖励暂行规定》等政策性文件，对科技奖励工作进行局部调整。

国家科技奖励事业的繁荣发展，唤起了社会力量设立科技奖励的热情。20世纪80年代后期，我国的一些部门、社会团体及个人设立的科技奖励逐年增多。1987年，中国物理学会设立胡复刚、饶毓泰、叶企孙、吴有训物理奖。1989年，中国地质学会等设立李四光地质科学奖。20世纪90年代以后，随着《中华人民共和国科学技术进步法》颁布，一些省市的企业及社会力量设奖日趋活跃。

这一时期，我国科技奖励的理论研究迅速起步。著名科学家钱学森于1987年提出了："科技奖励是一项国家系统的科技工作"，并建议创立"科技奖励学"。与此同时，各种研究论文、著作、译著陆续问世。国家有关部委和省市地方支持开展了科技奖励课题研究。1993 年,《中国科技奖励》正式创刊。

### 三 科技奖励制度的改革（1999~2011年）

随着我国由计划经济向市场经济的过渡,我国在计划经济时期逐步形成的科技奖励制度已经不能适应形势和发展的需要。为全面贯彻党的十五大关于"要建立一整套有利于人才培养和使用的激励机制"的精神,进一步建立和完善国家科技创新评价体系,推进科教兴国战略的实施,适应社会主义市场经济的发展,更好地发挥科技奖励的激励和导向作用,1999 年国务院对国家科技奖励制度进行全面改革。

（一）开展宣传表彰专业技术人员先进典型的活动

1999 年,为宣传表彰优秀专业技术人员在经济建设和社会发展中的突出业绩和卓越贡献,在全社会进一步形成"尊重知识、尊重人才"的良好风尚,人事部决定在表彰"让人民满意的公务员"的同时,开展宣传表彰专业技术人员先进典型的活动。根据《人事部关于开展宣传表彰专业技术人员先进典型活动的通知》,推荐范围为在科技、教育、卫生、农业等领域作出突出贡献的在职专业技术人员。入选者必须有高度的政治觉悟、事迹突出感人、成果效益显著、群众公认。省、自治区、直辖市、国务院有关部门各推荐 1~2 名。

（二）正确评价科技成果和进行科技奖励

1999 年 5 月,时任国务院总理的朱镕基同志签发中华人民共和国国务院第 265 号令,颁布了现行的《国家科学技术奖励条例》（以下简称《条例》）。《条例》调整了国家科技奖励的奖项设置、奖励力度、评价标准和评审办法,加强了对部门、地方和社会各种科技奖励活动的管理和指导。《条例》规定,国务院设立国家最高科学技术奖、国家自然科学奖、国家技术发明奖、国家科学技术进步奖、中华人民共和国国际科学技术合作奖五大奖项。同年 12 月,科学技术部颁布《国家科学技术奖励条例实施细则》、《省、部级科学技术奖励管理办法》和《社会力量设立科学技术奖管理办法》。

同年8月，《中共中央、国务院关于加强技术创新，发展高科技，实现产业化的决定》指出：国家根据各种科技活动的不同特点，实行相应的评价标准和方法，精简奖项数目，提高奖励力度……特别设立国家最高科学技术奖，对在当代科学技术前沿取得重大突破或在科学技术发展中有卓越建树的，在技术创新、科技成果商品化和产业化中创造巨大经济效益和社会效益的杰出人才实行重奖。[①] 此外，针对原有科学技术奖励制度面临的新情况、新问题，国务院办公厅转发《科技部科学技术奖励制度改革方案的通知》，明确全面贯彻实施《国家科学技术奖励条例》，调整奖项设置、奖励力度、评价标准和评审办法等，加强对部门、地方和社会各种科学技术奖励的管理和指导。

改革后，省、部级科技奖励和社会力量设奖也得到进一步规范和发展，各省市根据自身情况对本地方的科技奖励工作进行相应的改革和完善，设奖数量大幅度减少，获奖项目质量明显提高。[②] 除港澳地区外，31个省、自治区、直辖市和新疆生产建设兵团，以及5个计划单列市设立了地方科学技术奖。这些科技奖励的实施，对促进地方与部门的科技和经济社会发展起到显著的推动作用，同时也丰富了我国的科技奖励体系。改革后，政府科技奖大幅精简，每年国家级科技奖设奖项目数从原来800多项减少到400项以下；奖励的物质强度也有所增加。[③] 这次改革，是在社会主义市场经济体制下的一次创新性突破，为我国科技奖励工作提供了强有力的法律保障，是我国科技奖励发展史上又一新的里程碑。

（三）对有突出贡献的科技人员实行重奖

进入21世纪后，国家科技奖励工作坚持以改革与发展为主题，不断改进和完善。2000年，中央发布《深化干部人事制度改革纲要》强调，事业

---

[①] 中共中央文献研究室编《十五大以来重要文献选编》（中），中央文献出版社，2000。
[②] 曹健林：《辉煌60年——见证新中国科技奖励工作60年发展历程》，《中国科技奖励》2009年第10期。
[③] 叶蕾：《科技奖励，熠熠生辉——中国科技奖励工作发展综述》，《中国科技奖励》2011年第12期。

单位完善专业技术人才奖励表彰制度。

2002年，朱镕基总理在政府工作报告中强调，深化干部人事制度改革，完善对各类人才的选拔任用、考核评价、激励监督的制度……落实技术、管理等生产要素参与分配的政策，落实对有突出贡献的科技人员和高层管理人员进行奖励的规定。① 同年，《2002—2005年全国人才队伍建设规范纲要》强调，完善奖励制度；建立人才的国家级功勋奖励制度。对有突出贡献的科技人员和高层管理人员实行重奖；设立海外留学人员回国工作或为国服务成就奖、西部大开发杰出人才奖；继续鼓励并规范境内外社会组织和个人设立专门奖励项目。②

2003年，中央专门召开全国人才工作会议，总结交流人才工作的经验，就当前和今后一个时期的人才工作进行全面部署，推动实施人才强国战略。③ 胡锦涛总书记在讲话中强调，坚持精神奖励和物质奖励相结合的原则，针对各类人才的特点，建立健全与社会主义市场经济体制相适应、与工作业绩紧密联系、鼓励人才创新创造的分配制度和激励机制……要统筹兼顾地抓好国有企事业单位和各种非公有制经济组织、社会组织的人才使用工作……在政府的奖励、职称评定中，对各类人才都要统一安排。④ 同年12月，国务院颁布《关于修改〈国家科学技术奖励条例〉的决定》，对奖项设置进行再次调整，在国家自然科学奖、国家技术发明奖、国家科技进步奖中增设特等奖。

2006年6月，胡锦涛总书记在中国科学院第十三次院士大会和中国工程院第八次院士大会上的讲话中强调，要建立健全鼓励人才创新的分配制度和激励机制，坚持向关键岗位和优秀人才倾斜的政策，对作出突出贡献的给予重奖，真正形成岗位靠竞争、报酬靠贡献的激励机制，让优秀人才得到优

① 中共中央文献研究室编《十五大以来重要文献选编》（下），中央文献出版社，2000。
② 中共中央文献研究室编《十五大以来重要文献选编》（下），中央文献出版社，2000。
③ 《十六大以来党和国家重要文献选编》（上），中央文献出版社，2011。
④ 人力资源和社会保障部组织编《中国人力资源和社会保障年鉴（文献卷）2012》，中国劳动社会保障出版社、中国人事出版社，2012。

厚报酬。①

（四）建立规范有效的人才奖励制度

2003 年 12 月，《中共中央、国务院关于进一步加强人才工作的决定》要求建立规范有效的人才奖励制度。坚持精神奖励和物质奖励相结合的原则，建立以政府奖励为导向、用人单位和社会力量奖励为主体的人才奖励体系，充分发挥经济利益和社会荣誉双重激励作用；建立国家功勋奖励制度，对为国家和社会发展作出杰出贡献的各类人才给予崇高荣誉并实行重奖。坚持奖励与惩戒相结合，做到奖惩分明，实现有效激励。②

2004 年 12 月，科学技术部令第 9 号，对《国家科学技术奖励条例实施细则》进行第一次修订。

2005 年 11 月，科学技术部颁布《科学技术部关于调整国家科学技术奖奖金额度的通知》。2008 年 12 月，科学技术部令第 13 号，对《国家科学技术奖励条例实施细则》进行第二次修订。

同期，国家科技奖励管理工作引入 ISO 9000 国际质量认证体系，在更高层次上规范和统一科技奖励评审工作和相关行政行为，提高了国家科技奖评审组织工作和评审结果的质量与水平，保障了科技奖励的公平、公开和公正，有效地促进了科技奖励工作逐步走上科学化、制度化和法治化的轨道。

（五）开展"杰出专业技术人才"表彰活动

2006 年，为深入实施科教兴国和人才强国战略，积极营造尊重劳动、尊重知识、尊重人才、尊重创造的社会环境，树立和宣传当代专业技术人员先进典型，引导和激励广大专业技术人员积极投身于社会主义现代化建设的伟大实践，中央组织部、人事部、科学技术部开展"杰出专业技术人才"表彰活动。受到表彰的人员，将享受省部级劳动模范和先进工作者待遇。

（六）强调收支两条线管理规定的行为规范

2000 年，《违反行政事业性收费和罚没收入收支两条线管理规定行政处

---

① 中共中央文献研究室：《十五大以来重要文献选编》（下），中央文献出版社，2000。
② 中共中央文献研究室编《十六大以来重要文献选编》（上），中央文献出版社，2004。

分暂行规定》规定国家公务员和法律、行政法规授权行使行政事业性收费或者罚没职能的事业单位的工作人员有违反"收支两条线"管理规定行为的，依照本规定给予行政处分。

## 四 科技奖励制度的完善（2012年至今）

党的十八大以来，科技奖励制度改革得到进一步深化，2012年9月，中共中央、国务院发布的《关于深化科技体制改革加快国家创新体系建设的意见》中明确提出："改革完善国家科技奖励制度，建立公开提名、科学评议、实践检验、公信度高的科技奖励机制。提高奖励质量，减少数量，适当延长报奖成果的应用年限。重点奖励重大科技贡献和杰出科技人才，强化对青年科技人才的奖励导向。根据不同奖项的特点完善评审标准和办法，增加评审过程透明度。探索科技奖励的同行提名制。"2012年7月，全国科技创新大会在北京召开，同期，科学技术部将科技奖励改革作为深化科技体制改革的重要内容。

2017年，国务院办公厅印发《关于深化科技奖励制度改革方案的通知》，明确围绕实施创新驱动发展战略，改革完善科技奖励制度，建立公开、公平、公正的评奖机制，构建既符合科技发展规律又适应我国国情的中国特色科技奖励体系。围绕实行提名制、建立定标定额的评审制度、调整奖励对象要求、明晰专家评审委员会和政府部门的职责、增强奖励活动的公开透明度、健全科技奖励诚信制度、强化奖励的荣誉性等方面深化科技奖励制度改革。[1]

近年来，国家科技奖励工作以"建立公开提名、科学评议、实践检验、公信度高的科技奖励制度"为目标，以"提高质量、减少数量、优化结构、规范程序"为方向，坚持积极稳妥、循序渐进的原则，着力完善国家科技奖励制度，精减奖励数量，调整奖项设置，优化奖励结构，充分发挥国家科技奖励的政策导向作用。着力规范省、部级科技奖，大幅度减少奖励数量，努力提高奖励质量和公信力。着力创新社会力量科技奖管理模式，鼓励以学

---

[1] 《深化科技奖励制度改革》，《人民日报》2017年6月10日。

术评价为导向，走专业化、特色化、品牌化、国际化的发展道路，打造优秀品牌。国家科技奖励制度在改革中发展完善，不断促进科技进步和经济社会发展，在实施创新驱动发展战略、建设创新型国家的伟大征程中发挥着日益重要的作用。①

# 第三节　国家最高科学技术奖

国务院设立国家最高科学技术奖，就是为了在全社会形成尊重知识、尊重科学、依靠科学的良好氛围，鼓励广大科技工作者通过不懈的努力，为中国的科技发展不断作出新的贡献。②

## 一　奖项介绍

### （一）概述

国家最高科学技术奖，由中华人民共和国国务院于 2000 年设立，由国家科学技术奖励工作办公室负责，是中国 5 个国家科学技术奖中最高等级的奖项，授予在当代科学技术前沿取得重大突破或者在科学技术发展中有卓越建树，在科学技术创新、科学技术成果转化和高技术产业化中创造巨大经济效益或者社会效益的科学技术工作者。

国家设立国家科学技术奖励委员会，聘请有关方面的专家、学者组成评审委员会，负责国家科学技术奖的评审工作。国家最高科学技术奖每年评选一次，每次授予不超过两名，由国家主席亲自签署、颁发荣誉证书、奖章和800 万元奖金③。2004 年国家最高科学技术奖第一次出现空缺，2015 年第二

---

① 李菲：《基于群决策技术的科技奖励评价研究》，湖南大学硕士学位论文，2017。
② 郑筱：《国家最高科学技术奖获得者的群体特征及成功因素研究》，合肥工业大学硕士学位论文，2021。
③ 1999 年设立国家最高科学技术奖时，规定 500 万元奖金，其中"50 万元属获奖人个人所得、450 万元用作科研经费"。2018 年度国家科学技术奖奖金标准进行了调整。调整原则：一是奖金额度提高 60%，即由 500 万元/人调整为 800 万元/人；二是调整奖金分配结构，将奖金全部授予获奖人个人，由个人支配。

次出现空缺。

（二）奖项历史

1999 年 5 月，朱镕基签署中华人民共和国国务院令第 265 号，发布实施了《国家科学技术奖励条例》。改革后，国家科学技术奖励制度更加完善，形成了国家最高科学技术奖、国家自然科学奖、国家技术发明奖、国家科学技术进步奖和国际科学技术合作奖五大奖项。[①]

2000 年，国家最高科学技术奖正式设立。

2001 年 2 月，在北京举行了首届国家科学技术奖励大会，会上时任中共中央政治局常委、国务院副总理李岚清宣读了《国务院关于 2000 年度国家科学技术奖励的决定》。

2003 年 12 月，国务院令第 396 号《国务院关于修改〈国家科学技术奖励条例〉的决定》对该奖项相关管理规定作了第一次修订。

2004 年，国家最高科学技术奖第一次出现空缺。

2013 年 7 月，国务院令第 638 号《国务院关于废止和修改部分行政法规的决定》对该奖项相关管理规定作了第二次修订。

2016 年 1 月，2015 年度国家科学技术奖励大会在京举行，国家最高科学技术奖第二次出现空缺。在整个评审过程中，根据 2015 年度国家科技奖推荐要求上报的机构和专家共计 130 多个，其中包含推荐的国家最高科学技术奖候选人 9 名，第一轮评审从中选出 3 名候选人；在第二轮评审中，3 位候选人的得票数均未过半，因此评审委员会最终决定该年度的国家最高科学技术奖空缺。

2019 年 1 月，按照党和国家功勋荣誉表彰制度体系的奖章规制，首次设计制作了国家最高科学技术奖奖章。

2021 年起，因政策调整，2021 年度至 2023 年度国家最高科学技术奖暂时空缺。

---

① 李雄文、姚昆仑：《新中国的科技奖励制度》，《西南师范大学学报》（人文社会科学版）2001 年第 3 期。

### （三）奖金设置

国家最高科学技术奖报请国家主席签署并颁发证书和奖金，奖金数额由国务院规定。1999 年最初规定获奖者的奖金额为 500 万元，其中 450 万元由获奖者自主选题，用作科研经费；50 万元属获奖者个人所属。

2019 年 1 月，2018 年度国家科学技术奖奖金标准进行了调整。其中，国家最高科学技术奖奖金额度由设立之初的 500 万元/人调整为 800 万元/人，奖金分配结构调整，全部由获奖者个人支配。

## 二 组织流程

### （一）申报条件

根据 2020 年 12 月中华人民共和国国务院令第 731 号公布的《国家科学技术奖励条例》最新修订版，国家最高科学技术奖的申报条件如下。

（1）在当代科学技术前沿取得重大突破或者在科学技术发展中有卓越建树的。

（2）在科学技术创新、科学技术成果转化和高技术产业化中，创造巨大经济效益、社会效益、生态环境效益或者对维护国家安全作出巨大贡献的。

（3）在科学研究、技术开发项目中仅从事组织管理和辅助服务的工作人员，不得作为国家科学技术奖的候选人。

（4）国家最高科学技术奖的候选人应当热爱祖国，具有良好的科学道德，并仍活跃在当代科学技术前沿，从事科学研究或者技术开发工作。

### （二）评选步骤

国家最高科学技术奖的产生大致分为 7 个具体步骤（见图 5-1）。第一步，由省级部门、国务院有关部门等推荐或者最高奖获得者个人推荐产生候选人。第二步，由 20 多位院士、专家对候选人进行咨询打分，投票选出 5 名候选人进入国家最高科学技术奖评审的第三步，接受国家最高科学技术奖评审委员会的评审。在国家最高科学技术奖的评审表中，共设计了科学思想品德、重要科技贡献、社会科技界威望和专家系数四大项 8 个评价指标来对国家最高科学技术奖的候选人进行评价。在接受国家最高科学技术奖励评审委员会评审的过程中，5位候选人还要经过两关考验，第一关与评审委员面对面，介绍个人的情况和主要成就。第二关评审委员到候选者工作的研究室、试验基地进行实地考察。经过两关后，评审委员再次投票选出两位获奖者。由国家科学技术奖励委员会对两位获奖者进行审定后，经科技部审核，报国务院批准，最终由国家主席签署证书，颁发奖金。

图5-1　国家最高科学技术奖评选流程

（三）推荐资格

与国家自然科学奖、国家技术发明奖、国家科学技术进步奖的申报制不同，国家最高科学技术奖采取的是推荐制，有推荐资格的单位和个人包括：省（区、市）人民政府；国务院有关组成部门、直属机构；中央军委有关部委；经国务院科学技术行政部门认定的、符合国务院科学技术行政部门规定的资格条件的其他单位和科学技术专家。

三　奖励情况

（一）评奖结果

截至2021年11月，共有35位杰出科学工作者获得国家最高科学技术奖。

（二）颁奖仪式

从2001年起，每年在人民大会堂召开国家科学技术奖励大会，对上一年度的上述奖项获得者进行表彰，目前已进行到第21届，历届国家科学技术奖励大会举办时间如表5-2所示。

表 5-2　历届国家科学技术奖励大会一览

| 年度 | 颁奖时间 | 颁奖地点 | 颁奖人 |
|---|---|---|---|
| 2000 | 2001 年 2 月 19 日 | 人民大会堂 | 中共中央总书记、国家主席江泽民 |
| 2001 | 2002 年 2 月 1 日 | 人民大会堂 | 中共中央总书记、国家主席江泽民 |
| 2002 | 2003 年 2 月 28 日 | 人民大会堂 | 国家主席江泽民 |
| 2003 | 2004 年 2 月 20 日 | 人民大会堂 | 中共中央总书记、国家主席胡锦涛 |
| 2004 | 2005 年 1 月 28 日 | 人民大会堂 | 中共中央总书记、国家主席胡锦涛 |
| 2005 | 2006 年 1 月 9 日 | 人民大会堂 | 中共中央总书记、国家主席胡锦涛 |
| 2006 | 2007 年 2 月 27 日 | 人民大会堂 | 中共中央总书记、国家主席胡锦涛 |
| 2007 | 2008 年 1 月 8 日 | 人民大会堂 | 中共中央总书记、国家主席胡锦涛 |
| 2008 | 2009 年 1 月 8 日 | 人民大会堂 | 中共中央总书记、国家主席胡锦涛 |
| 2009 | 2010 年 1 月 11 日 | 人民大会堂 | 中共中央总书记、国家主席胡锦涛 |
| 2010 | 2011 年 1 月 14 日 | 人民大会堂 | 中共中央总书记、国家主席胡锦涛 |
| 2011 | 2012 年 2 月 14 日 | 人民大会堂 | 中共中央总书记、国家主席胡锦涛 |
| 2012 | 2013 年 1 月 18 日 | 人民大会堂 | 国家主席胡锦涛 |
| 2013 | 2014 年 1 月 10 日 | 人民大会堂 | 中共中央总书记、国家主席习近平 |
| 2014 | 2015 年 1 月 9 日 | 人民大会堂 | 中共中央总书记、国家主席习近平 |
| 2015 | 2016 年 1 月 8 日 | 人民大会堂 | 中共中央总书记、国家主席习近平 |
| 2016 | 2017 年 1 月 9 日 | 人民大会堂 | 中共中央总书记、国家主席习近平 |
| 2017 | 2018 年 1 月 8 日 | 人民大会堂 | 中共中央总书记、国家主席习近平 |
| 2018 | 2019 年 1 月 8 日 | 人民大会堂 | 中共中央总书记、国家主席习近平 |
| 2019 | 2020 年 1 月 10 日 | 人民大会堂 | 中共中央总书记、国家主席习近平 |
| 2020 | 2021 年 11 月 3 日 | 人民大会堂 | 中共中央总书记、国家主席习近平 |
| 2024 | 2024 年 6 月 24 日 | 人民大会堂 | 中共中央总书记、国家主席习近平 |

# 第四节　国家自然科学奖

## 一　奖项介绍

### （一）概述

国家自然科学奖，是由中华人民共和国国务院设立，由国家科学技术奖励委员会负责的奖项,是中国五个国家科学技术奖之一,授予在基础研究和应用基础研究中阐明自然现象、特征和规律,作出重大科学发现的公民。

国家自然科学奖授予在数学、物理学、化学、天文学、地球科学、生命科学等基础研究和信息、材料、工程技术等领域的应用基础研究中,阐明自然现象、特征和规律,作出重大科学发现的中国公民。国家自然科学奖不授予组织。

国家自然科学奖授奖等级根据候选人所作出的科学发现,从发现程度、难易复杂程度、理论学说上的创见性、研究方法手段的创新程度、学术水平、对学科发展的促进作用、对经济建设和社会发展的影响、论文被他人正面引用的情况、国内外学术界的评价和主要论文发表刊物的影响等方面进行综合评定。

1956 年第一次颁发国家自然科学一等奖。国家自然科学奖分为一等奖、二等奖 2 个等级,并且国家自然科学一等奖可以空缺。

(二)奖项历史

1956 年 1 月,中国提出了"向科学进军"的口号,同年第一次颁发国家自然科学一等奖,有 3 位科学家获此殊荣,他们就是华罗庚、吴文俊和钱学森。

1958 年,中华人民共和国国务院批准成立了国家科学技术奖励工作办公室,标志着中国科技奖励体系基本完成。

1979 年 11 月,国务院颁布《中华人民共和国自然科学奖励条例》。

1982 年,第二次颁发国家自然科学一等奖。

1987 年,国家决定设立三大国家级奖励,即国家自然科学奖、国家技术发明奖和国家科学技术进步奖,每两年颁发一次。

1988 年 9 月,由国家科委颁布《关于国家自然科学奖申报、评审的若干说明》。

1993 年 5 月,由国家科学技术委员会颁布《中华人民共和国自然科学奖励条例实施细则》。

1993 年 6 月,国务院修订发布《中华人民共和国自然科学奖励条例》。

1999 年 5 月，朱镕基总理签署中华人民共和国国务院令第 265 号，发布实施了《国家科学技术奖励条例》。改革后，国家科学技术奖励制度更加完善，形成了国家最高科学技术奖、国家自然科学奖、国家技术发明奖、国家科学技术进步奖和国际科学技术合作奖五大奖项。

2003 年 12 月，国务院令第 396 号《国务院关于修改〈国家科学技术奖励条例〉的决定》第一次修订。

2013 年 7 月，国务院令第 638 号《国务院关于废止和修改部分行政法规的决定》第二次修订。

2016 年，党中央、国务院印发《国家创新驱动发展战略纲要》，要求进一步改革和完善科技奖励制度。

2017 年 5 月，国务院办公厅发布《关于深化科技奖励制度改革的方案》（以下简称《改革方案》），明确由科技部、原国务院法制办负责修订《国家科学技术奖励条例》。

2019 年，《国家科学技术奖励条例》修订列入国务院立法工作计划。

2020 年 1 月，中共中央、国务院在北京隆重举行国家科学技术奖励大会。其中，国家自然科学奖 46 项，其中一等奖 1 项、二等奖 45 项。

2020 年 10 月，国家科学技术奖励条例（国务院令第 731 号第三次修订），自 2020 年 12 月 1 日起施行。

2021 年 11 月，2020 年度国家科学技术奖励大会在京召开。46 项原创成果获国家自然科学奖，其中，一等奖继 2017 年度之后再次产生"双子星"，中国科学院大连化学物理研究所包信和院士团队、复旦大学赵东元院士团队双双折桂。①

（三）奖金设置

国家自然科学奖分为特等奖、一等奖、二等奖 3 个等级；对作出特别重大科学发现或者技术发明的公民，对完成具有特别重大意义的科学技术工程、计划、项目等作出突出贡献的公民、组织，可以授予特等奖，由国务院

---

① 《国家自然科学奖一等奖产生"双子星"》，《新华每日电讯》2021 年 11 月 4 日。

核实批准。国家自然科学奖、国家技术发明奖、国家科学技术进步奖每年奖励项目总数不超过 400 项。

国家自然科学奖由国务院颁发证书和奖金。国家自然科学奖的奖金数额由国务院科学技术行政部门会同财政部门规定。

## 二 组织流程

### （一）申报条件

根据 2020 年 12 月中华人民共和国国务院令第 731 号公布的《国家科学技术奖励条例》最新修订版，国家自然科学奖候选人的申报条件如下。

国家自然科学奖候选人应当是推荐书附件提交的 8 篇代表性论文或专著的主要作者，并具备下列条件之一：

（1）提出总体学术思想、研究方案；

（2）发现重要科学现象、特性和规律，并阐明科学理论和学说；

（3）提出研究方法和手段，解决关键性学术疑难问题或者实验技术难点，以及对重要基础数据的系统收集和综合分析等。

### （二）评奖原则

在上述申报条件中关于重大科学发现的要求，评选国家自然科学奖应当同时具备以下三个条件。

（1）前人尚未发现或者尚未阐明：该项自然科学发现为国内外首次提出，或者其科学理论在国内外首次阐明，且主要论著为国内外首次发表。

（2）具有重大科学价值：该发现在科学理论、学说上有创见，或者在研究方法、手段上有创新；对于推动学科发展有重大意义，或者对于经济建设和社会发展具有重要影响。

（3）得到国内外自然科学界公认：主要论著已在国内外公开发行的学术刊物上发表或者作为学术专著出版三年以上，其重要科学结论已为国内外同行在重要国际学术会议、公开发行的学术刊物，尤其是重要学术刊物以及学术专著所正面引用或者应用。

## （三）评价指标

国家自然科学评选评价标准有四项指标，每项指标的分值区间均为 4 个档次，如表 5-3 所示。

表 5-3　国家自然科学奖评价指标

| 定量评价指标 | 指标含义 | 4~5 分 | 3 分 | 1~2 分 | 0 分 |
|---|---|---|---|---|---|
| 科学发现程度 | 指对自然现象和客观规律发现、认识和阐明的程度，包括科学探索与发现的深度、广度、系统性，和研究领域的开拓，科学理论、学说的创建或研究方法与手段的创新 | 有重大发现与开拓创新 | 有重要发现与创新 | 有较大发现与创新 | 科学研究与发现不足 |
| 主要学术思想和观点被他人认可的情况 | 指他人在正式发表的科学论文、专著、教材中正面引用完成人提出的学术思想、观点、方法，或被有关实验、实践所证实的情况，包括引用文章的质量、数量，引用文章发表刊物、引用内容及学术界的公开评价等 | 被学术界公认和广泛引用或验证 | 被学术界承认、引用或验证 | 被学术界部分引用或验证 | 尚未被学术界引用或验证 |
| 主要论文发表刊物和专业著作的影响 | 指刊登主要论文的公开发行学术刊物、正式出版的学术专著在国内外学术界的影响和地位 | 权威刊物或本学科最有影响刊物、专著 | 本学科重要刊物、专著 | 一般学术刊物、专著 | 未在公开发行的学术刊物发表 |
| 对推动科学发展或满足国家发展需求的作用 | 指对本学科或相关学科发展的影响，如解决重要基础学科问题、形成新的分支学科、促进了相关学科的发展，或对经济建设、社会发展和国家安全的某一领域提供了重要理论指导及其作用和影响 | 有重大作用或影响 | 有重要作用或影响 | 作用或影响一般 | 基本没有作用或影响 |

# 第五节　国家技术发明奖

## 一　奖项介绍

国家技术发明奖，授予运用科学技术知识作出产品、工艺、材料及其系统等重大技术发明的中国公民。产品包括各种仪器、设备、器械、工具、零部件以及生物新品种等；工艺包括工业、农业、医疗卫生和国家安全等领域的各种技术方法；材料包括用各种技术方法获得的新物质等；系统是指产品、工艺和材料的技术综合。

2020年1月，中共中央、国务院在北京隆重举行国家科学技术奖励大会。其中，国家技术发明奖65项，其中一等奖3项、二等奖62项。

技术发明是指利用自然规律首创并成功地用于改造客观世界的技术新成果。它一般是与生产有关的新技术，如在国民经济某一技术领域中提供了新的、先进的、效益好的新技术。以上所称产品包括各种仪器、设备、器械、工具零部件及生物新品种等；工艺包括各领域的各种技术方法；材料包括用各种技术方法获得的新原料；系统是指产品、工艺和材料的技术综合。科学发现、科学理论不属于国家技术发明奖的奖励范围，但是，将科学发现成果应用于生产、生活等实践，将新的发现体现在工艺、产品中，也可以推荐为技术发明奖。如新发现的一种化学物质，虽为客观存在，但如果将其开发为一种新药品或转化为一项技术发明，则符合技术发明奖的奖励范围。仅依赖个人经验和技能、技巧，而别人又不能根据所提供的方案将其重现的技术，不属于技术发明奖的奖励范围，如各种个人拥有的特技。

## 二　组织流程

### （一）评定标准

国家技术发明奖的评审，对候选人所作出的技术发明，从难易复杂程度、技术思路新颖程度、技术创新程度、主要技术经济指标的先进程度，对技术进步的推动作用、推广应用程度、已获经济或者社会效益及发展应用前景等方面进行综合评定，据此决定授奖等级。

基本评定标准如下。

（1）属国内外首创的重大技术发明，技术思路独特，技术上有重大的创新，技术经济指标达到了同类技术的领先水平，推动了相关领域的技术进步，已产生了显著的经济效益或者社会效益，可以评为一等奖。

（2）属国内外首创，或者国内外虽已有但尚未公开的重大技术发明，技术思路新颖，技术上有较大的创新，技术经济指标达到了同类技术的先进水平，对本领域的技术进步有推动作用，并产生了明显的经济效益或者社会效益，可以评为二等奖。

**（二）申报条件**

根据 2020 年 12 月中华人民共和国国务院令第 731 号公布的《国家科学技术奖励条例》最新修订版，国家技术发明奖的申报条件如下。

（1）国家技术发明奖单项授奖人数实行限额，每个项目的授奖人数一般不超过 6 人。对于综合性的重大技术发明，可以超过规定人数。所谓综合性的重大技术发明，主要指在研究方法手段上、在应用的科学原理和知识上，都涉及多个科学技术领域，需要多领域的科技工作者协作进行研究开发，并作出很多创造性的发明。超过规定人数时，推荐单位、推荐人应当在国家科学技术奖励推荐书中提出充分理由，包括该项发明作为综合性的重大技术发明的理由和每位候选人获奖的理由。由专业评审组进行审查，提出初步意见，经国家技术发明奖评审委员会审定同意后，可以向国家科技奖励委员会提出超出限额授奖人数的建议。

（2）每位候选人应该独立完成一项发明中至少一个的发明点。仅从事组织、管理、协调和辅助工作的人员不能列为候选人，候选人按贡献大小排序。

**（三）评奖原则**

在满足上述申报条件的基础上，评选国家技术发明奖应当同时具备以下三个条件。

（1）前人尚未发明或者尚未公开：指在候选人所完成的产品、工艺、材料公开之前，前人所没有的，为国内外首创，或者虽然国内外已有，但主要技术内容尚未在国内外各种公开出版物、媒体及各种公众信息渠道上发表或者公开，也未曾公开使用。

推荐国家技术发明奖时，一般应出具获得发明专利的证明，如果没有获得发明专利，应当通过国家科技奖励工作办公室（以下简称"国家奖励办"）认定的科技信息部门进行文献检索和查新，以确认一项技术是否符合前人尚未发明或尚未公开的条件，文献应该检索到该技术的公开时间。界定或者确定"公开"时间的形式具有多样性，除技术鉴定外，还有专利申请、产品鉴定、产品或者技术公开销售使用、主要技术内容公开发表等。如果一项技术同时存在上述几种公开方式，那么，确定发明权的公开时间应以最早的时间为准。

（2）具有先进性和创造性：与国内外已有同类技术相比较而言。先进性是指在推荐评审时，其主要性能（性状）、技术经济指标、科学技术水平及其促进科学进步的作用和意义等综合优于同类技术。先进性要求一项发明不但是新的、前人没有的，还要求它具有技术优越性，从而具有竞争力和实用价值。创造性是指发明的技术思路有创新，技术上有实质性的特点和显著的进步。创造性要求一项发明不是简单的前人所没有，必须和已有同类技术有本质的差异，有质的飞跃和突破。先进性和创造性主要是与先进的同类技术进行全面比较。

（3）显著经济效益或者社会效益：指通过实践检验证明技术确是成熟、实用的，而且已经产生显著的经济效益或者社会效益，为我国的经济建设和社会发展作出了贡献。该条件要求发明不但是先进的，还应当具有实用价值，并已较大规模地应用于生产实践。推荐参加国家技术发明奖评审的技术发明，应该经过一年以上较大规模的实施应用，取得良好的实用效果。产品、材料至少应已批量生产和应用，对工艺要求至少经过中试或相当于中试规模的生产实施。

## 三 奖励情况

特等奖于 1981 年首次颁发，获奖者为袁隆平院士团队发明的"籼型杂交水稻"。

表 5-4 国家技术发明奖特等奖获奖项目信息（部分）

| 获奖年份 | 第一完成人 | 获奖项目 | 第一完成单位 |
| --- | --- | --- | --- |
| 1981 | 袁隆平 | 籼型杂交水稻 | 全国杂交水稻科研协作组 |

# 第六节 国家科学技术进步奖

## 一 奖项介绍

### （一）概述

国家科学技术进步奖，创办于 1984 年 9 月，是国务院设立的国家科学技术奖五大奖项之一。

国家科学技术进步奖主要授予在技术研究、技术开发、技术创新、推广应用先进科学技术成果、促进高新技术产业化，以及完成重大科学技术工程、计划等过程中作出创造性贡献的中国公民和组织。

2020 年 1 月，科技部公布 2019 年度国家科学技术进步奖获奖项目目录。

### （二）授奖对象

国家科学技术进步奖授予在应用推广先进科学技术成果、完成重大科学技术工作计划项目等方面，作出突出贡献的下列公民、组织。

（1）在实施技术开发项目中，完成重大科学技术创新、科学技术成果转化，创造显著经济效益的。

（2）在实施社会公益项目中，长期从事科学技术基础性工作和社会公益性科学技术事业，经过实践检验，创造显著社会效益的。

（3）在实施国家安全项目中，为推进国防现代化建设、保障国家安全作出重大科学技术贡献的。

（4）在实施重大工程项目中，保障工程达到国际先进水平的。

国家科学技术进步奖的奖励范围涉及国民经济的各个行业，是一项覆盖面广泛的科学技术奖。从候选人、候选单位所完成项目的性质来讲，包括新产品和新技术开发，新技术推广应用，高新技术产业化，企业技术改造及技术进步，技术基础和重大工程建设，重大设备研制中引进消化、吸收国外新技术，或自主开发创新的技术等。

（三）授奖类型

国家科学技术进步奖候选人和候选单位所完成的项目可以根据其性质和范围，分为技术开发类、社会公益类、国家安全类、重大工程类等四类。

1. 技术开发类

在科学研究和技术开发等活动中，完成具有重大市场价值和技术创新的产品、技术、工艺、材料、设计和生物品种，以及在促进新成果的转化和推广应用、高新技术产业化方面作出重要贡献，并创造显著经济效益的。

2. 社会公益类

在标准、计量、科技信息、科技档案等科学技术基础性工作和环境保护、医疗卫生、自然资源调查和合理利用、自然灾害监测预报和防治等社会公益性科学技术事业中取得重大成果及其推广应用，并创造显著社会效益的。软科学研究成果和科技著作不列入国家科学技术进步奖的评审范围。

3. 国家安全类

国家安全类指在军队建设、国防科研、国家安全及相关活动中产生，对推进国防现代化建设、增强国防实力和保障国家安全具有重要意义的科学技术成果。既用于国防、国家安全领域又用于其他国民经济领域的通用项目，不能列为国家安全类项目。

4. 重大工程类

重大工程类指列入国民经济和社会发展计划的重大综合性基本建设工

程、科学技术工程和国防工程等。所谓综合性是指需要跨学科、跨专业进行协作研究、联合开发，并对经济建设、社会发展具有战略意义，对国家科技实力、国防实力的整体提高产生重要影响。

值得注意的是，重大工程类项目不包括一般的土木建设工程，一般的土木建设工程项目应列入技术开发类。重大工程类项目的国家科技进步奖只授予组织，在完成重大工程项目中作出重大科学发现和技术发明的公民，符合奖励条例及其实施细则规定条件的，可另行推荐国家自然科学奖和国家技术发明奖。

**（四）奖项等级**

国家科学技术进步奖设特等奖、一等奖、二等奖 3 个奖励等级，其中特等奖项目经科技部核准，报请国务院批准。

国家科学技术进步奖的授奖等级根据候选人、候选单位所完成项目的创新程度、难易复杂程度、主要技术经济指标的先进程度、总体技术水平、已获经济或者社会效益、潜在应用前景、转化推广程度、对行业的发展和技术进步的作用等进行综合评定。评定时，对不同项目类型，各有侧重。重大工程类项目应突出团结协作、联合攻关，强调在技术和系统管理方面的创新、技术难度和工程复杂程度、总体技术水平，以及对提高行业整体水平的作用意义。

## 二 组织流程

**（一）评定标准**

国家科学技术进步奖评定标准包含三个方面，即技术创新、突出贡献、科技进步，具体如下。

1. 技术创新

在技术上有重要的创新，特别是在高新技术领域进行自主创新，形成了具有自主知识产权的产业（行业）主导技术和名牌产品，或者应用高新技术对传统产业进行装备和改造，通过引进、消化和吸收进行二次创新，提升传统产业，增加产业的技术含量，提高产品附加值；技术难度较大，解决了产业（行业）发展中的热点、难点和关键问题；总体技术水平和主要技经济指标在推荐评审时属于行业的领先水平。

2. 突出贡献

经过一年以上较大规模的实施应用，转化为直接的生产力，产生了很大的经济效益和社会效益，实现了技术创新的市场价值或者社会价值，为经济建设、社会发展和国家安全作出了很大贡献。

3. 科技进步

项目的技术创新突出，转化程度高，具有较强的示范、带动、辐射和扩散能力，提高了行业的整体技术水平、竞争能力和系统创新能力，促进了产业结构的调整、优化、升级及产品的更新换代，或者开拓了新的经济增长点和新兴产业，对行业的发展起了很大的推动作用。

（二）申报条件

1. 候选个人

国家科技进步奖的候选人应当是具备下列条件的项目主要完成人。

（1）提出并确定项目的总体方案。

（2）在解决关键的技术和疑难问题中作出重大技术创新和重要贡献。

（3）在成果转化和推广应用过程作出创造性贡献。

（4）在高技术产业化方面作出重要贡献。候选人按贡献大小排序，并在限额内产生。如果在项目完成中仅从事协调和组织工作的领导，或是从事辅助服务的工作人员，不能作为国家科学技术进步奖的候选人。

2. 候选单位

国家科学技术进步奖候选单位应当是在项目研制、开发、投产、应用和推广过程中提供技术、设备和人员等条件，并对该项目的完成起到组织、管理和协调作用的主要完成单位；如果只是提供资金，不能作为项目的主要完成单位列为获奖候选单位；政府部门一般不应作为国家科学技术进步奖的候选单位。但对于技术开发类中推广应用先进成果和高新产业化的项目，政府部门如作为组织者、实施者又确有实质性重大作用的除外。

## 第七节　中华人民共和国国际科学技术合作奖

国际科学技术合作奖设立的目的及宗旨就是奖励在与中国科技合作和交流中，为推进科技进步、增进中外科技界合作与友谊、为中国科学技术事业作出重要贡献的外国科学家、工程技术人员和科技管理人员及组织。自中华人民共和国国际科学技术合作奖设立以来，以获奖者为代表的各国专家投身中国科技事业，推动中外科技交流合作，与中国科学家一起为中国科技发展进步和现代化建设作出了积极贡献。[①]

### 一　奖项介绍

#### （一）概述

中华人民共和国国际科学技术合作奖（以下简称"国际科技合作奖"）是中华人民共和国国务院 1994 年设立的国家级科技奖励（前身是 1992 年设立的中国国际科技合作奖，该奖项于 1992 年和 1993 年颁发），授予在双边或者多边国际科技合作中对中国科学技术事业作出重要贡献的外国科学家、工程技术人员、科技管理人员和科学技术研究、开发、管理等组织。[②]

1994 年中华人民共和国国务院设立中华人民共和国国际科学技术合作奖，是中国设立的五大科技奖项中唯一授予外国人或者外国组织的奖项。1995 年首次颁奖。

中华人民共和国国际科学技术合作奖不分等级，每年授奖数额不超过 10 个。截至 2020 年 1 月，共有 128 位外国专家和 2 个国际组织、1 个外国组织获得国际科学技术合作奖。

#### （二）奖项历史

1992 年，国家科学技术委员会设立中国国际科技合作奖，这是中华人

---

[①] 《加强交流合作　实现互利共赢》，《人民日报》2014 年 1 月 11 日。

[②] 马忠法：《邓小平"科学技术是第一生产力"思想的实现途径及时代价值》，《邓小平研究》2020 年第 5 期。

民共和国国际科学技术合作奖的前身。

1993 年 7 月，经全国人大常委会八届二次会议通过的《中华人民共和国科学技术进步法》指出：国际科技合作奖是中华人民共和国国务院设立的国家级科技奖励。

1994 年起，国际科技合作奖开始由国家科学技术奖励工作办公室归口管理并负责组织实施。

1995 年，国际科技合作奖首次颁发。

2003 年 11 月，中华人民共和国国务院总理温家宝签署第 396 号国务院令，发布施行《国务院关于修改〈国家科学技术奖励条例〉的决定》第一次修订。

2013 年 7 月，中华人民共和国国务院令第 638 号《国务院关于废止和修改部分行政法规的决定》第二次修订。

2022 年 12 月，中国驻荷兰大使馆日前举行颁奖仪式，向荷兰射电天文台资深研究员理查德·戈登·施特罗姆和荷兰苏科思公司首席执行官汉斯·杜伊斯特分别颁发 2020 年度中国国际科技合作奖和 2022 年度中国政府友谊奖。

（三）奖项设置

中华人民共和国国际科学技术合作奖授予在双边或者多边国际科技合作中对中国科学技术事业做出重要贡献的外国科学家、工程技术人员、科技管理人员和科学技术研究、开发、管理等组织，是中国设立的五大科技奖项中唯一授予外国人或者外国组织的奖项。该奖每年评审一次，不分等级，由中华人民共和国国务院颁发证书，不发奖金。

二　组织流程

（一）评选组织

国际科技合作奖候选人由下列单位和个人推荐。

①省、自治区、直辖市人民政府。

②国务院有关组成部门、直属机构。

③中国人民解放军各总部。

④经国务院科学技术行政部门认定的符合国务院科学技术行政部门规定的资格条件的其他单位和科学技术专家。

上述所列推荐单位推荐的国家科学技术奖候选人，应当根据有关方面的科学技术专家对其科学技术成果的评审结论和奖励种类、等级的建议确定。

香港、澳门、台湾地区的国家科学技术奖候选人的推荐办法，由国务院科学技术行政部门规定。

中华人民共和国驻外使馆、领馆可以推荐中华人民共和国国际科学技术合作奖的候选人。

（二）申报条件

中华人民共和国国际科学技术合作奖授予对中国科学技术事业作出重要贡献的下列外国人或者外国组织。

①同中国的公民或者组织合作研究、开发，取得重大科学技术成果的。

②向中国的公民或者组织传授先进科学技术、培养人才，成效特别显著的。

③为促进中国与外国的国际科学技术交流与合作，作出重要贡献的。

（三）评选考核

1. 评选程序

推荐的单位和个人限额推荐国家科学技术奖候选人；推荐时，应当填写统一格式的推荐书，提供真实、可靠的评价材料。

评审委员会作出认定科学技术成果的结论，并向国家科学技术奖励委员会提出获奖人选和奖励种类及等级的建议。

国家科学技术奖励委员会根据评审委员会的建议，作出获奖人选和奖励种类及等级的决议。

国家科学技术奖的评审规则由国务院科学技术行政部门规定。中华人民共和国国务院科学技术行政部门对国家科学技术奖励委员会作出的国家科学技术奖的获奖人选和奖励种类及等级的决议进行审核，报中华人民共和国国务院批准。

中华人民共和国国际科学技术合作奖由中华人民共和国国务院颁发

证书。

2. 考核处罚

剽窃、侵夺他人的发现、发明或者其他科学技术成果的，或者以其他不正当手段骗取国家科学技术奖的，由国务院科学技术行政部门报国务院批准后撤销奖励，追回奖金。

推荐的单位和个人提供虚假数据、材料，协助他人骗取国家科学技术奖的，由国务院科学技术行政部门通报批评；情节严重的，暂停或者取消其推荐资格；对负有直接责任的主管人员和其他直接责任人员，依法给予行政处分。

参与国家科学技术奖评审活动和有关工作的人员在评审活动中弄虚作假、徇私舞弊的，依法给予行政处分。

## 三 奖励情况

### （一）评奖结果

1995~2019 年，共有 24 个国家的 128 位外籍专家和 2 个国际组织（国际水稻研究所、国际玉米小麦改良中心）、1 个外国组织（美国 MD 安德森癌症中心）被授予中华人民共和国国际科学技术合作奖。

### （二）颁奖仪式

中国每年都为国际科技合作奖的获奖人举行颁奖仪式。颁奖仪式一般在中国国内举行，必要时，也可在中国国外举行，具体颁奖仪式情况如表 5-5 所示。

表 5-5 中华人民共和国国际科学技术合作奖颁奖仪式一览（部分）

| 年度 | 颁奖时间 | 颁奖人 |
|---|---|---|
| 2010 | 2011 年 1 月 14 日 | 中共中央政治局委员、国务委员刘延东 |
| 2011 | 2012 年 2 月 14 日 | 中共中央政治局委员、国务委员刘延东 |
| 2012 | 2013 年 1 月 18 日 | 中共中央政治局委员、国务委员刘延东 |
| 2013 | 2014 年 1 月 10 日 | 中共中央政治局委员、国务院副总理刘延东 |
| 2014 | 2015 年 1 月 9 日 | 中共中央政治局委员、国务院副总理刘延东 |

续表

| 年度 | 颁奖时间 | 颁奖人 |
|------|----------|--------|
| 2015 | 2016 年 1 月 8 日 | 中共中央政治局委员、国务院副总理刘延东 |
| 2016 | 2017 年 1 月 9 日 | 中共中央政治局委员、国务院副总理刘延东 |
| 2017 | 2018 年 1 月 8 日 | 中共中央总书记、国家主席习近平 |
| 2018 | 2019 年 1 月 8 日 | 中共中央总书记、国家主席习近平 |
| 2019 | 2020 年 1 月 10 日 | 中共中央总书记、国家主席习近平 |
| 2023 | 2024 年 6 月 24 日 | 中共中央总书记、国家主席习近平 |

# 第六章
## 继续教育与培训制度

　　人才兴则科技兴，科技兴则国家兴，科技人才继续教育和培训制度是加强专业技术人才队伍建设的重要手段，是提高专业技术人员和科技人才队伍专业素质与职业能力的基本途径，是保证创新驱动改革发展各项任务落实的关键抓手，是我国科技人才培养工程的重要组成部分。科技人才继续教育和培训制度是指以科技管理干部、科技人员、社会劳动者等为对象的，以科学知识、前沿科技、科技管理知识、科技服务知识等为内容的，以提高科技管理干部管理能力、科技人员服务能力、社会劳动者技术能力为目的的一种有计划、有组织、有纪律的教育活动，包含专业技术人员继续教育和培训、早期的科技干部继续教育和培训，自建立以来，经历了较长时期的思想转变过程。我国逐步建立了统筹规划、分级负责、分类指导的科技人才继续教育和培训管理体制，形成了地方、部门、行业、社会协同的分层分类教育体系。

　　改革开放以来，中国科技人才继续教育和培训工作紧紧围绕党和国家的工作大局，依托科技创新布局资源，紧扣改革创新主线，构建了聚力助推科技创新的继续教育和培训体系，走上了具有时代特征、中国特色、科技特点的继续教育和培训创新发展之路，在中国人才继续教育和培训格局中占据了重要位置。随着经济、科技和教育体制改革的不断深化，中国科技人才工作经历了四个基本阶段："放活"科技人才，拉开改革序幕；改革运行机制，引导科技人才面向经济主战场；强化体制创新，动员科技人才走自主创新的道路；营造良好创新生态，激励科技人才投身创新驱动发展事业。[①] 不同阶段对科技人才继续教育和培训工作提出了不同的要求，继续教育和培训政策体系构建、继续教育和培训制度建设、继续教育和培训实践等方面均实现了不同程度的递进优化，体现了科技人才继续教育和培训创新的阶段特征。面对当前日益复杂的全球科技竞争新形势、新变化，贯彻好党中央关于科技创新的决策部署，落实好创新驱动发展战略，把握好人才引领发展的战略要求，迫切需要"加强对新科学知识的学习，关注全球科技发展趋势"。[②] 积极推进科技人才队伍能力素质提升、强化科技人才培训势在必行。面对新形势、新任务、新挑战，需要将科技人才培训摆放在更加突出的位置，同时树立"实践出人才"的人才培养观念，鼓励"走向国际化"，不断深化继续教育制度改革，完善全国科技人才培训体系，推进科技人才继续教育和培训更高质量发展。

专业技术人员是指从事专业技术工作和专业技术管理工作的人员，以及未聘任专业技术职务、在专业技术岗位上工作的人员，是我国科技人才队伍的骨干力量。专业技术人员继续教育和培训指的是对专业技术人员进行知识更新、创新能力提高和综合素质提升的再教育活动。自改革开放以来，我国不断加强专业技术人员继续教育和培训，持续优化专业技术人员管理体制机制，逐渐建立了分层分类的现代专业技术人员继续教育和培训体系，在扩大专业技术人才队伍规模和提升专业技术人才队伍素质方面取得了巨大成效，并见证了专业技术人才在科技进步和经济社会发展中的显著推动作用和重要贡献。随着国际人才竞争和经济社会快速发展，专业技术人才队伍在经济社会发展中的基础性、战略性、决定性地位和作用愈加凸显。全面加强专业技术人员继续教育和培训，既是建设人才强国的重要内容，更是提升自主创新能力、提升国家核心竞争力和推动经济社会更好

---

[①] 秦全胜：《改革开放铸辉煌人才发展谱新篇——改革开放 40 年来中国科技人才事业发展综述》，《中国科技人才》2018 年 12 月 29 日。

[②] 《习近平在科学家座谈会上的讲话》，2020 年 9 月 11 日。

更快发展的必然要求，这需要我们在历史发展和经验总结的基础上，结合国际形势和未来发展趋势，推动现有专业技术人员继续教育政策的不断完善与优化。

## 第一节　继续教育和培训制度的发展历程

改革开放之后，一方面，我国面临世界科技飞速发展、国际竞争激烈和国内科技人才短缺的双重压力；另一方面，通过走出国门，我国有机会了解和吸收国际继续教育和培训的先进理念和经验。我国现代科技人才与专业技术人员继续教育和培训工作由此起步。经过较长时期的转变过程，我国逐步建立了科技人才继续教育和培训的基本制度体系，构建了多方协同、分层分类的科技人才继续教育和培训体系。

### 一　起步创立阶段（1978~1987年）

1978年3月全国科学大会在北京召开，邓小平作重要讲话，指出科技人员是劳动人民，知识分子是工人阶级的一部分，强调要加速培养年轻的科技人才，提出科学技术人才的培养基础在教育。[①] 党的十一届三中全会后，我国把专业技术人才工作摆到了党的工作的重要地位，提出建设"革命化、年轻化、知识化、专业化"的干部队伍，要求"尊重知识、尊重人才"，大规模开展继续教育和培训活动。以《1978—1985年全国科学技术发展规划纲要》《出国留学人员工作的若干暂行规定》《关于科学技术体制改革的决定》《关于积极开展在职科技人员专业培训工作的意见》为代表的政策相继出台。[②]

鉴于当时科技人才极度匮乏，且人才培训缺乏体制保障，国家在科技人才的国外交流培训、科教体制改革等方面进行了积极的探索。重视青年科技

---

① 《"科学的春天"——1978年全国科学大会》，《中国科学院院刊》2018年第4期。

② 于飞：《建国70年中国科技人才政策演变与发展》，《中国高校科技》2019年第8期。

人才的专业技术培训及国际交流外语培训，农民科技人才的培训体系初步建立。《1978—1985 年全国科学技术发展规划纲要》提出，科研机构、厂矿企业、设计机构和高等学校等要制定科学合理的计划和办法，进一步提高科技人才尤其是青年科技人才的科学技术水平和外语水平。此阶段各科研院所、高等学校等单位重点开展了一定数量、规模的科技外语培训，如四机部（科技局和标准化所）面向科技工作者、管理人员、企业开展了 3~4 个月的短期脱产出国人员英语培训等，效果良好。

1979 年 5 月，中国政府派代表参加了在墨西哥城召开的第一届世界继续工程教育大会，自此，我国开始引入现代意义上的继续教育和培训理念，科技人才继续教育和培训的重要性逐渐受到国家关注。受世界继续教育和培训工程迅猛发展的重要影响，我国对科技人才和专业技术人员继续教育和培训的思想认识也在不断提升。20 世纪 80 年代，每年约有百万名专业技术人员接受多种形式的继续教育。[1] "七五"期间，全国共有 400 多万名科技干部接受不同形式的继续教育。[2]

我国早期的科技人才继续教育和培训工作主要关注科技干部、科技人员的继续教育和培训，后将专业技术人员和管理人员都纳入继续教育和培训范畴。1981 年，中共中央、国务院发布实施《科学技术干部管理工作试行条例》，将科技人员的管理和继续教育作为重要工作重视起来。其中要求加强对科学技术干部的管理，在建设四个现代化中发挥其创造性和积极性，并对科学技术干部的培养教育制定了管理办法。1983 年，劳动人事部科技干部局下设继续教育处，指导全国科技人员继续教育工作，各地区、各部门随后也陆续设置了继续教育管理机构。1984 年，中国继续工程教育协会成立。1985 年，清华大学继续教育学院成立，紧接着北京航空航天大学、上海第二工业大学等高校相继成立了继续教育学院，通过校企合作与举办研修班的方式向企业技术人员提供培训；一些大型国有企业也先后成立了职工大学或

---

① 高世琦编著《中国共产党干部教育世纪历程》，党建读物出版社，2013。
② 高世琦编著《中国共产党干部教育世纪历程》，党建读物出版社，2013。

职业教育中心，它们作为我国第一批专业技术人员继续教育培训机构，为我国早期专业技术人员继续教育提供了重要支持。①

在连续参加三届世界继续工程教育大会后，受到世界继续教育快速发展的影响，国家对专业技术人员继续教育工作越发重视。1986 年，关于"七五"计划的报告中明确提出"要逐步建立和完善对科技人员进行继续教育的制度"，时任国务院总理李鹏在政府工作报告中把继续教育纳入重要议程，并把继续教育作为实施"科教兴国"战略的重要措施之一。同年 2 月，国家自然科学基金委员会正式成立，随后，青年科学基金、博士后科学基金、留学生科研资助基金等主要针对青年科技人才的载体平台相继设立，对吸引、稳定和培养科技人才都起到了重要作用，此阶段，中国科技人才培训主体逐渐明晰，载体平台开始建设。"在职培训""继续教育"成为此阶段培养科技人才的重要形式，且以青年科技人才为主，主要目标是提高综合素养。我国建立了科学技术部科技人才交流开发服务中心、中国科学院人才交流开发中心、科技部火炬高技术产业开发中心、科技管理干部学院、国家行政学院和地方行政学院等，为科技人才在职培训思想理论教育和专业技术培训开辟了更广泛的渠道，先后开展了面向科技人才的以社会主义市场经济理论和科技知识为主要内容的普遍培训，成效显著。

1987 年颁布的《企业科技人员继续教育暂行规定》是中国第一个全面系统地针对企业继续教育制定的行政法规，将企业科技人员的教育培训以制度的形式固定下来。当年 6 月，国家教委发布《关于改革和发展成人教育的决定》，强调成人教育在当代社会经济发展和科技进步中的重要作用，从岗位培训、成人学校改革、大学后继续教育、管理制度措施等方面做了重要指导。同年 10 月，国家经委、科委、科协联合颁布《企业科技人员继续教育暂行规定》，细化了科技人员继续教育的管理规定，提出"继续教育是对科技人员进行知识更新和补缺，加速智力开发的教育"，企业科技人员继续

---

① 邰岭：《我国专业技术人员继续教育 30 年回顾与展望（上）》，《成人教育》2009 年第 7 期。

教育是我国"深化企业改革的一项重要措施",强调继续教育"关系到企业的生存发展和科技人员的切身利益"。同年12月,《关于开展大学后继续教育的暂行规定》出台,首次确定了我国专业技术人员继续教育的对象、任务、教学、考核等一系列工作内容,并明确将专业技术人员继续教育和培训的范围从科技人员扩大到专业技术人员和管理人员。

## 二 初步发展阶段(1988~2002年)

自20世纪80年代末开始,随着我国专业技术人员继续教育法律法规相继出台,以及相应管理体系的确立,我国专业技术人员继续教育工作逐步朝着法治化、规范化方向发展。20世纪90年代前后,中国经济体制活力初现,民营企业开始萌生。随着科技园区建设力度的逐步加大,科技人才培训的基础设施建设速度明显加快,以园区为载体的科技人才培训体系初步建立。我国先后制订了一系列科技人才培养专项计划,如"星火计划"、"863"计划、"火炬计划"等,为培养和造就科技人才提供了有效的载体。

1988年劳动人事部分离,我国成立了人事部与劳动部,将国家科委科技干部局并入人事部,适应党政分开和干部人事制度的改革,强化政府的人事管理职能,同时专业技术人员继续教育和培训工作被划入人事部管辖。同年,我国第一部地方性继续教育法规《吉林省专业技术人员继续教育暂行规定》颁布实施。1989年,天津市人大常委会实现了第一部地方性继续教育专项立法,此后,半数以上省市、行业也相继制定了继续教育规定。此外,一些行业也颁布实施了行业系统内的专业技术人员继续教育规定。1989年,农业部颁布实施的《农业专业技术人员继续教育暂行规定》为开展针对农村劳动者、乡镇企业管理人员、技术人员、农村科技管理人员的专项培训提供了法律保障。同年,卫生部颁布实施了《继续医学教育暂行规定》,教育部于1999年发布实施了《中小学教师继续教育规定》等。

进入20世纪90年代,《全国专业技术人员继续教育暂行规定》的印发标志着继续教育工作的立法有了新进展,继续教育工作有了比较明确的管理体制和工作机制。1991年,人事部专门制定了《全国专业技术人员继续教育"八五"规划纲要》，提出"八五"期间继续教育和培训的指导思想、整体目标和主要任务，针对我国专业技术人才的继续教育和培训，制定出全局性的规划与部署，强调构建"规范化、常态化、科学化"的操作体系以及"具备规划性、规章性、组织性、资金保障和评估机制"的管理架构。同时，重点围绕产业技术创新、高科技产业的成长、农业科技化推进以及边远贫困地区的科技经济振兴，推动专业技术人才的持续教育，为未来专业技术人才的教育培训提供方向性指引。为满足培育高端人才的需求，人事部积极创新，构建了专业技术人才的高级培训体系；自 1993 年始，该部门联合相关机构启动了对新疆地区少数民族科技精英的特殊培养计划。

1995 年《教育法》以法律的形式确认了专业技术人员接受继续教育的权利和义务。同年 11 月，人事部印发《全国专业技术人员继续教育暂行规定》，对专业技术人才持续进修的纲领性规定、实施形式及课程设置进行了全面的阐述，构建了从中央至地方完善的基层专业技术人才继续教育政策框架。主要内容如下。第一，确立继续教育须遵循邓小平关于建设中国特色社会主义的理论导向，着眼于现代化、全球化和未来发展的需求，紧密联系科技进步和生产发展的具体要求，积极且有效地支撑以经济建设为核心的任务，以及推动"科教兴国"战略的实施；继续教育旨在不断刷新、充实、拓宽和提升专业技术人员的知识储备与技能，优化知识体系，增强创新能力和专业素质；继续教育的受众群体为在企事业单位从事专业技术工作的在职人员；继续教育培训课程的设置需依据社会主义市场经济体系及现代科技的前进步伐来精心挑选，其核心宗旨在于帮助专业技术人员深入理解并熟练运用各领域的前沿理论、先进技术、创新方法以及最新资讯。第二，秉持理论与实践相结合、因需施教、注重实际效果的理念，针对学员特点、学习环境、课程内容等多方面差异，运用短期培训、进修课程、研究研讨、专题讲座、学术研讨活动、业务调研以及系统化、组织化、设有考核的自我学习等多种形式。高级及中级专业技术人才每年需参加不少于 40 学时的全日制继续教育，而初级专业技术人才需要不少于 32 学时。第三，继续教育的推进主要依托基层的事业实体和各类企业；而专业的继续教育机构、高等院校以及科研机构则构成了推进持续深造的核心阵地；在师资队伍建设上，采取专职与兼职相结合的方式，并以兼职教师为主导；资金投入则严格遵循国家的相关规定。第四，继续教育采取集中规划、逐级管控模式。我国针对关键行业、核心区域以及边远贫困地区实施支持性措施；人力资源和社会保障部门承担全国继续教育的高层监管职责，拟定计划、法规，实施示范项目，负责统筹协调及政策引导。第五，遵循教学、评价、应用三位一体的原则，构建继续教育的管理体系。对参与继续教育的个体实施注册制度，对继续教育的实施情况实行记录制度，对继续教育的成效实施审核制度，对继续教育的执行过程落实激励机制等。

1996年12月，人事部印发《全国专业技术人员继续教育"九五"规划纲要》，对"九五"期间专业技术人员继续教育和培训作出总体部署，包括指导思想、基本原则、总体目标等。1998年，国务院机构改革方案明确指出，人事部负责专业技术人员的继续教育工作，各省、自治区、直辖市人事行政部门负责本地继续教育和培训的政策、规划实施与综合管理工作。各级政府人事部门负责、中国科协和中国继续工程教育协会等群众团体协助的专业技术人员继续教育管理体系由此确立。1999年，国家进一步结合我国当时的重大战略对教育人才继续教育、少数民族科技骨干继续教育制定了有针对性的政策，推动了专业技术人员继续教育制度建设和人才队伍建设。进入21世纪后，继续教育工作加快发展，《人事部关于全国专业技术人员继续教育"九五"规划纲要》《关于加强与科技有关的知识产权保护和管理工作的若干意见》《人事部关于印发〈人事人才发展"十五"规划纲要〉的通知》等文件相继出台，提出进一步加强面向专业技术人员的专项培训，中国继续教育参训人数逐步增加，继续教育工作逐渐形成全方位、多层次、多形式的格局。2001年，人事部组织世贸知识继续教育活动，数百万专业技术人员参加培训。[1]

在这个阶段，我国各地方和多个重点行业纷纷开展了多层次、多形式、

---

[1]　余兴安、唐志敏主编《人事制度改革与人才队伍建设（1978-2018）》，中国社会科学出版社，2019。

多渠道的科技人才和专业技术人员继续教育活动。在继续教育主办机构方面，初步建立了企业、高校和社会机构协作的专业技术人员继续教育体系。地方性、行业性继续教育工作间的横向联系也在逐步加强，我国形成了跨地区、跨行业的专业技术人员继续教育协作组织。

### 三 快速发展阶段（2003~2012年）

2003年12月，中共中央、国务院印发《关于进一步加强人才工作的决定》，明确提出实施人才强国重要战略，全面贯彻干部队伍"四化"方针和德才兼备原则，并将党政人才、企业经营管理人才和专业技术人才作为我国人才队伍的主体，重点进行队伍建设工作，把我国转化为人才资源强国，为改革开放和现代化建设提供坚强的人才保障。自此，我国将人才队伍建设和继续教育工作提升到战略高度，专业技术人员继续教育作为国家人才培养重点工作之一得以快速发展，并持续深化。相关法规政策与管理制度进一步健全，促进专业技术人员继续教育政策落实的保障措施不断加强，我国专业技术人员继续教育工作向更加系统化、科学化的方向发展。

为贯彻落实《中共中央国务院关于进一步加强人才工作的决定》，2005年，人事部决定实施"653工程"，计划从2005年到2010年的6年内，在现代农业、现代制造、现代管理、信息技术、能源技术等5个领域重点培训300万名紧跟科技发展前沿、创新能力强的中高级专业技术人才。2006年，人事部联合信息产业部制定《信息专业技术人才知识更新工程（"653工程"）实施办法》，加强信息专业技术人才继续教育。同年，"653工程"被纳入国家"十一五"规划，我国专业技术人员继续教育工作专项计划第一次作为国家重大人才培养工程，被列入国民经济和社会发展五年规划。①至2010年，"653工程"累计培训专业技术人才300万人次，据不完全统计，全国接受继续教育的专业技术人员超过3000万人次，全国各类培训机

---

① 王燕琦、高敏婧：《人事部等为专业技术人才"充电"》，《光明日报》2006年11月8日。

构达 6 万多家。①

2005 年，我国启动实施专业技术人才知识更新工程，并如期圆满完成，在现代农业、现代制造、信息技术、能源技术和现代管理等五大领域培训 300 万名中高级专业技术人才。2006 年，人事部实施三江源人才工程。据不完全统计，2000~2008 年，全国参加继续教育的专业技术人员超过 7000 万人次。仅各级人事部门就举办专业技术人员高级研修班 4000 多期，近 30 万名高层次人才参加研修。② 各地各部门围绕知识更新工程，开展了重点领域、重点行业、重点产业的人才培养和培训。

2006 年《国家中长期科学和技术发展规划和纲要》颁布以来，中国科技人才培养培训政策出现了"放""管""服"方面的积极变化，以科学发展观、科学人才观为指导思想，以"科教兴国""人才强国"战略为发展方向，推动科技人才队伍建设全面协调发展。"全国人才工作会议"召开，作出了《中共中央国务院关于进一步加强人才工作的决定》，对人才工作的具体目标和发展思路提出了要求。

2007 年，人事部、教育教学部门、科学研究部门以及财务部门联合出台了《关于加强专业技术人员继续教育工作的意见》，其中明确规定：各公司需依据员工总体薪酬的 1.5% 比例，确保拨付充足的教育培训经费。对于技术要求严格的岗位、培训成本较高的企业，在经济效益相对较好的情况下，这些公司可以将提取比例提高至 2.5%。事业单位应当借鉴企业的规章制度，持续提升对专业技术人才深造资金的投入力度，这为专业技术人才教育政策的深入实施提供了坚实的保障。③ 业务部门的专业技术人员继续教育和培训管理责任也进一步加强。从 2002 年《中医药继续教育规定》颁布实施，到 2005 年《保险中介从业人员继续教育暂行办法》实施，2006 年《公安部办公厅、人事部办公厅关于开展信息网络安全专业技术人员继续教育工作的通知》出台，2007 年《环境影响评价工程师继续教育暂行规定》制定

---

① 赵苏阳：《学习型社会视野下继续教育的发展》，《现代企业教育》2013 年第 3 期。

② 徐颂陶、孙建立主编《中国人事制度改革三十年》，中国人事出版社，2008。

③ 俞家栋：《造就爱国奉献的优秀专技人才队伍》，《中国组织人事报》2019 年 3 月 4 日。

实施，等等，更多业务主管部门制定了管理本行业专业技术人员继续教育和培训的专门规章。2008 年，人社部成为继续教育工作的政府主管部门，建立了继续教育东西部对口支援机制，由地区、行业和单位建立的继续教育交流平台和品牌发挥了越来越重要的作用。2008 年，中国初任亚太工程教育协会轮值主席，通过"走出去"和"请进来"加强继续教育事业的合作与交流。

为了更好地实施人才强国战略，建设人力资源强国，同时减少机构重叠、职能交叉与脱节现象，2008 年，人事与劳动保障职能合并，人力资源和社会保障部组建，统筹管理机关和企事业单位人员，并下设专业技术人员管理司。为加快人才强国建设，党的十九届四中全会提出，要完善职业技术教育、高等教育、继续教育统筹协调发展机制。2010 年，《国家中长期人才发展规划纲要（2010—2020 年）》颁布，将高素质技术人才的知识升级项目列为十二大关键人才发展计划之一，强调以提升职业技能和创新能力为主旨，聚焦于高级人才和急需人才，致力于塑造一支庞大且能力卓越的技术人才阵容；建立分级别、分类别的技术人才终身学习系统，加速推进技术人才知识更新的实施进度，持续深化和完善新千年百万人才发展计划，开展青年才俊培养计划、卓越教育人才培养计划、文化精英工程、全民健康与卫生人才支持计划等；通过科技培训基地建设、培训内容建设、教材建设、制度建设等，使科技人才培训工作进入多层次、多渠道、大规模培训期，从科技人才专项业务知识培训转变为科技人才自主创新能力培训；紧扣我国经济布局优化、先进科技领域拓展以及创新能力的显著增强，针对关键行业实施广泛的知识迭代与深造教育，确保每年对 100 万名急需的关键岗位及核心专业技术人才进行系统培训，并逐步打造 200 个高标准的国家级专业人才深造培训中心。自 2010 年启动实施以来，知识更新工程作为近年来专业技术人员继续教育工作的首要任务以及推进专业技术人才队伍建设的重要举措，在各地各部门的大力支持和推动下，进展顺利，圆满完成确定的目标任务，取得了丰硕成果，我国专业技术人员继续教育与培训制度建设持续完善，政策法规向精细化发展。专业技术人员继续教育和培训课程和教材体系建设不断丰富，我国建立了以专业知识更新、整体素质提升和创新能力增强为核心目标的综合课程体系。数据显示，知识更新工程已累计投入中央专项经费约11.5亿元，实施2764期国家级高级研修项目，培训高层次专业技术人才18.3万人次，开展急需紧缺人才培训和岗位培训累计超过1246万人次，分十批次建设了200个国家级专业技术人员继续教育基地，带动了一大批区域性和行业性继续教育基地建设，圆满并超额完成各年度确定的工作目标任务。可以说，知识更新工程的组织实施，带动了各地区各行业专业技术人员继续教育工作的全面开展，普遍提升了我国专业技术人才的能力素质，有效改善了经济社会发展重点领域的人才供给，有力地促进了我国专业技术人才队伍建设。[①]

2011年，中组部、人力资源和社会保障部印发了《专业技术人才队伍建设中长期规划（2010—2020年）》，以提升专业技术人才素质能力、扩大专业技术人才队伍规模、调整专业技术人才队伍整体结构、创新专业技术人才管理体制机制、优化专业技术人才发展环境为主要任务，并将全面提升专业技术人员的能力素质作为重要举措之一，指出要"大力实施知识更新工程""加强专业技术人才继续教育制度建设"，强调以人为本的继续教育工作体系。[②] 配合专业技术人才知识更新工程的实施，人力资源和社会保障部、财政部、科学技术部、教育部、中国科学院联合制定《专业技术人才知识更新工程实施方案》，并先后制定了更加细化的管理办法以更好地推动知识更新工程实施，包括《专业技术人才知识更新工程急需紧缺人才培养培训项目和岗位培训项目实施办法》《国家级专业技术人员继续教育基地管理办法》《专业技术人才知识更新工程高级研修　项目管理的办法》等。

此阶段，国家深化人才发展体制机制改革，重视科技人才自主创新能力培训制度建设。依托科技培训基地培训资源，制订自主创新能力培训教育方

---

① 王晓初、程超等：《专业技术人才知识更新工程十年实施总结评估报告》，载余兴安主编《中国培训事业发展报告（2022）》，社会科学文献出版社，2023。

② 张文成：《加快三支人才队伍建设，促进公司快速健康发展》，《价值工程》2015年第3期。

案和教学计划,编写系列教材和配套的案例分析教材,加强师资力量,科技人才培训逐渐呈现计划性、多样性、实用性、复杂性等基本特征。

## 四 持续深化阶段(2013年至今)

党的十八大以来,国家落实"创新驱动发展战略",将科技人才提到前所未有的战略高度,要求系统化、专业性、多层次推进科技人才培训相关工作。《国家中长期科技人才发展规划(2010—2020年)》《创新人才推进计划实施方案》等文件相继推出,要求根据各部门与行业特点和业务实际需要,统筹开展科技创业人才和科技管理人才相关培训,将培训普遍性和岗位特殊需求有效结合起来。充分开发现代培训方法,开展具有科技特色的专题讲座和培训活动,积极打造培训项目。强调对重点人才群体、重点领域人才的专项培训。

自深入实施专业技术人才知识更新工程以来,2012～2018年共新增140家国家级专业技术人员继续教育基地,累计举办高级研修班1985期,累计培训高层次专业技术人才13万人次,累计开展急需紧缺人才培养培训和岗位培训1023.35万人次,选拔培养新疆、西藏特培学员累计3640人,组织28期新疆、西藏特培专家服务团活动。[①]

2015年,人力资源社会保障部出台《专业技术人员继续教育规定》,配套印发了《人力资源社会保障部办公厅关于贯彻实施〈专业技术人员继续教育规定〉的通知》《人力资源社会保障部办公厅关于进一步加强专业技术人员公需科目继续教育工作的通知》,包括适应范围、管理体制、内容和方式、权利与义务、公告服务等内容。我国专业技术人员继续教育实行统筹规划、分级负责、分类指导的管理体制得到进一步明确,体现了继续教育立法的新进展。与1995年《全国专业技术人员继续教育暂行规定》相比,本次立法有如下主要变化。第一,适用范围扩大,不仅包括事业、企业单位专业技术人员,还包括国家机关、社会团体等组织的专业技术人员。第二,确立

---

① 2012～2019年的有关数据根据2012～2019年年度人力资源和社会保障事业发展统计公报计算而来。

"全面规划、分层管理、分类型引导"的治理架构，我国国家级人力资源和社会保障机关承担着对全国范围内专业技术人才持续教育进行集中领导和宏观规划的重任，负责制定相关持续教育政策，起草具体的教育规划，并确保这些规划得以有效执行；各地方人力资源和社会保障组织则有责任对其辖区内的专业技术人才持续教育工作进行全方位的管理与实施；各行业主管部门则在其法定职能范围内，依法开展本行业的继续教育计划、管理及执行相关事宜。第三，调整继续教育的内容和方式。继续教育内容包括公需科目和专业科目。增加继续教育的时间，专业技术人员接受继续教育的时间每年累计应不少于90学时，其中，公需科目一般不超过总学时的1/3；增加继续教育的方式，比如远程教育等，并将继续教育方式和学时的具体认定权限交由省、自治区、直辖市人力资源和社会保障行政部门。第四，明确继续教育各相关主体的权利、义务和责任，尤其是不同类型组织中专业技术人员的权益保障，以及各类用人单位的责任和义务。第五，对继续教育组织管理，尤其是教育培训机构承担继续教育的资质和专业化建设（包括教学、师资队伍、远程教育等内容）作出规定。第六，明确继续教育的公共服务内容，对各级人力资源和社会保障部门与行业主管部门的公共管理，尤其是相关的制度建设（比如平台建设、统计制度、评估等）作出规定。

2016年，中共中央发布的《关于深化人才发展体制机制改革的意见》确立了现阶段及未来一个时期我国人才战略的核心政策文本，同时也象征着我国人才发展事业步入全新的成长期。该方针着重于消除限制人才成长的旧有思维和制度性障碍，激发并提升人才的生机与活力，构建起具有全球竞争力的人才制度框架，以此吸纳世界各地的杰出人才以供我国所用。意见将人才成长体系的机制改革视为全面深化改革的核心环节，针对管理体系、培育与扶持架构、评审制度、人才流动体系、服务保障体系以及领导组织架构等多个层面，制定了一系列改革策略，旨在构建既注重内部人才培养又重视外部人才引进的双重发展路径。

2016年7月，《人力资源社会保障部关于加强基层专业技术人才队伍建设的意见》出台，要求"健全基层专业技术人才继续教育制度"，从改革完善评价机制、基层事业单位人事管理制度、激励机制、引导人才向基层流动、提升能力素质、提高服务保障水平等方面提出 25 条加强基层专业技术人才队伍建设的创新举措，提升人才服务基层经济社会发展能力。2018 年 11 月，中共中央印发了《2018~2022 年全国干部教育培训规划》，提出培养高素质专业化干部队伍，专业技术人员是干部队伍的组成部分，要求突出政治引领，对高层次人才和社科科研骨干等专业技术人员进行干部教育培训，实施对各类组织的专业技术人员继续教育和培训，推动各地区各行业大力开展专业技术人员全员教育培训。2017 年 6 月，《新时期产业工人队伍建设改革方案》颁布，要求加强产业工人职业教育、继续教育、普通教育的有机衔接，提升产业工人技术技能。

此外，在科技人才培训内涵建设方面，2018 年 2 月，《关于分类推进人才评价机制改革的指导意见》出台，提出要建立以创新能力、质量、贡献、绩效为导向的科技人才培训评价体系，培训管理更加科学化、规范化。2021 年 7 月发布的《全民科学素质行动规划纲要（2021—2035 年）》，对新科技知识和技能培训、农民教育培训、高技能科技人才培训、职业科技培训、科学素质教育培训、科普传播能力培训等均提出了明确的要求。2022 年新修订实施的《中华人民共和国科学技术进步法》明确提出，要为农民提供科学技术培训和指导，要结合技术创新和职工技能培训开展科学技术普及活动，要为科学技术人员提供便利的培训条件和环境。完善科技人才继续教育和培训方法，加大继续教育和培训力度，丰富继续教育和培训内容势在必行。面对科技改革新趋势，需要不断加强科技人才培训的内涵建设，用科学的方法指导科技人才能力提升、科技产业规模扩大、科技社会效益最大化。

近年来，各地积极响应创新型国家建设，实行特定科技人才群体分类培训制度。根据因人施教、分类施教原则，在培训目标的制定、培训内容的设计、培训方法的选择、培训活动的组织等方面均采取了有针对性的措施，尤其是在培训内容的设计方面，既强调基本技能的培训，又突出特殊技能的培训。例如，针对出国人员的外语培训，选择通用语种的学习，并采取短期、高强度的集中培训实现外语知识的全面掌握；星火计划培训重点抓农村科技人才，细分各类农村科技知识，开设专题培训班，在培训内容的设置上突出实践技能；创新培训和管理技能培训充分结合前沿学科知识，在内容上突出案例教学，在形式上以短期专题研讨班的形式居多。通过分类培训，科技培训供给与需求对接更加精准，科技培训目标更加具体明确，培训内容也更具针对性和有效性。

## 第二节　继续教育和培训制度的布局架构

党的十八大以来，中国科技人才继续教育和培训主要围绕科技创新重点行业领域，面向专业技术人员、科技管理人员、重点产业人员以及科技系统公务员等几大重点群体，探索形成了相对成熟的培训产品模式，基本建立了条块结合、系统链接的科技培训体系架构。

### 一　产品模式

科技人才继续教育和培训区别于人才基础教育，其教育培训模式和产品主要为在职学习，旨在提升科技人才适应实际工作的专业技术能力和通识能力，分为短期的人才培训，时间不超过 3 个月，集中连续或分阶段培训；在职学位教育，完成相应学习内容可获取学位证书等。

（一）短期培训班

（1）岗位资格认证培训班：主要对象为科技管理领导干部，集中学习 3个月，考核合格后由培训单位颁发岗位资格证书。

（2）短期学习班：主要对象为在职干部，集中学习 15 天，学习内容以工作实用技能为主，考核合格后由培训单位颁发学习培训证书。

（3）定向培训班：主要对象为高新技术企业研究与开发管理人员，集中学习 1 个月，学习内容以管理能力、管理技能为主，考核合格后由培训单位颁发相关技能证书。

（4）专题培训班：主要对象不固定，集中学习 7~10 天，学习内容以当前热点形势、思想、精神等为主。

（5）在岗培训班：主要对象为在岗职工，一般以部门和岗位为单位，集中学习 5~10 天，学习内容以岗位知识为主。

（6）国际培训班：主要对象为定向选送人员，学习时长参考学期制，主要形式是国内外院校联合办班。

（二）学位教育

（1）学位班：主要对象为已取得技术创新相关方向学位的人员，考核需通过国家正规学位考试。

（2）研究生课程教育，不受学位教育的限制，如"技术创新管理"（技术经济与管理）研究生课程教育班等。

## 二　对象类型

科技人才继续教育和培训的对象较为明确，主要为与科技创新相关的专业技术人员、管理服务人员等，也包括符合国家发展战略的相关科技产业领域人才等。

（一）科技管理人员

针对科技管理人员开展的培训主要是面向政府机关、事业单位各级科技管理干部以及区、县分管科技工作的领导等开展的各类培训。针对科技管理人员的培训需求主要集中在科技政策、创新管理、创新方法、知识产权战略等模块的前沿理论，科技创新和科技发展规划的重要精神，国家科技重大专项、重点领域关键核心技术突破，科技创新基地和平台建设，创新型科技人才的培养等方面。对科技管理人员开展的培训对经验交流、案例教学等形式具有较高的需求。

（二）专业技术人员

针对专业技术人员开展的培训主要是面向各行业的专业技术人员、技术骨干人才开展的各类培训。技术人才在培训过程中对课程内容的需求涵盖了以下几个方面：专业理论知识、行业内研究技巧、分析软件操作、研究路径的确定、科技文章及调研报告的撰写技能、社会调研手段以及基础的政策与法规知识。① 技术人才的教育培训主要为短期课程，这类需求尤其强烈，涵

---

① 闻增昌：《专业技术人员继续教育培训质量体系建设探究》，《陕西教育（高教）》2019 年第 5 期。

盖了学术研讨、专项技能提升、岗位入职教育、学术交流以及主题报告等多个方面。这些培训通常以周期较短为特点，一般不会超过 6 个月，且具备较强的专业针对性和实用性。同时，技术人员对于学术调研、学术交流访问、在科技企业进行的沉浸式学习体验以及中长期的教育培训也有相应的需求。[1]

### （三）重点产业人才

产业人才是指为产业发展服务的具有一定技能水平的高素质群体。从结构来看，产业人才可以分为领军人才、拔尖人才和技术工人。产业人才的培训内容需求主要有经营者的管理培训、政策法规专项培训、行业发展与技术交流培训等。从培训类型来看，不同产业之间对于培训类型的需求相差不大。重点产业快速发展，对人员的数量、素质要求都会越来越高。未来，研发人员、管理人员依然会是企业最需要的人才。同时企业对人才的要求会更加专业化、多元化。

### （四）科技系统公务员

现代科技培训是增强公务员素质与能力的时代需要。在培训内容方面，以政策法规和改革创新知识为主，强调对能力素质的培养。方法上突出创造性思维的训练，并注重知识面的扩大，坚持问题导向，致力于解决思想层面的方向问题和技术层面的技能问题。[2] 科技系统公务员在能力建设和培训内容方面有如下需求。

（1）任职培训中的领导能力建设包括依法执政能力、改革创新能力、政治领导能力、群众工作能力、科学发展能力、驾驭风险能力、狠抓落实能力的提升和培训。

（2）在职培训内容包括政策法规、政治理论、营商环境、职业道德建

---

① 沈晓平、苗润莲、贺文俊：《科技人才继续教育的需求与对策研究——基于北京市科学技术研究院的实证分析》，载《2017 年北京科学技术情报学会年会——"科技情报发展助力科技创新中心建设"论坛论文集》，2017。
② 汪继年：《公务员现代科技培训工作发展问题研究：学科与培训体系建设》，《成人教育》2010 年第 11 期。

设、科技创新等的强化培训。

（3）专门业务培训包括开展政策业务、通信写作等专业基础培训和技能培训。

（4）公务员能力素养包括创新知识储备能力、决策能力、政治能力、突发事件处理能力等方面的培训。

三　行业领域

科技人才继续教育和培训制度涉及科技重点行业、领域，自上而下纵向与地方区域横向综合分布。根据培训对象所处行业、领域的不同，目前共涉及农业科技培训、科技管理人员和科技服务专业人员培训、企业科技人员职业技术培训、公安科技培训体系、公务员现代科技培训、科技管理干部培训、科技情报人才培训、卓越职教师资人才培养培训、科普场馆科技辅导教师培训等9类，涵盖农业、行政管理、企业、公务员、教育、科普场馆等多个领域。在信息科技、海洋环保、能源管理、灾害预防、农业科技等12个重点领域，科技人才培训以继续教育为主要思路，以短期学习班、专题培训班为主要形式，开展高层次、急需紧缺和骨干专业技术人才的培训。此外，各地区积极建设国家级专业技术人员继续教育基地，充分调动高校、科研院所、企业的积极性，大规模开展岗位资格认证培训班、定向培训班等。

## 第三节　继续教育和培训制度的主体供给

中国科技人才继续教育和培训制度基本上形成了培训指导单位、培训机构、用人单位以及培训对象"四位一体"的供给需求机制，自上而下的计划培训与行业类市场化培训并存，培训指导单位和培训机构的主体供给与用人单位和科技人才本身的需求相互结合促进（见图6-1）。

从科技人才继续教育和培训制度主体供给上看，国家层面以科学技术部、中国科学院、中国科协等科技系统单位指导培训为主，其下属事业单位中心等负责培训落实。中央组织部、人力资源和社会保障部、国家发展改革

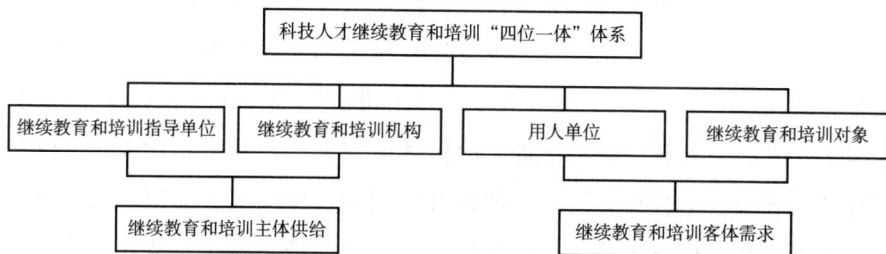

图 6-1　科技人才继续教育和培训体系

委、教育部、工业和信息化部、农业农村部、国家知识产权局等在专业技术人才培训、行业领域科技人才培训、农村科技人才培训等方面也承担了重要的培训供给职能。

## 一　国家科技系统

中国形成了自上而下的继续教育和培训体系，以科学技术部为主的科技主管条线是科技人才培训的重要指导单位，同时也是主要的培训组织机构，在某种程度上，科学技术部的科技人才培训供给也反映了国家的科技人才培训战略需求和发展导向（见表 6-1）。

表 6-1　国家科技系统科技人才继续教育和培训供给

| 继续教育和培训主要单位 | | 继续教育和培训机构 |
| --- | --- | --- |
| 科学技术部 | 人事司 | 中国科学技术交流中心 |
| | 国际合作司 | 科学技术部科技人才交流开发服务中心 |
| | 社会发展司 | 中国国际人才交流中心 |
| | 成果转化与区域创新司 | 科学技术部上海培训中心 |
| | 政策法规与监督司 | 中国农村技术开发中心 |
| | | 科学技术部火炬中心 |
| | 引智司 | 中国 21 世纪议程管理中心 |
| 中国科学技术协会 | 组织人事部 | 培训和人才服务中心 |
| | | 中国科协党校 |
| | | 中国科协乡村振兴科技党校 |
| 中国科学院 | | 中国科学院人才交流开发中心 |
| 中国工程院 | | |

科学技术部各相关司局承担相应的科技人才培训指导组织工作，依托部属或地方事业单位以及高校、协会等开展培训。如人事司面向部内开展系统组织人事干部培训、"专业技术人员大讲堂"高层次专家授课活动等，面向部外开展驻外科技机构负责人回国参会培训、国际组织中高级人才能力提升培训班、主管社会组织管理提升培训班、国际组织及国际大科学计划人才能力建设研修班等；国际合作司开展"一带一路"国家系列专题国际培训班、"科技政策与管理国际研修班"等；社会发展司举办"国家可持续发展实验示范体系建设培训班"等；成果转化与区域创新司举办全国技术先进型服务企业高质量发展培训班等；政策法规与监督司举办全国科技管理系统推进科技改革与政策落实培训会议等；引智司举办全国科普能力建设培训班等。

部属事业单位相应承担科技人才培训落实开展工作，如科学技术部科技人才交流开发服务中心是科学技术部直属事业单位，专设科技人才培训岗位职能，从事科技管理人才、创新人才、创业人才等培训，开设专技人员大讲堂、科技创新 CEO 特训营等。中国国际人才交流中心设立了芬兰中国发展与交流中心、英伦国际有限公司等境外培训机构；中国农村技术开发中心开展农业科技创新管理、国家农业科技园区、星创天地、科技扶贫、科技特派员、农业科技计划等方面的专题培训；科学技术部火炬中心开展国家技术转移人才培养基地建设，举办国家高新区高质量发展培训班、国家技术转移机构主任培训班等；中国 21 世纪议程管理中心举办"应对气候变化培训"活动等。

中国科协面向中央/地方协会指导组织开展科技人才培训相关工作，其培训和人才服务中心承担中国科协系统干部教育培训、科技奖项和人才举荐、高层次专家服务、科学道德建设等重点工作。近年来中国科协举办了高层次科技领军人才专题研修班、局级领导干部研修班和省市级新任科协主席培训班等。中国科协所属学会发挥智力人才密集优势，积极参与"专业技术人才知识更新工程"，2016 年中国纺织工程学会等近20 个学会获得国家专业技术人才知识更新工程项目支持，培养培训专业技术人才 5000 余人。[①] 2016 年中国电子学会获批国家级专业技术人员继续教育基地，不断探索完善产学研用相结合的继续教育模式，努力建成一流的国家级专业技术人员继续教育基地。

中国科学院人才交流开发中心为配合中国科学院人事制度改革和知识创新工程，以中高级人才为重点，开展科技人才高级研修班、人力资源高级研修班、科研管理高级研修班、项目管理高级研修班、在职研究生教育等培训工作。

中国工程院"院士专家指导班"，组织院士专家赴贫困地区培训讲授科学生产技术和技能，帮助村民积极提升科学认知来改变目前贫穷落后的现状。

## 二 国家相关部门单位

科技人才分布在各行各业，除了国家科技系统主要指导组织外，中国科技人才培训供给指导组织单位还有中央组织部、人力资源和社会保障部、教育部、国家发展和改革委员会、工业和信息化部、农业农村部、国家知识产权局、国家药品监督管理局等（见表 6-2）。

表 6-2 主要指导单位科技人才继续教育和培训供给

| 继续教育和培训主要指导单位 | | 继续教育和培训机构 |
| --- | --- | --- |
| 中央组织部 | | 中共中央党校（国家行政学院） |
| | | 中国浦东干部学院 |
| | | 中国延安干部学院 |
| 人力资源和社会保障部 | 职业能力建设司 | 人力资源和社会保障部教育培训中心 |
| | | 人力资源和社会保障部社会保障能力建设中心 |
| | 专业技术人员管理司 | 人力资源和社会保障部事业单位人事服务中心 |
| | | 国家级专业技术人员继续教育基地 |
| 教育部 | 人事司 | 国家教育行政学院 |
| | 职业教育和成人教育司 | 教育部职业技术教育中心研究所 |
| 国家发展和改革委员会 | 人事司 | 国家发展和改革委员会培训中心（宣传中心） |
| | | 国家发展和改革委员会党校 |

---

① 国家科技基础条件平台中心：《中国科技人才报告（2018）》，科学技术文献出版社，2019。

| 继续教育和培训主要指导单位 | | 继续教育和培训机构 |
|---|---|---|
| 工业和信息化部 | 人事教育司 | 工业和信息化部人才交流中心 |
| | | 中国信息通信研究院 |
| 农业农村部 | 人事司 | 农业农村部管理干部学院（中共农业农村部党校） |
| | | 农业农村部科技发展研究中心 |
| | | 中国农村科学院培训中心 |
| 国家知识产权局 | | 中国知识产权保护中心 |
| 国家药品监督管理局 | | |

（一）人力资源和社会保障部

人力资源和社会保障部是专业技术人才培养培训的主要指导组织单位，职业能力建设司和专业技术人员管理司负责组织实施专业技术人才知识更新工程、职业技能提升行动等人才培训，建设国家级专业技术人员继续教育基地，建立健全师资库、课程库和项目库等，打造若干资源共享服务平台。自2011年起实施专业技术人才知识更新工程，聚焦装备制造、生物技术等重点领域，广泛开展高级研修、急需紧缺人才培训和岗位培训等活动。部属教育培训中心九江培训基地、承德培训基地等承担相应培训任务。打造"中国国家人事人才培训网""人社部教育培训网"等，依托中国职工教育和继续培训协会建设"全国职业培训教材网"，人力资源社会保障部中国工程继续教育协会建设一批继续教育基地，开展高级研修项目、紧缺急需人才培训、岗位培训项目等。

人力资源社会保障部研究建立终身职业技能培训制度，开展大规模就业技能培训、岗位技能提升培训和创业培训活动，年均政府补贴性职业培训近2000万人次。开展企业新型学徒制试点工作，推动企业和技工院校、培训机构建立长期稳定合作培养技能人才模式。截至2021年底，累计培训高层次、急需紧缺和骨干专业技术人才1246万人次，建设200个国家级继续教育基地，带动全国参加继续教育超过2亿人次。

（二）教育部

中共教育部党组印发《关于贯彻落实〈2018—2022年全国干部教育培

训规划〉的实施意见的通知》，指导干部教育培训工作。国家教育行政学院是从事含科技人才在内的相关培训的机构，开展传统培训外的远程培训及国际合作培训项目等。国家开放大学开展农村电子商务人才培养项目，国际合作培训包括中英网络教育从业人员培训、中罗葡萄酒品酒师资格认证培训等。教育部建设了一批全国干部教育培训高校基地。

教育部共推荐成立了清华大学、北京大学、浙江大学、国家教育行政学院、国家开放大学、北京师范大学、华东师范大学等国家级专业技术人员继续教育基地，指导基地单位以高层次、急需紧缺和骨干专业技术人才培养为重点，开展了大规模、多层次的专业技术人才继续教育培训。

（三）国家发展和改革委员会

国家发展和改革委员会直属事业单位——国家发展和改革委员会培训中心（宣传中心），面向国家发展和改革委员会公务员、委属单位部分干部、全国发展改革系统有关干部开展教育培训，指导全国发展改革系统干部培训工作，开展中高级英语培训班、科级干部能力提升专题培训班等。

（四）工业和信息化部

工业和信息化部面向具体产业领域的科技人才培训开展指导组织工作，如组织全国工业互联网系列培训等。为进一步加大对专业技术人员特别是科研领军人才、研究人员的培养力度，2014 年、2015 年与国家外专局联合组织实施"软件和集成电路人才培养计划"和"高端装备制造人才培养计划"，2017 年起组织实施"新材料人才培养计划"。截至 2017 年底，已培养软件和集成电路高端装备制造与新材料领域人才 987 人次，资助经费达6034 万元，大幅提升了重点行业科研实力。[①]

工业和信息化部人才交流中心从事人才培养、人才交流、国际合作、智力引进、人力资源服务、人才领域研究咨询等工作，相继开展重点领域人才培养计划、新型工业化能力建设长风计划、企业经营管理人才素质提升工程

---

① 国家科技基础条件平台中心：《中国科技人才报告（2018）》，科学技术文献出版社，2019。

等项目。建设制造业创新中心、中国数字经济人才集聚区，打造工业4.0在线学习平台，举办全国集成电路"创业之芯"大赛等。中国信息通信研究院打造"智能+"学院，开展区块链系列培训活动等。

（五）农业农村部

农业科技人才培训体系是相对职能清晰、系统健全的培训体系，农业农村部是全国农业科技人才培训的主要指导组织部门，农业农村部管理干部学院（中共农业农村部党校）是主要培训机构，重点开展农业品牌建设专题培训班、农民合作社带头人能力提升研修班、科技推动农业转型与农技推广服务能力培训班，形成了一支包括现代农业建设、农业农村财务管理、农业法律、农村合作社、农村改革、理论素质与能力建设等方向在内的专业培训师资队伍，开发了系列培训教材，建设了一批教学基地。中国农业科学院培训中心的培训课程和专题也相对成熟，包括党政干部培训、科研团队首席及骨干管理培训、国家农业科技创新联盟人才培训、现代农业技术推广培训、"院地合作"培训、科技创新工程绩效管理培训等。开展远程教育，打造"农科讲坛（中国农业科技报告会）"，形成系列精品课件。

（六）国家知识产权局

中国知识产权保护中心是国家知识产权局直属事业单位，是人力资源和社会保障部批准的国家继续教育基地，承担全国知识产权领域在职人员的继续教育和知识产权专门人才培养培训工作。举办了培训管理人员培训班、全国医药行业知识产权保护实务培训班等。[①]

## 三　地方科技系统及相关委办局

地方科技人才培训主体供给基本上按照自上而下的体系，主要指导组织职能由地方科技主管部门承担，如科技厅、科协等部门单位。各地人社局、教育局、经信委等也指导组织相应领域的科技人才相关培训，

① 彭燕媛：《知识产权从业人员职业道德研究》，南京理工大学博士学位论文，2020。

科技人才培训实施主要依托各部门的直属事业单位，或依托所在地的高校教育资源或行业协会资源等（见表6-3）。此外，各级党校（行政学院）中关于干部培训的知识类培训也涉及科技人才，但本节未将这两类供给主体纳入。

表6-3　部分地方科技系统及相关委办局科技人才继续教育和培训主要供给

| 地方 | 继续教育和培训主要指导单位 | 继续教育和培训机构 |
| --- | --- | --- |
| 北京 | 北京市科委 | 北京市科学技术委员会人才交流中心<br>北京科学技术开发交流中心<br>北京技术市场管理办公室 |
| | 北京市科协 | 北京市科技进修学院 |
| | 中关村管委会 | |
| 天津 | 天津市科技局 | 中共天津市委科学技术工作委员会党校<br>（天津市科学技术委员会培训中心） |
| | 天津市经信局 | 天津市工业和信息化人才交流服务中心 |
| | 天津市科协 | |
| 河北 | 河北省科技厅 | 河北省科技成果转化服务中心<br>河北省协同创新中心(科技大厦)<br>河北省山区科技创新中心<br>河北省对外科技交流中心 |
| | 河北省科协 | 教育部职业技术教育中心研究所 |
| 山西 | 山西省科技厅 | 山西省科技干部继续教育中心 |
| | 山西省科协 | |
| 上海 | 上海市科委 | 上海科技管理干部学院<br>上海市科技创业中心<br>上海科技交流中心 |
| | 上海市科协 | 上海市业余科技学院 |
| | 上海市经信委 | 上海市中小企业发展服务中心 |
| | 上海市人保局 | 上海高技能人才培训基地 |
| | 上海市教委 | 上海市师资培训中心 |
| | 上海市委组织部 | 上海市干部培训中心 |

续表

| 地方 | 继续教育和培训主要指导单位 | 继续教育和培训机构 |
|---|---|---|
| 广东 | 广东省科技厅 | 广东省科技合作研究促进中心<br>广东省生产力促进中心<br>广东国际科技中心<br>广东南岭干部学院<br>广东省科学技术职业学院(原广东省科技干部学院)<br>广东科技人才基地 |
| | 广东省科协 | |
| 四川 | 四川省科技厅 | 四川科技职工大学(原四川省科技干部进修学校和四川省科学技术管理干部学院) |
| | 四川省科协 | |
| 新疆 | 新疆维吾尔自治区科技厅 | 新疆维吾尔自治区科技人才开发中心<br>(自治区科技特派员服务中心)<br>科学技术服务中心<br>新疆科技干部培训中心 |
| | 新疆维吾尔自治区科协 | |

　　科技创新基础较好、进展较快的省、自治区、直辖市在科技人才培训方面的进展和供给也相对较好,如北京市科委发布"高精尖产业技能提升培训机构目录",北京市委组织部会同市科委、市委党校联合举办区块链和人工智能科技专题培训班。北京市科学技术委员会人才交流中心、北京科学技术开发交流中心皆是北京市科委直属事业单位,依托首都高校、科研院所、中央企业及高科技公司等创新资源优势,开展国际合作、院市合作、科技培训及科普交流,举办了科技金融赋能技术转移转化实务培训活动、科技金融赋能技术转移转化实务培训活动等;上海市科委依托事业单位上海科技管理干部学院、上海市科技创业中心、上海科技交流中心等开展面向科技管理干部、创新创业人才、国内外科技交流合作人才的培训,上海市经信委直属上海市中小企业发展服务中心,面向中小企业科技人才组织开展相应培训工作,上海市人保局建设上海高技能人才培训基地,共同推动科技人才培训;天津市科技局成功举办高层次科技人才创新创业能力培训班等,天津市经信

局首推国家标准"职业培训包"证书行业认可。

另外，一些省市科技人才培训的主要内容、形式等主要依据国家科技系统的培训而定，如开展科技创新政策、创新方法应用推广、技术经理人、技术合同认定登记、科技成果转移转化等基本内容相关的培训，培训机构除了少部分依托已有事业单位外，也有依托本地高校、行业协会等教育培训资源，如浙江省与上海交通大学深化战略合作，成立上海大学绍兴研究院，建立上海大学绍兴市干部培训基地；宁波打造新工科创新人才培养高地——宁波智能技术学院；建设西安交通大学 IKCEST 丝路培训基地等。各地科协也普遍开展科技场馆科技辅导员培训、创新方法培训、基层科技骨干教师培训、科技场馆科技辅导培训等。

科技创新基础比较薄弱的地区，农业科技人才培训的内容相对较多，如西藏开展"三区"科技人才、科技特派员提升基层科技服务能力培训，县级农业农村部门负责人轮训等；青海省举办"三区三州"深度贫困地区"三区"人才集中培训班等。

此外，广东省与香港联合开展科技人才培训，共同促进粤港澳大湾区创新发展，广东省专业镇党委政府领导、公共技术创新服务平台负责人及市县科技管理干部在香港参加技术创新服务培训，并取得香港生产力促进局颁发的培训证书。

中国科技人才培训的主体供给除了政府部门机构等外，还有分布在行业领域中的行业协会和其他社会化机构等，如中国国际贸易促进委员会（中国国际商会）培训中心与联合国教科文组织国际工程教育中心（ICEE）举办的国际工程教育工作坊，河北省枣产业技术创新战略联盟开展枣新品种新技术新模式培训班，京津冀技术转移协同创新联盟主办京津冀技术合同认定登记培训班等，共同构成层级多样、主体多元的培训供给体系。

# 第七章

## 考核制度

　　考核，即考查审核。其中"考"含有查核、查考的意思，"核"含有考察、对照的意思。"考"与"核"结合起来，即表明了仔细查对、核实的意思。考核制度是人事管理的重要制度，指具有考核权限的主体机关按照规定的权限、标准和程序，对被考核对象的政治素质、履职能力、工作实绩、作风表现等所进行的了解、核实和评价，其实施有利于人事管理的科学与规范。[①]

　　习近平总书记强调，加快实现科技自立自强，要用好科技成果评价这个指挥棒，遵循科技创新规律，坚持正确的科技成果评价导向，激发科技人员积极性。科技人员考核既是激发人才活力的重要举措，也是建设人才队伍的重要抓手。通过构建科学、规范的科技人才考核制度，引导人尽其才、才尽其用、用有所成，这样才能创造出显著的经济效益和社会效益，推动高质量发展。在科技人员考核制度中，绩效考核是最常用、最常见的考核方式。

　　绩效考核是一种用于评估员工工作表现和成果的管理工具，它通常包括设定目标、持续跟踪进度、定期评估表现和提供反馈等环节。绩效考核的目的是激励员工提高工作效率，提升整体团队绩效，从而实现组织目标。绩效考核通常包括以下几个方面。目标设定，即明确员工的工作目标和期望成

---

[①]　卜秀平：《××省 D 市税务局干部考核评价体系优化研究》，江西财经大学硕士学位论文，2023。

果，确保员工了解自己的职责和需要达到的标准；持续跟踪，即通过定期检查和沟通，了解员工在实现目标过程中的进展和遇到的问题，提供必要的支持和指导；定期评估，即根据预先设定的评估标准，对员工的工作表现和成果进行定期评估，以便了解员工的工作能力和潜力；反馈与改进，即根据评估结果，向员工提供反馈，指出优点和不足，提出改进建议，帮助员工提高工作表现；奖惩制度，根据员工的绩效评估结果，实施相应的奖励和惩罚措施，激励员工努力工作，提高工作效率。

本章将从科技人员考核制度的建立、发展和完善来对科技人员考核制度的发展历程进行阐述。

# 第一节　考核制度的建立

中华人民共和国成立之初，科技干部考核制度与一般干部的考核制度相一致，由组织部门统一管理考核工作，主要体现为充分运用干部鉴定、干部审查等方式，致力于干部素质的提高和干部工作的改进。中华人民共和国成立后至改革开放初期，国家实行集中统一的统管干部方法，国有企业、事业单位的科技干部管理一直按照机关干部人事管理的统一模式开展，统一由组织部门负责。这一时期普遍实行干部鉴定、干部审查，并将结果运用于干部的提拔任用方面。

## 一　干部鉴定

干部鉴定的主体是中国共产党的各级组织部门和中华人民共和国政府的各级人事部门。除军队系统单独管理之外，党的各级领导干部始终受到党中央以及地方各级党委组织部的高度集中领导和统一调配。[①] 然而，鉴于党委组织部直接管辖的干部范围过于广泛，导致其难以与各业务管理部门保持频

---

① 武志红：《中国公务员制度再发展研究——制度变迁理论视角》，华东师范大学博士学位论文，2009。

繁且紧密的沟通，从而无法从干部的具体工作中全面评估他们的政治素养和专业技能。[①]

中央组织部发布的《关于干部鉴定工作的规定》（以下简称《鉴定规定》）明确，必须摒弃浮泛与泛泛之谈，务必要立足于具体实际进行深入分析，根据干部在一定时期内各种实际斗争中的表现，来进行检讨。在干部评价过程中，关键在于考察其政治立场、思想观点、工作作风、政策理解力、纪律性、群众联系以及学习积极性等多个维度。然而，必须结合干部各个时期的具体表现，精准识别并聚焦其最显著的问题进行深入剖析和探讨，形成明确的评价结论。同时，要简洁地列举关键行为，摒弃无谓的细节争议和表面现象的堆砌。至于新干部的评估，应当重点明确敌我界限，培养正确的革命人生观，并且通过评价过程，对他们进行基本情况的审核与筛选。[②]

干部鉴定应结合个人自我检讨、群众会议讨论、领导负责审查三种方式进行。干部鉴定前必须有适当的动员与准备工作，经过思想酝酿，使每个干部认真了解鉴定的目的和意义，然后着手进行。干部鉴定须注意客观全面，优点成绩必须表扬，缺点错误必须批评，同时指明问题症结所在及今后克服的办法，以达到团结干部与提高干部水平的目的。每隔一年左右的时间，各地均需对其所属干部进行一次鉴定，并尽可能与选举各种劳模活动联合进行。

## 二　干部审查

党在各个历史时期曾采取多种措施对干部进行审查。"中华人民共和国成立之后，干部队伍迅速扩大，干部成分较过去任何时期均为复杂。"[③] 为全面了解干部的真实情况，中共中央发布《关于审查干部的决定》（以下简称《审查决定》），决定在两三年内对全国干部进行一次细致的审查，审查

---

① 中共中央文献研究室编《建国以来重要文献选编》（第四册），中央文献出版社，1993。

② 孙彩红：《公务员考核的内容与标准——历史、现状与未来》，《地方政府管理》2001年第4期。

③ 中共中央文献研究室编《建国以来重要文献选编》（第四册），中央文献出版社，1993。

的范围包括各级党政机关、人民团体及财经、文教等部门中的全部干部。

《审查决定》明确，审查干部的目的是全面地了解干部，主要应从政治上去进行审查，以保持干部队伍的纯洁；同时又要多方面地了解和熟悉干部的思想品质、工作才能，以便更有计划地培养干部，正确地使用干部。[①] 此时的干部审查与干部考核尚未进行区分，干部审查承担着干部考核的任务。

各层级的领导干部选拔，须由其直属上级党组织进行严格审核（例如，地级市党委常委、正副专员等职务，由省级党委负责审核，依此类推）；各职能部门的负责人，则由其所在级别的党委负责审核；而职能部门中的普通职员，则由所在单位自行进行审核。对于党组织直接管理的干部，将在党委会的统一指挥下，由各个部门分工协作进行审核；至于各单位的审核工作，则由单位主要负责人亲自牵头，组织核心领导团队执行。各单位的领导核心在执行干部审核工作时，必须得到同级党委会的认可。[②] 对某些领导不强、骨干太弱的部门，各级党委应设法调派若干骨干以加强其领导。如一时无法调派，则审查工作宁可暂缓进行。驻在各地的中央各直属机构，原则上均由所在地党委负责审查，中央各主管部门应协助地方党委进行。

## 第二节　考核制度的发展（1980~1994年）

1976年以后，邓小平同志指出，"所有的企业、学校、研究单位、机关，都要有对工作的评比和考核"。[③] 1977年，中共中央发布《关于召开全国科学大会的通知》动员全体科学技术工作者向科学技术现代化进军，强调四个现代化的关键是科学技术现代化，明确提出应当恢复技术职称，建立考核制度，实行技术岗位责任制。1978年3月，邓小平同志同国务院政治

---

① 兰庆庆、金莹：《新中国干部队伍建设70年：发展轨迹与制度创新》，《西南政法大学学报》2019年第5期。

② 王珂：《当代中国专区制度研究——以许昌专区为例》，中共中央党校博士学位论文，2011。

③ 邓小平：《邓小平文选》第二卷，人民出版社，1994。

研究室负责人谈话，在谈到按劳分配问题时说，"要实行考核制度，考核必须是严格的、全面的，而且是经常的。各行各业都要这样做"。①

1979 年，邓小平同志在《思想路线政治路线的实现要靠组织路线来保证》的讲话中指出，要加快实现干部队伍的"革命化、年轻化、知识化、专业化"。"'革命化''年轻化''知识化''专业化'，作为一个个单独的词汇，在新民主主义革命时期和中华人民共和国成立初期的党的文献中均已出现过，但是汇集在一起，作为一个有机整体来表述干部队伍的建设方针是在改革开放初期出现的。"② 从改革开放起，科技干部、科技人员的考核制度开始逐渐脱离完全依照一般干部考核的模式，呈现很多独特的地方。

改革开放后，国家对科技人才发展体制机制进行改革，科技类科研事业单位的科技人员考核方式开始创新，《事业单位工作人员考核暂行规定》《事业单位人事管理条例》《科研事业单位领导人员管理暂行办法》等相关法律法规相继出台，为科技人员考核制度发展指明了方向。

## 一　推行以技术岗位责任制为基础的科技干部考核

尽管干部人事制度仍是此阶段考核工作开展的背景，相对独立的事业单位人事制度并未形成，但事业单位干部管理体制改革逐步推进，尤其是科研、教育管理体制改革启动，事业单位干部管理自主权不断下放，以技术岗位责任制为基础的科技干部考核得到较大发展。1983 年，中央组织部《关于改革干部管理体制若干问题的规定》明确，对企业、事业单位干部的管理应当实行灵活的办法，给企业、事业单位以更多的干部管理自主权。《1978—1985 年全国科学技术发展规划纲要》明确恢复科学技术人员的职称，建立技术岗位责任制。科技人员每两三年进行一次考核，合乎条件的应该晋级，特别优秀的应该越级提升，对确实不适宜做科研工作的人员应予调整。

（一）科技干部考核的主体

1981 年，中共中央办公厅、国务院办公厅发布的《科学技术干部管理

---

① 邓小平：《邓小平文选》第二卷，人民出版社，1994。
② 王蕾：《新时期干部队伍"四化"方针的形成》，《当代中国史研究》2016 年第 2 期。

工作试行条例》强调，对科学技术干部的管理，应当同国民经济管理体制和干部管理体制相适应，在中央及各级党委领导下，在中央及各级党委组织部统一管理下，按照科学技术干部的特点，依据科学技术水平、技术职称和级别，实行由国务院、国务院各部委和省、自治区、直辖市分级管理的制度。国务院科技干部局是国务院管理科技干部的职能机构，由国家科委代管，协助中央组织部统一管理科技干部，对国务院各部委和地方各级科技干部管理部门有业务指导的任务。

科学技术干部的考核由各级分管部门办理，对属于上级主管的科学技术干部，下级应当协助管理，提出建议。国务院各部委和省、自治区、直辖市双重管理的单位，科学技术干部的考核等工作，以各部委管理为主的，由主管部委办理，省、自治区、直辖市协助；以省、自治区、直辖市管理为主的，由省、自治区、直辖市办理，各部委协助。

（二）科技干部考核的方式方法和周期

对科学技术干部实行定期考核和晋升制度，主要根据他们的工作成就、科学技术水平和业务能力，经过相应的学术组织或评审组织认真负责评定后，由主管机关授予技术职称。对各类不同工作岗位的科学技术干部的考核，应当有不同的具体要求。考核每一年至三年进行一次。对于特别优秀的，可随时考核，予以破格提拔。

（三）科技干部的技术职称考核评定

由于缺乏统一的技术职称考核评定标准和考核办法，科技干部技术职称考核晋升工作中存在不少问题，比如，不区分对象一律采用答卷考试的做法等。1979 年，针对职称考核晋升工作中存在的问题，国务院发布《关于做好科技干部技术职称评定工作的通知》，明确要求科技干部技术职称评定应以考核为主、考试为辅。评定技术职称，主要以工作成就、技术水平和业务能力为依据，适当考虑学历和从事技术工作的资历，不应限制年限，没有比例限制。

对科技干部的技术职称评定工作始于工程技术干部。1979 年 12 月，国家科学技术委员会、国家经济委员会、国务院科学技术干部局制定《工程技术干部技术职称暂行规定》。确定或提升工程技术干部的技术职称必须经过考核。在平时考绩的基础上，每一年至三年进行一次考核。对于有突出成就的，可随时考核，破格提拔。

1980 年，国务院发布《关于确定和晋升科技管理干部技术职称的意见》和《科技管理干部考核、晋升的业务标准条件》，再次强调确定和晋升科技管理干部的技术职称，以工作成绩、科学管理和专业技术水平、业务组织能力为主要依据，并适当考虑学历及从事科技管理工作或科技工作的资历。

与此同时，各行业也积极开展职称评定考核工作，比如，卫生行业开展了卫生技术人员职称晋升考核。1979 年，《卫生技术人员职称及晋升条例（试行）》明确，各类卫生技术人员的晋升工作，必须在党的领导下，贯彻群众路线，广泛听取各方面的意见，由学术委员会对其业务水平提出评价。具体考核办法由省、自治区、市卫生局规定。

但是，因职称制度存在缺陷，职称评定工作出现很多问题。1983 年 10 月起，全国学术职称和业务技术职称的考核、评定、晋升、授予和发证等工作暂停进行，并启动职称改革方案研究。

（四）科技干部的业务考绩档案

1979 年，国务院科技干部局《关于建立科学技术干部业务考绩档案的统一式样的通知》强调，凡是从事理工农医科学技术工作的科学技术干部，都应建立业务考绩档案。1981 年，《科学技术干部管理工作试行条例》进一步明确，科学技术干部管理部门按管理范围建立科学技术干部的业务考绩档案。同时，该条例还对业务考绩档案包括的内容作出了详细规定，具体包括简历表、业务自传、著作和论文目录、创造发明和技术革新的评价、业务评定、参加国内外科学技术活动的情况、培养人才的成绩、业务奖励等。1982 年国务院科技干部局《关于试行科学技术人员兼职、交流的暂行办法的通知》明确，科学技术人员在兼职期间的业绩鉴定也要记入本人业务档案。科学技术人员在兼职期间的工作成绩或科技成果，由聘请单位负责鉴定，并将鉴定材料转给原单位记入本人业务档案。

## 二　实行技术考核、任期考核等不同主体的考核

党的十一届三中全会后，我国确定了向地方和企业下放权力，让地方和工农企业在国家统一计划的指导下拥有更多经营管理自主权的思路。这一阶段的国营企业改革重点在于放权让利，扩大国营企业自主经营权，向国营企业让利。1983年2月，《中共中央、国务院关于地市州党政机关机构改革若干问题的通知》明确，市的领导体制和机构设置，要按照党政企合理分工的原则和经济体制改革的趋势进行改革，要进一步扩大企业的经济自主权，主要依靠经济组织和运用经济办法来管理经济，国家机关适合改为经济组织或事业单位的，就应改为经济组织或事业单位。

1986年颁布的《关于实行专业技术职务聘任制度的规定》明文规定了各单位必须对担任专业技术职务的人员，就其职业能力、职业态度以及业绩成果，实施有规律的或者不定期的评审与审核。

1988年，《中央职称改革工作领导小组关于完善专业技术职务聘任制度的原则意见》，着重提出了构建合理有效的专业技术人才评价体系。该体系将评价视为管理专业技术人才的核心步骤，无论是人员的招募录用，还是奖惩与晋升，都需以评价结果为核心参考。评价的核心宗旨是全面掌握专业技术人才的业务素质、职业能力和任务完成成效。评价方法应采取定量分析与定性判断相结合，并将日常表现评价与阶段性成果评价相结合的方式。对担任各级职务的专业技术人员要规定明确的任期目标，实行任期目标考核制。同时，还要建立健全科技人员的考绩档案，随时记录专业技术人员的工作成绩、论文、成果以及培训、进修等情况，以此作为量化考核的依据。通过考核择优选聘，对符合晋升条件的人员根据岗位需要，在限额内聘任职务。对少数不能履行职责，并为实践证明达不到相应职务所要求的水平和能力者，可以评聘低一级职务或调做其他工作。有些人虽然水平、能力达到了任职条件的要求，但由于工作态度、职业道德较差，可不再聘任其职务。

1990年，人事部《关于印发〈企事业单位评聘专业技术职务若干问题暂行规定〉的通知》强调，各地区、各部门要指导企事业单位结合各自的

特点，建立健全专业技术人员考核制度和考绩档案。考核应按干部管理权限进行，注重政治标准，以履行岗位职责的工作实绩为主要内容，实行定性考核与定量考核相结合、平时考核与任期期满考核相结合。考核要广泛听取领导、专家和群众的意见，考核结果要记入考绩档案，作为续聘、低聘、解聘、晋升、奖惩的依据。

为贯彻《企事业单位评聘专业技术职务若干问题暂行规定》，人事部颁布《关于认真做好1990年度企事业单位专业技术人员考核工作的通知》要求，各地区、各部门结合1990年年终总结对所有受聘担任专业技术职务的人员认真地进行一次年度考核，任期已满的可结合任职期满考核一起进行。

考核按干部管理权限进行，由人事与业务部门共同负责，注意听取各方面的意见，特别是专家及专业技术人员的意见。

考核要严格掌握思想政治标准，在坚持四项基本原则的前提下，以专业技术人员岗位职责或任期目标的工作业绩为主要内容。同时，根据不同专业的工作内容确定考核指标，制定考核标准，实行定量考核与定性考核相结合，重点考核所完成的工作数量、质量、效果、实绩、成果及所反映的技术水平和能力。

通过年度考核，对已聘任人员可分出优秀、称职、基本称职、不称职等若干等次，并把考核结果与使用、晋升、奖惩结合起来。聘任专业技术职务必须坚持条件，能上能下。

此外，通知要求各单位必须建立健全专业技术人员考绩档案，将有关考核材料和考核结果及时整理归档，作为专业技术人员评审、晋升、奖惩的重要依据。要做好考绩档案的管理工作，专业技术人员调转工作时应将考绩档案与人事档案一并移交。

# 第三节　考核制度的完善（1995年至今）

1995年，为探索建立与社会主义市场经济体制相配套的科技人员人事管理体制，人事部决定选择卫生事业单位作为人事制度改革试点的联系点，以加强人事制度改革试点工作。相对独立的事业单位科技人员人事管理制度逐步发展起来，与市场经济体制相适应的人事管理制度处于不断探索中，逐步形成独具特色的科技人员考核制度。

## 一 试点事业单位建立健全岗位考核制度

2000 年，中央组织部、人事部、卫生部《关于深化卫生事业单位人事制度改革的实施意见》构建并优化职务评价体系，对录用的员工实施全方位的评估，同时将评价成果作为决定续约、升职、薪酬安排、奖励与处罚以及解雇的关键参考标准。同时，针对医疗卫生领域专业技术人才的职业特性，构建具体可量化的评审指标，完善并打造一套适应不同岗位人员、便捷且易于执行的评估审核机制。①

2002 年，卫生部根据中共中央《深化干部人事制度改革纲要》和中央组织部、人事部、卫生部《关于深化卫生事业单位人事制度改革的实施意见》的精神，针对我国卫生领域具体情况，出台了针对卫生机构内部薪酬分配机制改革的五项辅助文件。特别是，《卫生事业单位工作人员考核暂行办法》的制定，旨在配合卫生机构人事制度由身份化管理向岗位化管理转型的需要，构建并优化岗位考核体系。该规定所涉及的考核范围涵盖了卫生机构不同级别、不同类别的专业技术人才、管理岗人员以及后勤服务人员。具体的制度内容如下。

（一）考核主体

执行用人单位自主评审机制。用人单位依据上级人事及卫生机构提出的评审标准，参照自身具体状况，拟定具体的评审办法，构建一个便于操作、科学合理、灵活管理且能适应各个岗位特性的评价与审核系统。该评审办法须得到企业职工代表大会的审核并批准。

（二）考核内容

评估指标涵盖道德品质、技能水平、工作投入以及业绩成果四大领域，

---

① 《关于深化卫生事业单位人事制度改革的实施意见》，《中国医院》2000 年第 4 期。

其中尤以实际工作成就为评估核心。道德品质方面，主要审视参评者的政治立场、思想意识和职业操守；技能水平方面，着重考察参评者的业务技术熟练度、管理能力运用及其业务技能和知识更新的程度；工作投入方面，重点评估参评者的工作态度、勤勉程度和对职业的忠诚，以及遵守工作纪律的情况；业绩成果方面，则综合评价参评者履行职责的情况，包括完成任务的数量、质量、效率，以及所取得的成果对社会和经济产生的效益。医疗机构员工评审的核心要素是依据管理岗位、专业技术岗位及后勤服务岗位的差异而各有侧重。对于卫生防疫、保健、科研、教学等不同性质的机构，员工的评审标准则需结合各自单位特色及岗位属性进行制定。而对于单位负责人的年度评审，则根据干部管理的相关规定，由上级主管部门依据任期内的职责目标进行相应的评审。

（三）考核方法

实行分级分类考核。依据员工的职务级别，如普通员工、部门负责人、高层管理者，以及根据岗位性质，如管理岗、技术岗、后勤岗的差异，实施分级分类的评价机制。评价过程涵盖日常评估、年度评估以及任期评估。日常评估由员工所在部门负责实施，评估结果需清晰记录，并由单位评审小组每三个月至少对日常评估进行一次审查。年度评估和任期评估则由单位统筹安排，年度评估基于日常评估结果，而任期评估则建立在年度评估之上。任期评估可以与当年年度评估同时进行。

（四）考核程序

年度考核的基本程序：被考核人填写"卫生事业单位工作人员年度考核登记表"，普通员工在本部门开展自我陈述及群体评议，部门管理人员则在特定范围内进行自我陈述和群体评议。综合日常表现、个人陈述及群体评议的结果，形成考核等级的初步建议。普通员工的考核评价和等级由部门评审小组撰写评语并确定，随后提交给单位评审领导小组审批；部门负责人的评审意见和等级则由单位评审领导小组或上级领导撰写评语并决定。单位负责人确定考核等次。考核结果通知本人，"卫生事业单位工作人员年度考核登记表"存入个人档案。聘用期满考核程序与年度考核程序一致。

（五）考核结果使用

考核结果须与医疗机构的人力资源及薪酬体系改革紧密相连，借由评价机制强化雇佣后的监管，切实打造一个职务可升可降、薪酬可增可减、员工可来可走的充满活力与竞争力的用人体系。

考核结果分为优秀、合格、基本合格、不合格 4 个等次。优秀等次要严格标准，被确定为优秀等次的人数，一般控制在本单位参加考核人数的 10% 左右，不超过 15%。

平时考核结果是决定日常收益分配的关键标准；而年终评审及聘期评审的成绩则成为晋升、资源分配、奖赏，以及雇佣、续签、解约及离职的主要参考。在卫生行业机构工作的员工，若在合同期限内持续获得合格及以上等级评价，或在合同到期时获得合格及以上等级评价，便具备了续订劳动合同的资格。首次被评为不合格者，将接受批评指导，并取消年终奖；若连续两年被评为不合格，则可能面临降级、岗位调整、低级别聘用或解约；若连续三年被评为不合格，则将被解除劳动合同。年度评审被评为"基本合格"等级且需接受告诫管理的员工，其考核结果将暂时不予执行。待告诫期限结束后，再根据评定等级进行处理。告诫期限设定为三至六个月。若告诫期结束后员工表现有显著提升，可被评为"合格"等级；若表现依旧不佳，则将被评定为"不合格"等级。

## 二 试点事业单位实施绩效考核

为贯彻落实《中共中央 国务院关于深化医药卫生体制改革的意见》《卫生事业单位贯彻〈事业单位工作人员收入分配制度改革方案〉的实施意见》《关于公共卫生与基层医疗卫生事业单位实施绩效工资的指导意见》等文件精神，2010 年，卫生部制定出台《关于卫生事业单位实施绩效考核的指导意见》强调，绩效考核应当突出公益性，强调公益目标和社会效益，防止单纯追求经济利益的倾向，保证单位和工作人员全面履行职责；应当坚持客观公正，确保考核工作公开透明，提高考核结果的公信度；应当体现激励导向，通过考核结果引导多劳多得、优绩优酬，调动单位和工作人员的积极性；应当注重实效，分类实施，科学合理，简便易行。

（一）考核主体

单位及单位主要领导的绩效考核由卫生行政部门组织实施，单位绩效考核可通过单位自评、卫生行政部门现场查看以及服务对象民意调查等多种方式进行综合评价。原则上每年进行 1 次。工作人员绩效考核由单位自行组织实施，在总结以往经验的基础上，采取多种方法进行综合评价，考核周期由单位自行确定。

（二）考核内容

对工作人员的绩效考核根据各类、各等级岗位的不同特点和要求，依据岗位职责，考核其工作数量、工作质量、工作效率、职业道德、服务对象的满意度等岗位业绩和成效情况。对单位主要领导的绩效考核还应当增加其单位目标管理责任的落实与内部运行管理的改善等方面内容。根据《关于卫生事业单位实施绩效考核的指导意见》，卫生部还颁布院前急救机构、社区卫生服务机构、健康教育专业机构等不同类型卫生事业单位的绩效考核方案，细化考核内容。例如，2010 年《院前急救机构人员绩效考核方案（试行）》规定，院前急救机构人员绩效考核内容包括：出勤考核（15 分）、业务考核（60 分）、评价考核（15 分）、特殊考核（10 分）。出勤考核包括正常出勤、因公加班、参加组织活动等情况。业务考核包括工作效率、工作质量、专业技能、继续教育、学术论文和科研成果等。业务考核内容按照医师、护士、驾驶员、调度员、管理人员、工勤人员、担架人员以及其他人员等岗位分类考核。评价考核包括上级及有关部门的考核评价，社会评价包括患者、媒体以及社会其他部门的评价，院前急救系统行业管理部门的检查考核等。特殊考核包括参与重大事件抢救或重大活动保障、县级以上人民政府的表彰和奖励等。考核结果采取百分制的形式，分为四个等级：90 分及以上为优秀，80~89 分为良好，60~79 分为合格，60 分以下为不合格。考核结果的应用按照卫生部《关于卫生事业单位实施绩效考核的指导意见》等有关规定执行。

（三）考核程序

绩效考核程序包括成立考评小组、制定考核方案、实施考核、反馈考核结果等环节。绩效考核工作应当注意听取各方面的意见和建议。

（四）绩效考核等次及结果应用

卫生事业单位工作人员绩效考核结果可按优秀、称职、基本称职和不称职分为若干等次，也可采用评分制等其他方式确定。原则上，工作人员绩效考核优秀的人数不超过本单位参加考核人数的15%。本单位当年绩效考核获得优秀等级的，其工作人员考核优秀的比例可提高到20%。

绩效考核结果要与单位绩效工资总量核定和工作人员绩效工资发放挂钩。卫生管理部门根据前一财年员工绩效评估的成效，来确定当年单位绩效薪酬的总额。对于激励性的绩效薪酬分配，需依照员工绩效考核的成果来设定不同等级，对于那些考核等级或得分不高的人员，应相应减少其薪酬发放。具体的分配方案、标准以及扣减的比例，将由各地机构及各独立单位依据自身实际情况进行明确。

单位高层管理者的业绩薪酬将依据业绩评估的成效来设定，待卫生管理部门审批通过后方可发放。此类薪酬的标准需与机构内部员工的薪酬水平维持一个恰当的平衡。

员工绩效考核的成果理应成为判定单位财务资助、颁发荣誉及奖励、高层管理人员选拔任用、职员岗位配置、职级提升、荣誉授予等关键参考标准。绩效考核结果应当记入单位和工作人员绩效考核档案。

## 三 建立健全以公益性为导向的考核评价机制

2015年，国务院办公厅发布《关于城市公立医院综合改革试点的指导意见》，明确指出需构建以公共福祉为核心的审核与评估体系，并确立了一套业绩审核指标系统。由卫生与计划生育部门或特定公立医院管理机构出台该业绩审核指标系统，重点凸显医院的职能定位、责任执行、成本管理、运营成效、财务监管、成本压缩以及社会满意程度等关键审核要点，并且定期实施公立医院的业绩审核工作，同时评估院长年度工作目标和任期内的职责履行情况，公布评审成效于社会层面，且将其与医疗机构的财政支持、医疗保险结算、员工薪酬总额以及院长的报酬、职务调整、奖赏与处罚等方面紧密结合，形成一套奖勤罚懒的管理体系。

同年，国家卫生计生委、人力资源和社会保障部、财政部、国家中医药管理局联合印发《关于加强公立医疗卫生机构绩效评价的指导意见》，指导公立医疗卫生机构完善对工作人员的绩效评价，要求对负责人、职工分别实施人员绩效评价，鼓励地方探索，强化技术支撑。绩效评价分为对机构的评价和对人员的评价。机构绩效评价应当涵盖社会效益、服务提供、综合管理、可持续发展等内容。负责人绩效评价还应包括职工满意度内容。人员绩效评价应当作为人员考核的重要内容，纳入平时考核、年度考核和聘期考核，突出岗位工作量、服务质量、行为规范、技术难度、风险程度和服务对象满意度等内容。对人员的评价区分卫生机构负责人和职工。按照干部人事管理权限，对公立医疗卫生机构负责人实施年度和任期目标责任考核；职工的绩效评价程序及评价周期由公立医疗卫生机构自行确定，应当在总结以往经验的基础上，采取多种方式进行综合评价，并经职工代表大会讨论通过后组织实施。

2018 年，中共中央、国务院发布《关于全面实施预算绩效管理的意见》，对开展公立医院绩效考核工作提出要求。2019 年，我国发布了《国务院办公厅关于加强三级公立医院绩效考核工作的意见》，强调了对绩效考核方向的大力加强，促使医疗机构切实履行其公益职责，推进预算与绩效管理的高度融合，旨在提升医疗服务的质量与运营效率。通过逐级实施绩效考核，构建起激励医院管理水平提升的动态机制。各地方依据本地化管理方针，结合当地经济与社会进步的实际状况，针对不同性质的医疗机构制定了个性化的考核指标及权重分配，从而增强了考核工作的针对性与准确性。三级综合性公立医疗机构的绩效评审标准集涵盖医疗服务品质、管理效能、发展潜力以及满意度测评四大类别的评审要素。我国颁布了《三级公立医院绩效考核指标》以供全国范围内参考执行，并从中挑选了一些要素作为国家级的监测指标。各地方可以根据自身具体情况，相应地添加一些反映完成政府指定任务等方面的绩效评审内容。

## 四 开展科技人才评价改革试点工作

2022年6月，中央深化改革领导小组第二十六次会议顺利通过了《关于开展科技人才评价改革试点的工作方案》（以下简称《试点方案》）。科技领域人才评审机制的革新，是一项涵盖众多领域的巨大挑战，其繁杂程度和改革的难度不容忽视，这一改革对科研工作者的基本利益有着直接的影响。本次的试点项目得到中央政府的高度重视、社会各阶层的热烈讨论，以及科研人员的热切盼望。为了保障试点任务的高效开展并取得明显的成果，有关部门、各地区和机构必须齐心协力、积极执行，共同构筑起强大的推进力量。

### （一）科技人才评价改革试点的背景

科技人才评价构成了人才培育体系的根本制度框架，并且是推进科技创新体制改革的核心环节。它在培养顶尖科技人才、打造优质科研成果以及构建优越的创新氛围方面起着决定性作用。

党和国家领导层对科技人才的评价体系给予了极大关注。习近平总书记在2021年的两院院士大会上强调，必须同时推进摒弃旧有的"四唯"观念和树立新的评价标准，迅速构建起以创新的重要性、个人能力和业绩贡献为核心的评价机制；在召开的人才发展工作高层会议上，我国领导人再次强调，务必优化人才评价机制，迅速推进形成以创新成果价值、个人技能水平及工作成就为评价核心的新人才评价体系，这一决策为科技行业人才评价体系的改革提供了明确指引，并设定了具体的任务与目标。

2018年，中共中央办公厅、国务院办公厅分别印发《关于分类推进人才评价机制改革的指导意见》《关于深化项目评审、人才评价、机构评估改革的意见》，针对完善评价体系的规范准则、革新评价手段的策略方法、加速关键领域的评价机制改革、强化评价体系的监管机制、推动"三评"改革等方面进行了全面的规划和安排。各级地方政府及职能单位严格遵照中央部署，推出了包括"破四唯"在内的一系列改革措施，科技人才评审体系的改革已显现正面成效。然而，相较于科研人员普遍的期望以及我国追求高科技自立自强的目标，当前的科技人才评价改革在执行过程中仍面临诸多难题，执行力度不够，导致科技人才的认同感与归属感尚未得到显著增强。

为积极响应党中央对科技人才评审机制改革的指示精神，中央深化改革领导小组将推进科技人才评审机制改革试点定位为关键性改革项目，并指定科技部为主导部门，负责具体实施工作。科技部联合相关部门严格执行中央深化改革领导小组的决策及中央人才工作会议的核心要求，深入研究并制定了《关于开展科技人才评价改革试点的工作方案》。该计划旨在通过试点项目，集中关注国家层面的重大科技创新事项，寻求建立分类细致的科技人才评审新准则、新方法和新体系，强调以国家战略需求为导向，打造一套可借鉴、可推广、易于执行的改革经验，进一步促进形成以创新成果、个人能力及社会贡献为核心的科技人才评审体系。

（二）科技人才评价改革试点的工作思路与目标

此次试点项目的主导理念在于，紧扣"四个面向"，紧贴国家科技创新使命，充分发挥人才效能，推动科技人才评价体系的革新；旨在激活科技人才的创新动能，重点围绕"评价内容、评价主体、评价方法、人才使用"四个关键环节，以打破旧有的"四唯"观念和树立新的评价标准为切入点，以深化改革和政策的协同推进为支撑。构建一套以创新成果价值、个人能力、贡献度为核心，针对不同创新活动特点的科技人才评价体系，促进科技人才各展所长、充分发挥潜能、取得显著成就，为达成高水平的科技自立自强以及构建世界级科技强国提供坚实的人才基础。

此次改革试点的战略路线聚焦于全面增强科技创新的自我支撑能力，秉持以问题导向为核心，分类施策、以应用促发展、协同作战的根本策略，从机构内部优化与外部环境建设双向发力，系统性地布局改革试点任务。在机构内部，重点是根据各类科技创新活动的特性，创新评价标准、评估方法、审核周期以及内部管理机制，进行全面的规划设计；外部条件主要在相关部门促进"三评"改革互动、打造具有行业特性的评价机制、优化机构绩效考核标准、推进科研领域自主权的实现等方面展开工作，依托内外部力量的配合互动，寻求构建一个有助于科研人员专注研究的科技创新人才评价体系。

本次试点的核心宗旨在于，历经两年的实践探索，力求构建针对各类科技创新行为的专门人才评价标准及方法体系，进一步完善科技人才的发掘、培育、应用及激励机制，从而为科技人才的成长及高效支撑国家科技项目的创新氛围持续优化提供助力，并总结出具备可行性、可复制性、可推广性的操作模式。

（三）科技人才评价改革试点的重点任务

此次试点项目强调德行与才能并重，基于对科研人员科研精神、学术诚信等方面的综合评估，依照承担国家重点科研项目、理论研究、实际应用与技术研发、社会公益研究等四大类创新工作的划分，开展有针对性的试点工作。在此，针对承担国家重要科研使命的科技精英，所构建的评价机制旨在契合国家重大战略目标，核心在于提供服务和支撑；对于从事基础研究的人才，评价的侧重点在于他们的学术造诣及创新的深远影响；而对于那些致力于应用研究和技术开发的专家，评价的依据是他们的技术突破及其对产业发展的促进作用；对于从事社会公益研究的人才，评价的焦点则放在他们服务社会的水平和为社会作出的贡献大小上。针对各种不同的创新活动类型，制定了有针对性的试点任务，这些任务包含搭建与科研特点相契合的评审机制、探索新颖的评价方式，以及优化用人单位内部治理结构等多项内容，进一步凸显了确立国家战略目标的重要性，明确提出在评估体系中要向那些承担并支持国家科研重任的科研工作者倾斜，尤其是那些面对紧急、困难、危险及重要科研攻关项目，以及国家重大科技设施建设项目的贡献者。在开展区域科技人才评估体系革新试点的过程中，各地试点单位需紧密围绕试点工作的核心目标，结合当地具体情形，展现本地区科技创新及人才发展的鲜明特色，推动制度与机制的创新变革，促进政策更新与资源优化配置，对地方人才评估体制实施立体化的设计规划，以推动各项综合改革措施的深入落实。

本次试点工作中着力把握以下几点。

一是紧扣"立新标"的试点任务。深入梳理各类创新行为的评价准则，针对具体情况研制切实可行的人才评价准则，同时构建与之相匹配的评价手段、评价周期、内部规章以及外部支持体系。

二是凸显国家战略引领作用。将"国家重大攻关任务"列入创新项目类别中，通过提升承担国家重点任务的评价比重、将国家任务的完成度作为机构评审的关键指标等举措，制定试点方案，鼓励和促进科研机构及研究人员主动投身国家关键任务。

三是突出"三评"改革联动。秉承科技创新人才评价机制变革的核心要义，推动项目评估与机构审查的协同运作，着眼于科技项目评审、科研机构创新成果评估以及科技人才选拔流程，摒弃过往"四唯"的陈旧理念，对科技人才评审体系进行深度优化，以支持试点单位落实科研自主权。

四是强化改革协同推进。依据各试点单位的行业特点以及其主要负责部门的关键职能，制定具有行业特色和部门核心功能的试验方案；部署地方科技人才评审机制改革的全方位试点工作，目的是为当地科技人才评审体系的革新提供实际操作经验、探求新路径。深度整合现有的改革措施，同时加大政策创新力度。[1]

---

① 《〈关于开展科技人才评价改革试点的工作方案〉政策解读》，科学技术部官网，2022 年 11 月 9 日。

# 第八章

# 工资制度

　　工资是工作人员因工作付出所得的回报，是在工作人员履行职责、完成本职工作的条件下，国家、单位或雇主支付的报酬。工资有很多相近的概念，如薪俸、俸禄、薪酬、薪水、薪酬等，虽然在具体含义和适用场景上有一些差别，但就其内涵来说没有太大的差异。

　　工资制度是人事制度的重要组成部分，包括工资水平、工资结构、工资级差、工资调整、地区工资关系、工资管理体制等内容。一套好的工资制度能够补偿劳动者的劳动付出，反映劳动者的贡献，满足劳动者及其家庭生活支出的需要，调动劳动者的积极性。完善工资制度、做好工资工作具有十分重要的意义。

　　中华人民共和国的工资制度诞生于新中国成立之初，并在改革开放后先后进行了多次大的改革，分别建立了职务等级工资制度、以职务为主的结构工资制度、职务和级别并重的工资制度、职务与级别相结合的工资制度，形成了具有中国特色的工资制度，在这过程中也积累了一套符合我国科技人事工作特点和要求的工资工作经验。

　　科技人员工资制度，既在初期与全国工资制度保持一致；又有改革开放时期，在国家逐步完善技术参与分配、推动科技成果转化政策落地实施后，科技人员通过合理途径转化科技成果，获得报酬的有别于其他行业工资制度的重要创新。系统回顾和分析科技人员工资制度演变历程，有助于深入理解工资制度改革的历史演变过程、系统把握工资制度改革形势和发展趋势，对支撑科技事业实现战略目标具有重要价值。[①]

# 第一节 职务等级工资制度时期
## （1979～1984年）

1956 年 6 月，我国迎来了新中国成立后的首轮工资调整。此次工资调整中，确立了基于职务级别的薪酬体系，把科研工作者划分为 13 个级别，而行政工作者则被划为 30 个级别。经过这次调整，科研人员的薪酬有了显著上涨，其在整个社会收入分布中占据了较高的位置。尤其是作为科研领军的一级教授，其薪酬有了显著增长，最高薪酬从 1955 年的 217.8 元上调至 390 元，这一水平在社会中属于中等偏上。然而，在科研领域，专业人士的职位提升以及他们薪酬增长似乎已经陷入停滞，导致大部分科研工作者的收入长时间未见实质性的增长。[②] 因此，改革开放后国家针对知识分子工资较低的现状专门做了几次有针对性的工资调整工作。

## 一 改革开放后的第一次工资调整

鉴于科研、设计、高等学校、医疗卫生等事业单位的知识分子比较集中，实际收入又比企业职工少的情况，国家劳动总局经请示国务院领导同意，在 1979 年 11 月印发《关于将原拟在科研、设计、高等学校、医疗卫生等事业单位中试行的临时津贴折合为升级人数的通知》[③]，对知识分子较集中的单位增加了一部分升级面，其中，高等学校增加 8%，科研、设计、体育系统增加 6%，医疗卫生系统增加 4%，文艺系统增加 2%。增加的升级面

---

① 缴旭、豆鹏、纪媛：《新中国 70 年科研事业单位工资制度的发展》，《中国人事科学》2019 年第 12 期。

② 熊亮：《我国科研事业单位工资制度改革的趋势、脉络和建议》，《中国行政管理》2019 年第 3 期。

③ 《国家劳动总局关于将原拟在科研、设计、高等学校、医疗卫生等事业单位中试行的临时津贴折合为升级人数的通知》，《劳动工作》1980 年第 2 期。

主要用于讲师、助研、工程师、主治医师、护士长和优秀运动员、教练员以及文艺人员，总的升级面达到50%以上，讲师等中级以上的专业技术人员升级面达到70%以上，不少人升了2级，个别人升了3级。

## 二 改革开放后的第二次工资调整

依据1980年9月举行的第五届全国人大三次会议上审议通过的《关于1980、1981年国民经济计划安排的报告》，自1981年开始，我国逐步实施针对科研、教育、医疗以及机关职员中，那些几乎没有或仅有微薄奖金收入的群体，适当提升薪酬的相关措施。同时，依照第六个五年计划的具体部署，我国对政府机关、事业单位以及企业实施了分阶段、分批次调整薪酬的策略。

1981年10月，国务院印发《关于一九八一年调整部分职工工资的通知》，决定从1981年10月起，给中小学教职工、医疗单位部分职工和体委系统优秀运动员、教练员调资。并随通知转发了教育部《关于调整中、小学教职工工资的办法》《关于增加中、小学民办教职工工资的办法》、卫生部《关于医疗卫生单位部分职工调整工资方案》和国家体委《关于调整优秀运动员、专职教练员及部分体育事业人员工资报告》，对教职工、医疗卫生人员和体育运动员调整了工资。[①] 调整的结果是，中小学除了个别工资高的不升级，一般都升了级，约有20%的人升了2级，也有升3级的；卫生系统有65%的人增加了工资，并将工资标准减少1级（卫技十六、十七级合并）；体委系统运动员、教练员工资标准减少了等级，加大了级差（运动员由十一级减到八级，教练员由十五级减到十一级），100%增加了工资，成绩优异的升了2级，有特殊贡献的升了3级。这次三个行业调资都采取了先补后靠再升级的办法，即1977年调资受限制只升了7元，未达到工资标准的，都可先按本岗位工资标准补齐，凡本岗位工资标准低于国家机关相应级别的，都按照机关行政人员工资标准，高于机关标准的不动，在此基础上再升级。

---

① 肖艳：《我国普通高中教师工资制度改革研究》，华中师范大学硕士学位论文，2010。

### 三 改革开放后的第三次工资调整

1982 年底，国务院颁布了《关于调整国家机关、科学文教卫生等部门部分工作人员工资的决定》，决定自 1982 年 10 月起，对国家机构、科研单位以及文教卫生等领域的部分职工薪酬进行调整。此次薪酬调整所涵盖的范围包括不同级别的国家行政机构、各政党及社团组织，各类科学研究事业单位，高等教育机构及其下属单位，涉及文化、艺术、新闻、出版、广播及电视的事业单位，以及农业、林业、水利、气象、水产、畜牧等领域的相关事业单位；还包括社会福利、环境保护和环境卫生等相关事业单位，中小学校以及卫生健康、体育管理部门下辖的，在 1981 年度未被纳入薪酬调整名单的事业单位及其工作人员。上述单位，除十级以上干部和 1978 年以来升过级的行政十一级至十四级干部，机关、事业所属的企业以及按企业管理的事业单位以外，都属于这次调资的范围。1981 年 3 个行业未升过级，或按这次规定应升 2 级、当时只升 1 级的，这次也可以按规定补调。凡是列入调资范围的单位中，1978 年底前参加工作的职工，都可升 1 级工资。

这次调资工作又专门规定了可以升 2 级的杠子，即 1960 年大学本科毕业并参加工作，工资相当于行政二十级及以下，1966 年底前毕业并参加工作工资相当于行政二级及以下的人员可以升 2 级。专科学校毕业生比上述杠子级别各低 1 级的也可以升 2 级。由于高级中专毕业生当干部的定级工资偏低，也给他们规定了升 2 级的杠子（与本科毕业生参加工作相同的杠子各低 2 级）。经过 1981 年、1982 年两次调资，国家机关和事业单位科研人员工资水平偏低的状况有所改善，给中年知识分子多增加一些工资，有利于调动他们的积极性。

### 四 改革开放后的第四次工资调整

1983 年，国家又先后调整了部分领导干部和科研人员的工资标准。1983 年 4 月，中央组织部、劳动人事部联合发出了《关于一九七八年以来升过级的十一至十四级干部升级问题的通知》，规定属于下列情况的，可以升 1 级工资：现任部长、省长职务，工资级别在行政十二级以下的（含十二级）；现任副部长、副省长职务，工资级别在行政十三级以下的（含十三级）；现任正司（局、厅）长、州长、专员（市长）职务，工资级别是行政十四级的；教授、研究员、高级工程师、主任医师等高级专业技术干部，现标准工资额相当于行政十四级的。

1983 年 1 月，劳动人事部转发中国科学院《关于我院享受科研津贴人员在一九八二年调资中的处理意见》，对享受科研津贴的科研人员，在 1979 年用科研津贴升级后，原科研津贴多于 1979 年升级增加工资的部分，高于岗位工资标准 1 个级差以上（含 1 个级差）的，可以先往上靠 1 级，然后再按照这级的工资等级，按照国务院《关于调整国家机关、科研文教卫生等部门部分工作人员工资的决定》的规定调整工资，这次往上靠 1 级后，仍多于靠 1 级增加工资的部分，还可以作为基本工资；原科研津贴多于 1979 年升级增加工资的部分，不到 1 个级差的，即以工资等级按决定的规定调整工资，调整工资后，对原科研津贴多于 1979 年升级增加工资的部分也不予变动。

对科研人员工资的多次调整，改善了工资关系，激发了科研人员的工作热情，较好地贯彻了按劳分配原则，为在改革开放和经济体制改革条件下继续开展工资工作积累了经验，也为之后的工资制度改革奠定了基础。

## 第二节　结构工资制度时期（1985～1992年）

自 1985 年 6 月启动的薪酬体系革新，确立了以职位要素为核心的新型薪酬结构体系，将薪酬拆分为基本薪酬、岗位薪酬、工龄补贴以及奖金四个板块。在此阶段，我国逐步健全了技术人员参与收益分配的机制，并促进了科技成果向实际应用的转化。[1] 1985 年，国务院下发了鼓励科技转化的相关文件《关于促进科技成果转化的若干规定》，支持科研人员借助合规方式实

---

[1]　肖艳：《我国普通高中教师工资制度改革研究》，华中师范大学硕士学位论文，2010。

现科技成果的转化，并从中获得相应的收益回报，也允许科研技术人员业余时间从事技术工作和咨询服务。① 自此，国家打破了按劳分配单一的分配方式，逐步将技术、资金等要素纳入分配体系。1987 年《中华人民共和国技术合同法》对科研工作者的权益进行了更加明确的阐述，明确指出从事科学研究的技术人员有权在他们的技术成果实现转让过程中，分得一定比例的收益及奖励。1988 年《国务院关于深化科技体制改革若干问题的决定》提出，将责任制承包模式融入科学研究项目的执行过程，倡导科研工作者参与承包管理，并将研究成果与个人贡献紧密相连，以此来肯定技术要素在促进科研事业发展及激励科研人员方面的积极作用，激发了科研事业单位的科研活力，减轻了国家财政负担，实现了科技、经济、社会的同步发展，为绩效工资制度的发展奠定了基础。②

## 一 建立结构工资制度

1985 年的工资制度改革，在总结中华人民共和国成立以来工资工作历史经验的基础上，针对我国实际情况，决定在国家级政府部门及事业单位内部，对行政管理干部及专业技术人才推行以岗位薪酬为核心的多层次薪酬体系。所谓的薪酬体系，指的是将整体薪酬拆分为基本薪酬、岗位薪酬、工龄补贴以及绩效奖金四大板块，各自承担不同的职能与作用。③

（一）结构工资制度的主要内容

1. 基础工资

基础工资属于保障性质的工资，其目的是确保员工能够维持自身日常生活的最低开销所需。基础工资的水平根据国家在一定时期内的经济发展水平和满足劳动者物质文化生活需要所必需的消费水平确定，全体职员，无论职

① 熊亮：《我国科研事业单位工资制度改革的趋势、脉络和建议》，《中国行政管理》2019 年第 3 期。
② 熊亮：《我国科研事业单位工资制度改革的趋势、脉络和建议》，《中国行政管理》2019 年第 3 期。
③ 赵东宛：《中国劳动人事年鉴》，劳动人事出版社，1989。

位高低，均遵循统一的基本薪酬体系。

2. 职务工资

职务工资依据员工的职位级别、肩负的责任轻重、工作的难易程度以及职业技能的高低来制定，是结构工资制中主要的组成部分。由于担任同一职务的工作人员，虽然在业务（技术）水平上大体相当，但由于文化程度、工作经验、工作能力的不同，他们的工作效率、工作质量和工作实绩也存在差异。同样的职务名称（如局长、处长、工程师等），其工作范围、责任也存在很大差异。按照"按劳分配"的原则，他们的工资也应有所差别。所以根据具体情况，为每一个职务设几个工资标准。职务工资标准实行"一职多级"，每一个职务一般设五至六个等级，而且考虑到新老交替及其他实际情况，上下职务之间的工资标准又有适当交叉。

3. 工龄津贴

工龄津贴是对工作人员劳动积累和因工作经验而作出贡献所给予的补偿。建立工龄津贴的初衷在于确保员工无论是否获得职位晋升或薪酬级别的提升，其收入都能随着服务年限的累积而逐年稳步上升。尤其是对于薪酬已处于岗位顶点的员工，也能确保他们每年获得一定的薪酬增长。该补贴依据员工的服务时长逐级递增，具体规定为每增加一年服务，每月可增发 0.5 元补贴。工龄津贴的计算起始点为员工投身革命事业及参与社会主义建设的时间，终止于其离职或退休之时。然而，享受工龄津贴的期限上限为 40 年，换言之，工龄津贴的最高金额限定为 20 元。

4. 奖励工资

奖励工资旨在表彰那些在职务上表现卓越、贡献突出的员工，对于贡献较大者，奖金数额可以相应增加。根据国家的相关规定，自 1988 年开始，包括国家行政机关、各政党及团体以及完全依赖国家财政拨款的事业单位在内的各级单位，其工作人员的奖金（奖励工资）标准由原先的不超过一个月的平均基本工资上调至一个半月，所需资金将继续通过原有的资金渠道进行安排。有收入抵减事业费的事业单位的奖金可以多一些，国家规定了免税限额（最多为四个半月平均基本工资），超过规定限额多发奖金的，须缴纳奖金税，经费来源从创收的奖励基金项解决。按照国家规定，发放奖励工资应结合落实岗位责任制，体现奖勤罚懒的原则，工作中有显著成绩的，可以适当多奖，不要平均发放。

结构工资制的四个组成部分体现工资不同职能的部分组成，每个部分有着特定的作用。需要调整工资时就可以分别在特定的部分适当增减，比较方便、灵活。结构工资制突出了以职务工资为主，满足了我国政府机关及事业单位中以知识分子为主体的员工需求，以及管理职位的特定要求。此外，各个岗位的薪酬级别细分为多个档次，这使薪酬能够更加紧密地与个人的岗位、职责和业绩相挂钩，从而更准确地贯彻了劳动报酬按贡献分配的原则。[①]

在1985年工资改革之后，职工的基本薪酬比重有所下调，大约占据了85%的份额；而津贴及补助的种类增加，涵盖了岗位、地区以及福利等方面的津贴补助，其比例大约为5%。在这次工资改革中，对在工作中作出显著成绩的人员发放奖金，奖金的占比总体约为10%。

（二）专业技术人员套改职务工资的具体办法

由职务等级工资制到结构工资制是一个很大的突破，要完成这一转变，必须采取积极稳妥而又切实可行的措施。1985年工资改革时提出的方案，较好地解决了这个问题，在普遍增加工资的基础上，顺利实现了转变。

工作人员工资改革前工资与改革方案中所列相应职务的职务工资和基础工资之和的标准相比较：一是凡改革前月薪未达到现任岗位最低薪酬级别与基本工资总和的员工，均有资格调整至该岗位的最低薪酬级别；二是凡改革前月薪超出现任岗位最低薪酬级别与基本工资总和，但未及最高薪酬级别与基本工资总和的员工，将依据改革前的薪酬数额，就近调整至相邻的薪酬级别；三是提及的那些人员，若其原有工资标准未达112元，且在1982年6月30日之前已投身职场，在贴近套用或降至相应职务的最低工资级别后，

---

① 王华、高学华：《适应社会主义市场经济　改革薪资分配制度》，《航海教育研究》1998年第1期。

若加薪幅度未满一个新级别的差距，除却那些表现欠佳或犯下严重过失者，其余人员可视情况提升一个工资级别；四是凡工资改革前工资等于和高于所任职务最高等级职务工资加基础工资之和的照发原工资；五是按照上述办法套入新定工资标准以及照发原工资的人员，均可按照规定发给工龄津贴。[①]

## 二 构建工资分级管理体制

根据简政放权的精神和多年实践经验，这次工资制度改革改变了过去长期实行的过分集中统一管理的做法，对工资实行分级管理、区别对待，目的是有利于地区和部门能够在执行国家总规定的原则下，及时处理本地区、本部门的一些特殊性问题，中央也可以减少大量事务性工作。这次改革反复强调，"各地区、各部门的增资指标，要严格掌握，不得超过"。总体来说，1985 年的改革"提出了分级管理的问题，但工资管理体制没有发生实质性的改变"。[②] 对于国家机关，中央只管省、自治区、直辖市以上单位，地市及以下单位由省、自治区、直辖市按照国家的统一规定进行管理。对于事业单位，中央只管全国性的重点大专院校和科研、文化、卫生事业单位，其他事业单位由省、自治区、直辖市管理。

为防止不同事业单位间薪酬水平参差不齐、差距过大，明确了事业单位薪酬标准必须严格遵循国家及各省、自治区、直辖市的统一政策，不得自行设定工资尺度。对于那些具备自负盈亏能力和一定经济来源的事业单位，相应的主管机构需与财政部门共同商定收益分配比例及各项资金占比。此类收益的大部分须投到各项事业发展中，而用作奖金的部分则应控制在较小的比例内。所有事业单位都必须把事业费中的事业发展基金和职工工资、福利费分开，不得用事业发展基金发放工资、奖金和实物。为了鼓励有条件的事业单位转为独立核算、自负盈亏，这次改革规定凡是实行企业化管理、经济上能够自立的事业单位，除了遵循国家以及各省、自治区、直辖市既定的薪酬

---

① 赵东宛：《中国劳动人事年鉴》，劳动人事出版社，1989。

② 何宪：《公务员工资管理体制问题研究》，《行政管理改革》2016 年第 3 期。

标准与审核通过的增资额度，自主实施薪酬调整外，尚可适度增加一些额外奖金发放，今后按企业对待，与国家机关、事业单位的工资调整脱钩，不能"两头占"。

针对那些在转变为独立核算并自负盈亏过程中暂时遇到难题的事业单位，可以采取临时性过渡措施。这些措施包括逐年递减财政补贴，直至在既定时间内彻底完成转型。在过渡期内，将继续执行事业单位薪酬改革的既有政策，同时具备条件的单位还可以适量增加奖金发放。这些单位发放的奖金总额超过国家规定的限额时，要照章纳税。

对事业单位采取上述分级管理、区别对待的方针，有利于宏观控制、微观搞活，既便于合理安排国家机关、事业单位各类人员的工资关系，又能鼓励有条件的事业单位努力做到独立核算、自负盈亏，在改善经营管理和勤奋劳动的基础上增加工资收入。

## 三　工资改革后的科研人员工资调整工作

1985 年的工资制度改革进展比较顺利，基本上达到预期目的。通过改革，国家机关和事业单位工作人员的工资初步纳入新工资制度的轨道，各级各类工作人员都程度不同地增加了工资，职级不符等突出矛盾开始得到解决，为今后进一步理顺工资关系打下了基础。[①] 但由于积累下来的工资问题比较多，新的工资制度也有一个不断充实完善的过程，对工资改革中存在的突出问题，需要继续研究解决。1985 年工资改革后，国家安排了三次较大范围的调资升级工作。

### （一）允许事业单位专业技术人员实行其他工资制度

此次薪酬调整对我国事业单位中的技术人才薪酬结构进行了细化规定，允许依据不同行业的特性，制定适宜的薪酬方案。既可以采纳以职位薪酬为核心的结构化薪酬体系，也可以采用以职位薪酬为基准的其他薪酬体系。采取结构化薪酬体系的，其构成要素可以多样化。

---

① 张婉茹：《新工资制度中的增资机制及其考核》，《咸阳师专学报》1994 年第 5 期。

中央政府各部门、中国科学院及中国社会科学院下辖的各直属机构，对于采用结构化薪酬体系的所有职员，其薪酬水平将参照国家机关公务员的薪酬标准，由各主管单位草拟方案。该方案需经过劳动和人事部门审核，并最终提交至国务院审批通过后方可执行。此外，本次改革中还特别针对教育、科研、医疗卫生技术人员，量身定制了专门的薪酬标准体系。其余技术型人才薪酬水平，须由国务院下辖各主管机构依据不超过既定人员薪酬上限的规定进行草拟，待劳动和人事部门审核通过后，再提交至国务院审批，获得同意后方可正式执行。各省、自治区、直辖市以及旗下的事业单位员工薪酬规范，需在这些地区依据不超过中央政府相关部门规定的同级别事业单位人员薪酬水平的基准来确立。对于采用非标准薪酬体系的事业单位，其所定薪酬水平不得高于前述标准薪酬体系的总体薪酬额度。

此次改革旨在激励中小学、中专、技校的教师以及幼教工作者和护理人员在各自岗位上持续奉献，除了依照既定规则发放工龄补贴外，还额外增发特定职业补贴，即教龄补贴和护士工龄津贴。这两项补贴均依据工作人员在本职工作上的服务年限来确定发放额度。工作年限达到五年未满十年者，每月可领取三元补贴；年限在十年以上不足十五年者，每月可得五元补贴；年限达到十五年以上而未满二十年者，每月可享七元补贴；年限超过二十年者，每月发放十元补贴。若离职不再从事本职业，从次月起将停止发放教龄补贴及护士工龄津贴。

（二）解决科研人员的职务工资突出矛盾

1986年，劳动人事部印发了《关于1986年解决国家机关和事业单位部分工作人员工资问题的通知》，提出1986年国家机关和事业单位的工资改革工作，要认真贯彻"巩固、消化、补充、改善"的方针，兴利除弊，适当解决1985年改革中部分工作人员工资存在的突出问题，重点解决专业技术人员的工资问题，包括教授、副教授、讲师和相当职务的高级、中级专业技术人员，以及正、副处级干部的职务工资"平台"问题，给这些人员中工作年限长并起骨干作用的，提升1级工资。对助教和相当职务的初级专业技术人员以及一般行政管理人员的工资突出问题，也采取给一部分人提升1级工资的做法。还指出要解决突出问题，为今后进一步改善工资制度和逐步理顺工资关系创造条件。

一是分期分批地解决专业技术人员实行职务聘任制以后的工资问题。按照中央职称改革工作领导小组的部署，凡已经实施专业技术职务聘任制并验收合格的单位，受聘的专业技术人员，如本人职务工资低于所任职务最低一级职务工资标准的，均可执行本职务最低一级职务工资标准。二是适当解决部分人员职务工资中的突出问题，即通常所说的职务工资"平台"问题。关于要不要拆"平台"，在文件下发前有一些争论，有人提出了不同意见，认为实行职务工资制，担任什么职务就拿什么工资是合理的，不存在"平台"问题。但是从实际情况看，担任相同职务（如处长）的人员承担的工作责任（工作量）是不一致的，每个人资历长短、经验多少不同，实际完成的工作质量也不一样，担任同一级职务的人员都拿一样的职务工资确实不尽合理，拆"平台"还是必要的。

（三）进一步调整科研人员的工资标准

为解决部分调动人员的工资问题，1987年1月，中共中央办公厅、国务院办公厅在《关于国家机关和事业单位工作人员职务变动后确定职务工资问题的通知》中规定：调动工作而变动职务的人员，应按其新任职务的工资标准重新确定工资。

为解决事业单位专业技术人员实行职务聘任制后的工资问题，1987年5月，中央职称改革工作领导小组、国务院工资制度改革小组联合发出《关于国家机关和事业单位实行专业技术职务聘任制度有关职务工资发放问题的通知》，规定经中央批准于1986年底开展专业技术职务聘任工作的高教、科研、卫生三系统中的省、自治区、直辖市和中央、国务院各部委、各直属机构、各人民团体直属事业单位，以及经中央职称改革工作领导小组批准或同意于1986年进行专业技术职务聘任制试点的单位，在首次聘任专业技术职务中的受聘人员，凡本人套改后的职务工资低于所任职务工资标准最低等级的，均应从1985年7月1日起，计入该职务的最低等级工资，其增加的工资，按工资改革的有关规定分两年发给。

为解决部分中年专业技术人员工资问题，经国务院批准，劳动人事部于1988年1月发出了《关于一九八七年解决部分中年专业技术人员工资问题的通知》，从1987年10月起执行。这次提高部分中年专业技术人员工资的重点是担任讲师、助理研究员、主治医师、工程师以及相当中级职务的中年专业技术人员。

为提高科技人员的工资待遇，1988年10月，人事部、财政部发出《关于对承担国家重点科技攻关项目的专业技术人员试行岗位补贴的通知》，规定凡直接承担国家重点科技攻关项目的专业技术人员，在按计划开展项目工作期间，可以享受岗位补贴。岗位补贴标准，按每人每月平均20~30元掌握，由国家科委、国家计委、国防科工委分别按各类项目的合同或任务书的具体情况，核定实行补助的人数及总金额，下达给有关部门控制使用。

为改善中小学教师的生活待遇，促进基础教育事业的发展，国务院规定，从1987年10月起，将中小学教师现行工资标准提高10%。1988年6月，国家教育委员会、人事部联合印发《关于中小学教师工资标准提高10%部分可以作为计发离休、退休费基数的通知》，明确规定1987年10月以后离休、退休的中小学和幼儿园教师，提高10%的部分，均可以作为计发离休、退休费基数。

（四）解决科研人员工资的突出问题

1989年12月，国务院发出《批转人事部、国家计委、财政部一九八九年调整国家机关、事业单位工作人员工资实施方案的通知》，决定从1989年第四季度起，适当调整国家机关、事业单位工作人员的工资，包括进行一次工资普调、重点解决专业技术人员工资的突出问题，适当解决国家机关和事业单位其他人员工资的一些突出问题，同时对离休、退休人员的待遇作适当调整。普调工资带有物价补偿性质，政策比较宽松，在册正式职工人人有份。

在解决工资突出问题时，对各类人员采取不同办法。对于专业技术人员工资中的突出问题，一是根据我国相关政策要求，在常规工资调整的基础上，对原有的薪酬体系进行调整，提升了专业技术岗位各级别的起始薪酬及最高薪酬，各自上升了两个等级。专业技术人员普调 1 级后，工资仍未达到本职务新起点工资标准的，可增加 1 级工资，进入新的起点工资标准。二是提升研究生以及大中专院校毕业生起始薪酬和实习薪酬标准，并对大中专院校毕业生薪酬级别确定机制进行革新。三是遵循原中央职称改革领导小组与国务院工资制度改革小组发布的《关于实施提升部分资深工程师薪资的通知》的相关规定，对于那些有显著贡献的资深工程师，若其基础职务薪酬已上调至 160 元，在普遍调整一级至 170 元的基础上，可通过薪酬晋级方式，进一步将其基础职务薪酬增至 180 元。

## 第三节　专业技术职务等级工资制度时期<br>（1993~2005年）

1993 年启动的第三次薪酬体系改革[①]，针对事业单位中的专业技术人才，特别设定了五种不同的薪酬体系[②]，对于管理层人员，采纳了职员级别的薪酬体系，而对于职工群体，则分别实施了技术级别薪酬体系以及等级薪酬体系。鉴于科研机构中专业技术人员的高度集聚，员工素质、技能、职责及业绩主要通过其专业技术职称来反映，因此采纳了专业技术职称等级薪酬体系。为了进一步规范内部分配，财政部等四部委联合发布《科技三项费用管理办法（试行）》，将项目结余比例控制在 10% 以下。1997 年出台的《关于进一步推进事业单位工资总额包干试点工作的指导意见》提出国家通过控制单位工资总额的方式对科研事业单位内部分配进行管理。

关于科研成果收益取酬，1993 年颁布的《中华人民共和国科学技术进步法》激励科研工作者投身科技成果转化领域，明确指出科研人员可以从

---

① 1993 年之前，事业单位和机关实行统一的工资制度。考虑到事业单位的特点和发展的需要（何宪，2017），在本次改革中，将事业单位工资制度从机关工资制度分离。

② 这五种薪酬体系分别为：专业技术职务等级工资制、专业技术职务岗位工资制、艺术结构工资制、体育津贴资金制和行员等级工资制。

科技成果转化所获得的收益中提取一定比例的奖金作为回报。1994 年出台的《适应社会主义市场经济发展，深化科技体制改革实施要点》提出试行岗位和课题双项工资制度的要求。1996 年颁布的《中华人民共和国促进科技成果转化法》，对科研及技术人员的权益进行了更深入的阐述，规定他们应当获得科技成果转化所产生收益的相应奖励。自 20 世纪末以来，我国科研机构在科技资源分配及科研力量部署方面实施了显著变革，将科技创新和技术成果的商业化放在了核心位置。到了 2000 年春季，人事部发布了《关于深化科研事业单位人事制度改革的实施意见》，明确了岗位薪酬、工作量薪酬和绩效薪酬三者结合的薪酬制度，旨在构建一个灵活且高效的薪酬激励机制，强化知识与技术要素在收益分配中的作用，确保个人贡献与经济回报相匹配。

2020 年 4 月出台的《关于深化科研机构管理体制改革实施意见的通知》，促进内部收益分配体系的深入变革，加大对科研单位薪酬结构改革的力度，开辟并更新了知识与技术要素在收益分配中的介入模式及路径。

## 一　实现机关和事业单位工资制度脱钩

1985 年工资改革后，机关和事业单位普遍采纳以职务级别为核心要素的薪酬体系结构，而事业单位的结构工资制度是比照国家机关制定的，未能凸显事业单位的独特性质，同时亦违背了不同行业人才发展的普遍规律，此举还将加剧事业单位的官僚化特征，对事业单位的革新与进步产生了负面影响。1993 年实施的薪酬体制改革将政府机关与事业单位的薪酬体系分离，这一举措成为改革的核心环节，同时也成为新薪酬体系的一大显著特征。①

一是机关和事业单位实行不同的工资制度。对机关，根据其特点和实际情况，建立了既考虑职务高低、责任大小，又兼顾资历和贡献的职级工资制。对事业单位专业技术人员，依据其工作特点的不同，打造了技术人才薪酬体系、岗位技能薪酬体系、文化艺术薪酬架构、体育人才补贴及奖励机

---

① 何宪、熊亮：《机关和事业单位工资脱钩问题研究》，《中国人事科学》2018 年第 10 期。

制、职员职级薪酬体系等五大薪酬管理模式，对于事业单位的管理人员，实行职员职务等级工资制度。[①]

二是机关和事业单位实行差别化的工资结构。机关人员薪酬体系由职务薪酬、职级薪酬、基本薪酬以及工龄薪酬四部分构成。而事业单位的薪酬组成大致分为稳定收入与变动收入两大部分，稳定收入反映了员工的职位级别、职责轻重及贡献大小，变动收入则根据员工实际完成的工作量来确定。此外，不同性质的事业单位在稳定收入与变动收入的比例上也有所不同，财政全额拨款单位的分配比例定为七成固定、三成变动；财政差额拨款单位则为六成固定、四成变动；而自负盈亏的单位则可根据自身的具体情况调整，变动收入的比例甚至可以更高。[②]

三是对机关事业单位实行不同的工资管理办法。这次改革根据机关和事业单位的不同特点，实行了不同的管理模式，对事业单位又根据不同的经费来源，实行了不同的管理办法。国家财政全额拨款的事业单位，采纳全国统一薪酬体系及规范，基于确定的员额，采取薪酬总额封顶制度，即使人员增加，薪酬总额亦不予上调；反之，人员减少，薪酬总额亦不降低。而对于财政差额拨款的事业单位，则依照其财务自理能力，实施薪酬总额封顶或其他与其特性相契合的管理措施，推动其逐渐降低对财政的依赖，逐步实现财务自理。至于自负盈亏的事业单位，在满足一定条件的情况下，可以导入企业化管理模式或企业薪酬制度，实现自主运营和独立承担盈亏。另外，事业单位对于津贴补贴的分配拥有一定的自决权。在遵循国家规定的津贴补贴总额上限的前提下，各个单位可以自行设定津贴补贴的种类、等级、金额以及发放的具体方式。

## 二 专业技术人员实行多种类型的工资制度

由于事业单位涉及众多领域，其情况较为复杂，各自的工作属性与特色

① 赵福来、孙宝升：《军地工资制度比较及军队干部工资制度改革思路》，《军事经济研究》1999年第2期。
② 何宪：《科研单位工资收入分配制度研究》，《中国科技论坛》2021年第4期。

均有差异。基于相似性原则，同时考虑到管理的便捷性，采用了多种工资体系。针对各类专业技术人员，特别制定了五类各具特色的薪酬制度。

第一类是教育、科研、卫生等事业单位。这类机构的特点在于其专业技术人才的密集型，员工的专业素质、个人能力、工作职责以及对社会的贡献程度，主要是通过其担任的专业技术职称来反映的。针对这一特性，这类单位采纳了以专业技术职称级别为核心的薪酬体系。

第二类是地质勘探、交通、海洋及水产等领域的公共服务机构，这些单位由于其工作多在户外或水面进行，面临工作环境恶劣、迁移频繁以及岗位职责清晰明确等工作特性，因此采纳了以专业技术职能为核心的职业薪酬体系。

第三类群体涉及文艺演出机构，鉴于文艺工作者培养周期较短、舞台生涯有限且更新换代迅速，采纳了以艺术构成要素为核心的薪酬体系。

第四类群体是体育竞技者，鉴于他们所面临的激烈竞争、快速的淘汰机制、短暂的在队生涯以及退役后需重新就业的现实情况，采用了专门的体育补贴和奖励体系。

第五类涉及金融机构，依据其业务属性及金融行业的特定需求，采纳行员等级薪酬体系。

在事业单位担任管理岗位的员工，其职责属性与技术人员有所区别，与政府机关的公务员存在不同。鉴于此，考虑到其独特性，我们应在构建职员职级体系的前提下，推行等级制的薪酬体系，这旨在凸显事业单位的个性化特征，并有效增强薪酬的保障与激励功能。

在我国事业单位中，员工按技能分为技术型与普通型两大群体。技术型员工采取技术级别薪酬体系，其薪酬由技术级别薪酬和岗位补助两大部分组成。技术级别薪酬作为薪酬中的稳定部分，它反映了技术型员工技能水平的高低以及工作能力的强弱；而岗位补助作为薪酬中的变动部分，它主要展现了技术型员工实际工作量的多少以及岗位之间的差异；普通工人采用分级薪酬体系，其收入由基础级别薪酬和补贴两大部分构成。基础级别薪酬作为薪酬体系中的稳定收入来源，而补贴部分作为薪酬的一部分，主要用于反映基层劳动者实际劳动量的多少及其工作绩效的高低差异。

### 三 完善专业技术人员岗位津贴制度

国家对事业单位的补贴实施总量管控，并出台了一系列指导方针。各个单位在确定的补贴总金额范围内，遵循国家的指导原则，结合自身的具体情况，细化补贴的种类、级别、金额及发放细则等，在获得上级主管部门及人事机构的审核同意后方可执行。

财政全额拨款的机构，其补贴总额依据薪酬结构中的30%比例进行确定。而对于财政差额拨款的机构，补贴总额则依照薪酬结构中的40%比例进行分配。至于自负盈亏的机构，则可以根据自身具体情况，将补贴在薪酬结构中的占比进一步提高。实施新的补贴制度之后，原先按照国家标准发放的奖金将被取消。而超出四个月薪酬的奖金部分，可以被纳入新设的补贴中进行统筹使用。

各部门的补贴种类及称谓，需依照各自的核心职能来明确。补贴的级别划分，应依据职能特性的差异及具体状况来设定。补贴的具体金额，需在细致的核算之后确立，并且必须严守已审批的补贴总额上限。补贴的派发，需在评估员工的绩效之后，依照工作量的大小及质量高低，遵循多劳多得、少劳少获、不劳无获的分配准则。具体来说，事业单位的岗位津贴分为专业技术人员岗位津贴和管理人员岗位津贴。管理人员特设岗位绩效奖金，该奖金的发放标准依照单位在国家规定的调控范围内，结合管理职责的轻重以及岗位任务的具体完成成效来具体决定。专业技术人员岗位津贴又依其行业类型，区分为五类。

第一类：高等学校，将教育、科研、卫生、农业以及林业领域的补贴政策进行细化，具体包括：对基础教育阶段，着重提供课堂教学津贴；在科学研究单位，主要给予科研项目资助及科研助手津贴、研究生辅导津贴；对于医疗卫生单位，重点发放临床工作津贴和防疫检查津贴；在农业发展部门，主要设立农业技术普及服务补助；而在林业管理部门，重点落实森林资源保护补助、林业技术推广服务补助以及野生动物保护职务补助。

水利事业单位，重点设立了用于水利防涝的专项补贴和针对血吸虫疫区的特定工作补助。在气象领域机构中，特别设立了针对气象服务的专项补助。针对地震预防机构，则推出了地震预警与防范的专门津贴。技术监察类机构主要发放技术监察职务补贴。商品查验机构则侧重于设置边境查验与鉴定补贴。环境保护机构承担着发放针对环境污染监控及治理的财政补助任务。社会福祉机构则致力于为社会服务领域提供必要的经济补贴。而其他种类的机构，依据国家划定的补贴总额度，依据各自职能定位，分别确立相应的岗位津贴标准。

针对致力于基础科学探索、前沿技术与高科技领域研究的专家学者，相关主管部门将提出建议，待人力资源部门及财务部门审核通过后，将有机会在国家既定津贴范畴之外，额外设立专项岗位补贴。该补贴的标准通常定位于相关人员薪酬水平的20%~30%，具体补贴的发放细则将由所在单位在此幅度内，结合具体情况拟定，并须向人事部报备。

第二类：各类事业单位如地质调查、测绘绘制、交通管理、海洋研究、水产养殖、野外考察及水上活动等领域，特设岗位补贴机制。该岗位补贴依据具体工作职位进行分配。对于从事野外地质调查的工作人员，他们的职位被划分为九个不同的级别，每一个类别都对应着相应的津贴额度。举例来说，领队属于第九级别职位；担任总工程师、副领队或是超大型地质项目的负责人则被归入第八级别；至于副总工程师以及部门级别的大型地质探矿项目的领导者，则属于第七级别职位。在野外测绘领域，职务共细分为八个等级，各等级对应特定的岗位补贴标准。例如，大队指挥官及重点工程项目的技术领头人被划归为第八级别岗位；而副大队领导及总技术工程师则被划分至第七级别岗位。至于副技术工程师和队长则属于第六级别岗位。对于地质和测绘领域的野外工作者，他们将继续享有专门的野外工作补贴。至于交通、海洋和水产业等单位的船员，其岗位补贴将根据船舶的级别以及船员实际担任的操作岗位来具体确定。舰船政治工作者，包括政委、副政委、政指及事务干部等，其岗位补贴依照同级舰船的副舰长、次副舰长、三副的标准发放；至于非标准舰船的舰长、副舰长、次副舰长，则按照三级舰船的副舰长、次副舰长、三副的补贴标准来执行。对于船员和潜水员，他们将持续享有水上操作补贴，具体补贴标准如下：在内河（港区）操作时，补贴为职务薪酬的 10%；沿海操作时，补贴为职务薪酬的 20%；而近海操作时，补贴则为职务薪酬的 30%；远洋作业，补贴为个人岗位薪酬的 40%。水面工作补贴，依据实际出勤天数进行发放。对于在海上灯塔、平台及基站工作的员工，将实施艰苦海岛补贴，补贴金额依据海岛类别而定：一类海岛的工作补贴为岗位薪酬的 20%；二类海岛为岗位薪酬的 15%；三类海岛为岗位薪酬的 10%。实施艰苦海岛补贴后，现有的艰苦海岛浮动薪酬及航标补贴将不再继续执行。

第三类：文艺团体，针对不同表演等级及演出频次设立了两项补助：表演等级补助金与演出频次补助金。其中，表演等级补助金占据了薪酬的两成，它是依据演员、乐手、指挥等不同岗位人员的艺术表现等级来核定的。该补助金分为五个级别：主演领衔、主演、副主演、普通演员以及演出辅助人员，并且每个级别下又细分为三个不同的补助标准：甲级、乙级和丙级。通常情况下，表演等级补助金的评定周期为两年一次。文艺工作者将根据评定的表演等级，领取对应的等级补助金。针对知名艺人因年龄或其他客观条件不再适合出演重要角色的情形，其表演等级补贴可以设定为较为稳定的标准。演出频次补助金占据了薪酬的 20%，依据艺术工作者演出的频次发放；具体演出次数则由所属单位遵循国家相关法规进行明确。至于艺术团体内其他技术人员补贴的发放方式，应比照艺术工作者的补贴发放标准来执行。演艺团队内的舞者、特技演员、戏剧行当、武术工作者等相关岗位的补助政策保持不变。对于在非演艺领域担任艺术类职务的工作人员，他们的薪酬应依照艺术类职务的薪酬规范发放，然而，其补贴标准应根据各自行业的实际情况来制定。

第四类：体育选手，依据他们在国内外重要赛事中所取得的竞技成果，将获得相应的成绩补贴。该补贴的发放标准将依照竞赛级别及选手所获名次进行具体规定。

第五类：金融机构推出职责绩效奖金制度。该奖金的发放标准，根据国家规定的比例区间，由机构依据员工的职责重要程度及任务达标表现来具体制定。在众多专业技术人员中，那些肩负党政领导职责的人员，可以获得领导岗位的补贴。该补贴的金额由所在单位根据其担任的领导职位级别来具体设定。例如，在高等学府中，若某位教授担任校长一职，那么除了享有教授级别的专业技术薪酬外，还将额外获得对应领导岗位的补贴。

在实施新的补贴制度之后，原有的教师工龄补贴、班主任额外补贴、特教岗位补贴、高级教师岗位补贴、护理工龄补贴，以及针对特殊行业和那些艰苦、肮脏、劳累、危险等特定职位的补贴将继续保持不变；其余的补贴则将与新设立的津贴进行整合。

# 第四节 岗位绩效工资制度时期（2006年至今）

2006年7月，我国开展了新一轮的薪酬体制改革，针对公共机构推出了岗位职责与绩效挂钩的薪酬体系。该体系涵盖了岗位薪酬、级别薪酬、绩效薪酬以及各类津贴补助。具体来说，基础薪酬由岗位薪酬与级别薪酬相加而成，岗位薪酬反映了岗位的职责与要求，级别薪酬则根据员工的工作表现及工作经验来决定；而绩效薪酬与津贴补助构成了薪酬中变动较大的部分，绩效薪酬主要根据员工的工作成绩与贡献来确定，津贴补助则涵盖了针对艰苦边远地区及特殊经济区域的工作补贴，以及针对特定岗位的补贴等。针对管理模式，本次革新方案明确指出，我国将对绩效薪酬的分配实施总量上的调整与政策层面的引导。鉴于科研类事业单位拥有高度集中的知识技术与高级人才，因此在确定绩效薪酬总额的过程中，将实行一定的偏向性支持。

在当前阶段，关于高级人才激励机制、科技成果应用体系以及科研绩效考核机制，同样开展了一系列的尝试和探讨。在高级人才激励政策方面，《分类推进事业单位改革配套文件》明确指出，需构建面向高级人才的专项补贴制度，对于某些迫切需求或者亟须引进的高级人才，可以采取包括协议薪酬、项目薪酬在内的多种灵活的报酬方式。在科技成果转化收益上，2015年出台的《中共中央国务院关于深化体制机制改革加快实施创新驱动发展战略的若干意见》指出，推出科技创新成果的管理、运用及利润分配权限下放政策，提升科研工作者在成果转化过程中的收益比重，加大股权激励机制的实施力度。在科研绩效考核上，2017 年，科技部等三部门制定的《中央级科研事业单位绩效评价暂行办法》，倡导对中央直属科学研究机构进行评估时需"注重实力、关注成效、恪守规矩、突出贡献"，同时在进行科研机构领导层的更替、任期目标审查、学科发展方向的调整、设施平台搭建、绩效奖励等环节中，要显著提升评价结果的运用力度。

### 一 科研事业单位工资制度改革指导思想和基本原则

科研事业单位工作人员收入分配制度改革的指导思想是，严格遵循党的十六大以及十六届三中全会对推进事业单位薪酬制度改革的具体指示，以适应事业单位改革步伐，特别是对事业单位薪酬结构进行优化调整。构建与事业单位性质相契合、凸显岗位职责绩效及分类分级管理的薪酬分配新机制，优化工资水平的常态化调整体系，强化宏观调控功能，逐步推动事业单位薪酬分配向科学化、规范化方向发展。①

科研机构职员薪酬体系革新的核心准则如下。一是需遵循劳动报酬与要素贡献相结合的方针，构建与职务职责、绩效表现、贡献大小紧密相连，并旨在激发创新活力的薪酬激励机制。二是须契合事业单位人事聘用制度改革及岗位管理体系，实施岗位薪酬制度，岗位调整薪酬相应变动，强化对杰出人才及关键岗位的支持。三是打造符合事业单位特性的薪酬常规调整体系，确保事业单位员工的收入水平与经济社会进步程度相匹配。四是通过激活事业单位内部薪酬机制，进一步激发事业单位的发展动力。五是采取层次化与类型化相结合的管理方式，强化顶层设计，优化分配体系，协调薪酬分配的平衡。

### 二 科研事业单位实行岗位绩效工资制度

科研机构从业者采取岗位与绩效相结合的薪酬体系。该体系包含岗位薪

① 谢璐：《浅谈高校岗位绩效工资制度》，《经营管理者》2009 年第 9 期。

酬、级别薪酬、绩效薪酬以及各种津贴补助四大类，岗位薪酬与级别薪酬共同构成了员工的基本收入。

（一）岗位绩效工资制度的主要内容

1. 岗位薪酬，主要体现工作人员所聘岗位的职责和要求

在机关事业单位中，职务大致可以归纳为三大类别：技术性岗位、管理性岗位和后勤操作性岗位。技术性岗位按照能力等级分为 13 个不同的档次；管理性岗位则区分为 10 个不同的级别；后勤操作性岗位则进一步区分为技术操作岗位和一般操作岗位，技术操作岗位划分为 5 个能力等级，一般操作岗位则没有明确的级别划分。这些岗位的级别分别对应着相应的薪酬待遇，员工将依照其担任的职务级别来获取相应的工资收入。

2. 级别薪酬，主要体现工作人员的工作表现和资历

国家为专业技术人员及管理层设定了 65 级的薪酬梯度；针对工人群体，则划分了 40 级的薪酬层次，每一级代表着特定的薪酬水平。依据不同职位的特点，制定了各自的起始级别薪酬，员工将依照其工作绩效、经验以及担任的岗位等多个因素来决定相应的级别薪酬，并按照该级别的薪酬标准领取报酬。

3. 绩效薪酬，主要体现工作人员的实绩和贡献

国家对事业单位的绩效薪酬分配实施总额控制与政策引领，各事业单位在规定的绩效薪酬总额范围内，依照既定流程与标准，独立进行薪酬分配。自实施绩效工资制度以来，原本事业单位的年终一次性奖金已被废除，并将月度工资及地方性补贴整合为绩效薪酬的组成部分。

4. 津贴补助，分为艰苦边远地区津贴和特殊岗位津贴补助

针对偏远艰苦地区的补贴主要考虑到该地区独特的自然条件和经济社会发展水平的不同，为在此类地区辛勤工作的员工提供必要的经济补偿。在这些区域的企事业单位员工，需遵循国家统一制定的偏远艰苦地区补贴政策。而特定岗位的补贴则是为了凸显对从事繁重、肮脏、劳累、危险以及其他特殊岗位的员工的政策扶持。国家对这类特定岗位的补贴实施统一的监管体系。

（二）分步骤推进科研事业单位绩效工资制度

绩效工资的核心在于反映员工的工作成效与所作贡献，它构成了事业单

位薪酬结构中富有弹性的部分。各个单位可以在批准的绩效奖金总额范围内，根据员工的工作表现和贡献程度自行决定分配方案。设立绩效奖金的目的在于彰显事业单位的独特性，强化内部薪酬分配的灵活性，提升薪酬的激励作用。国家对绩效奖金总额实施宏观调控，事业单位则在核定的总额限度内拥有自主分配权，将绩效奖金与员工的工作表现和业绩挂钩，合理形成差异，激发员工的工作热情。同时，将绩效工资与机构实现社会公共服务使命及其评估成效紧密结合，推动事业单位持续提升其公益服务的质量和效能，防止只关注经济效益而忽略社会效益的现象发生。[①]

按照国务院的部署，事业单位绩效工资分三步实施：阶段一，依据义务教育法的相关条款，自 2009 年 1 月起，全国义务教育阶段的学校正式执行新规定；阶段二，协同医改政策，尤其是推行基本药物政策，自 2009 年 10 月起，在疾病预防、健康教育、妇女儿童保健、精神健康、紧急医疗救治、血液采集供应、卫生监管等领域的专业公共卫生机构，以及乡镇级别的卫生院和城市社区医疗服务中心等基层医疗机构开始执行；阶段三，推广绩效工资制度至其他类型的事业单位，从 2010 年起逐步落实。

### 三 完善部分科研人员工资制度

科研人员薪酬制度改革一直以来都受到国家重视和关注。我国在 2011 年颁布的《关于调整国家科技计划和公益性行业科研专项经费管理办法若干规定的通知》中，对课题资金进行了重新划分，将其区分为直接成本和间接成本两大类。此规定首次明确提出可以从中提取绩效奖金的做法。2014 年深化改革工作全面启动，国务院颁布了《关于改进加强中央财政科研项目和资金管理的若干意见》，对项目预算的调整、人力成本的管理、辅助费用的控制、剩余资金的运用等领域，赋予了相关单位更多的自主决策权，尤其是要求结合一线科研人员实际贡献公开公正安

---

① 陈克现：《我国农村教师薪酬体系激励功能的缺失与对策》，《现代教育论丛》2009 年第 6 期。

排绩效支出，体现科研人员价值，充分发挥绩效支出的激励作用。

此后，国家又相继印发《中华人民共和国促进科技成果转化法》《关于实行以增加知识价值为导向分配政策的若干意见》《关于深化项目评审、人才评价、机构评估改革的意见》《国务院办公厅关于完善科技成果评价机制的指导意见》《关于完善科技激励机制的若干意见》等法律和政策，对科技创新人才实行现金、股权、期权、分红等激励措施，坚持以科技创新质量、绩效、贡献为核心的评价导向，突出基于贡献的激励，强化对科技领域作出重大贡献者的奖励。

随着多项制度文件在全国各地落地，身负重大科研项目、有重大成果产出的科研人员的收入进一步得到保障，科研人员尤其是进入长聘体系人员的工资上限不断被打破限制，突破"天花板"，创新人才成长得到激励。

当前，我国科研人员收入分配制度主要有两种形式：一是薪酬工资制度，二是协议工资制度。二元工资制度是应用范围较普遍的制度，中国科学院等科研单位实行三元工资制，主要由基础工资、岗位津贴和科研绩效三部分构成。该分配制度相当一段时间内有效地激发了科研人员的积极性、提高了科技资源使用效率，但基础研究领域高水平保障制度还不健全，滋生了一些现象——科研人员不断申请竞争性科研项目，从更多项目中获得更高绩效，不利于科研人员潜心研究，影响了关键核心技术领域突破，多头竞争也存在降低科研经费使用效率的风险。长聘工资制度随着近年来各大高校探索的长聘制产生。

长聘制是在借鉴国外大学终身教授制度的基础上建立的教师聘用、使用、管理制度。照此制度，新入职教师在经过一段时间考核后，达到长聘的条件，将获聘终身教职，其工资实行年薪制。年薪制一定程度上保障教育教学、学术研究不受经济因素影响。[1]

---

[1] 宋河发：《专家：更高水平、更规范的科研人员薪酬制度呼之欲出》，央广网，2023 年 7 月 12 日。

## 四 高等学校、科研院所薪酬制度的改革试点

2023 年 7 月，中央深化改革领导小组第二次会议顺利通过了《关于高等学校、科研院所薪酬制度改革试点的意见》（以下简称《意见》）。会议着重指出，在薪酬的分配上，应优先考虑那些坚守在教学和科研前线的工作者，以及那些面对紧迫、困难、危险和重要任务勇于担当并作出显著贡献的员工。同时，对于那些致力于基础学科教育和基础研究、承担国家核心技术突破项目并且实现重要创新成果的科研人员，也应给予薪酬上的倾斜。

《意见》着重提出，把改革高校教师与科研工作者薪酬分配机制视为促进教育、科技、人才三大领域协同发展的关键举措。该机制将逐步完善，旨在构建一套能够充分激发创新动力、以知识价值为核心、管理有序、兼顾保障与激励的薪酬体系，从而有效激发高等学校与科研机构的创新潜能。

1. 构建合理的收益分配机制

本次改革着重打造一个能够全面反映知识、技术等创新因素贡献的收益分配体系。执行以提升知识价值为核心的分配策略；建立彰显人力资本价值的薪酬体系，增强高等学校与科研机构在薪酬分配上的自主决定权，完善绩效薪酬的分配体系，贯彻落实针对高级人才薪酬分配的激励措施，确保科研人员的收入与其岗位责任、工作表现、实际贡献紧密挂钩；改革将建立市场化的绩效评价与收入分配激励机制。

2. 绩效考核制度改革

首先，此轮改革具体提出了科研项目的绩效目标设定，旨在评估项目是否取得实质性的进展；在项目立项的评审阶段，必须严格审查绩效目标与结果指标是否与指导方针的规定相契合；同时，需强化对项目关键节点的审核力度。若项目执行进度显著落后，或无法实现既定的绩效目标，应迅速进行调整，必要时取消其后续的资金扶持。

其次，必须依据任务指导书进行全面的绩效评估。恪守任务指导书中的规定，逐条审查成效指标的实施状况，对达成绩效目标的水平进行清晰判定，除非有充足的理由，否则不得推迟验收过程。

最后，深化绩效评估成果的运用。绩效评估的结论需作为调整项目方案、持续援助的关键参考，同时作为评估研发与管理人员、项目责任单位及项目管理机构业绩的标准之一。对于那些绩效评估成绩突出的，将在后续项目资助、荣誉嘉奖等方面给予优先考虑。

### 3. 强化创新生态制度改革

首先，科技成果的转化效率直接影响到科研人员的热情、自发性和创新力，它同时关系到经济社会发展的驱动力来源，影响到国家创新体系的综合效能，更是决定着我们是否能够实现科技领域的高水平自主可控。因此，我们需重视创新成果的转化机制，以促进资源优势切实转化为实际的生产能力。

其次，推动科技革新管理体系进步，构筑促进科技革新的强劲协同力量。需采取实质性的构建策略，持续地对科技创新环境进行优化与提升。具体而言，需确立创新生态观念、完善科技与金融结合的机制、加强知识产权的治理、拓宽创新生态的领域、统筹各类创新要素，打造一个拥有更卓越服务品质、更高效决策能力、更高阶创新能力的科技革新管理体系新架构。[①]

---

① 《构造良好创新环境，持续释放创新势能——〈关于高等学校、科研院所薪酬制度的改革试点的意见〉的评述》，《中国日报》2023 年 7 月 19 日。

# 参考文献

**党和国家领导人著作：**

《马克思恩格斯全集》第二十三卷，人民出版社，1972。

邓小平：《邓小平文选》第二卷，人民出版社，1994。

邓小平：《邓小平文选》第三卷，人民出版社，1993。

江泽民：《江泽民文选》第一卷，人民出版社，2006。

《列宁选集（第3卷）》，人民出版社，2012。

《毛泽东选集》第四卷，人民出版社，1991。

任弼时：《任弼时选集》，人民出版社，1987。

《斯大林选集》下卷，人民出版社，1979。

《周恩来选集》下卷，人民出版社，1984。

**著作、年鉴、报告：**

《国务院专家局组织简则》，《中华人民共和国国务院公报》1956年第39期。

《建党以来重要文献选编（1921－1949）》第十六册，中央文献出版社，2011。

《建党以来重要文献选编（1921－1949）》第十四册，中央文献出版社，2011。

中共中央文献研究室编《建国以来重要文献选编》（第十四册），中央文献出版社，1997。

《十六大以来重要文献选编》（上），中央文献出版社，2011。

《毛泽东 周恩来 刘少奇 朱德 邓小平 陈云思想方法工作方法文选》，中央文献出版社，1990。

《延安自然科学院史料》，中共党史资料出版社，1986。

《中国科技统计年鉴2022》，中国统计出版社，2022。

曹志主编《中华人民共和国人事制度概要》，北京大学出版社，1986。

陈少平主编《国家机关和事业单位工资制度变革》，中国人事出版社，1992。

陈振明主编《政策科学：公共政策分析导论》，中国人民大学出版社，1998。

董光璧：《中国近现代科学技术史论纲》，湖南教育出版社，1992。

房列曙：《中国近现代文官制度》（上），商务印书馆，2016。

费正清编《剑桥中国晚清史》（下卷），中国社会科学院历史研究所编译室译，中国社会科学出版社，1985。

赣东北革命斗争史调查队横峰县工作组、中共横峰县委苏区革命斗争史编纂组合编：《横峰县苏区革命斗争史资料（初稿）》，内部资料，1953年。

高化民等：《三代领导集体与统一战线》，华文出版社，1999。

高士其：《国防科学在陕北——中国科学技术团体》，上海科学普及出版社，1990。

高世琦编著《中国共产党干部教育世纪历程》，党建读物出版社，2013。

国家科学技术奖励工作办公室汇编《国家科学技术奖励工作指南》，北京科学技术出版社，1988。

侯建良：《公务员制度发展纪实》，中国人事出版社，2007。

黄定康、舒克勤主编《中国的工资调整与改革（1949-1991）》，四川人民出版社，1991。

江西省邮电管理局编《华东战时交通通信史料汇编——中央苏区卷》，人民邮电出版社，1995。

科学技术部科技人才交流开发服务中心编著《新时期中国科技人才政策发展与实践》，科学技术文献出版社，2023。

李庚辰主编《走向辉煌：中国共产党党史学习资料》（第一卷），四川人民出版社，2002。

李石曾：《李石曾先生文集》（上），中国国民党党史委员会，1980。

林尹注释《周礼今注今译》，书目文献出版社，2009。

潘晨光、方虹：《独具特色的中国博士后制度》，社会科学文献出版社，2004。

朴贞子、金炯烈、李洪霞：《政策执行论》，中国社会科学出版社，2010。

全国博士后管委会办公室、中国博士后科学基金会编《博士后工作实用手册（2014）》，中国人事出版社，2014。

人力资源和社会保障部、全国博士后管理委员会编《博士后工作文件资料汇编（1985-2007）》，中国人事出版社，2008。

人力资源和社会保障部编《中国人力资源和社会保障年鉴（文献卷）2012》，中国劳动社会保障出版社、中国人事出版社，2012。

阮湘：《第一回中国年鉴》，商务印书馆，1924。

宋锦洲编著《公共政策：概念、模型与应用》，东华大学出版社，2005。

苏竣：《公共科技政策导论》，科学出版社，2014。

苏尚尧：《中华人民共和国中央政府机构1949-1990》，经济科学出版社，1993。

王晓初、程超等：《专业技术人才知识更新工程十年实施总结评估报告》，载余兴安主编《中国培训事业发展报告（2022）》，社会科学文献出版社，2023。

王晓初主编《专业技术人才队伍建设与管理》，中国劳动社会保障出版社，2012。

武衡：《当代中国的科学技术事业》，当代中国出版社，1991。

武衡主编《抗日战争时期解放区科学技术发展史资料（第1辑）》，中国学术出版社，1983年。

武衡：《延安时代科技史》，中国学术出版社，1988。

徐颂陶、孙建立主编《中国人事制度改革三十年》，中国人事出版社，2008。

许文博等：《中国解放区医学教育史》，人民军医出版社，1994。

薛建明：《中国共产党科技思想及其实践研究》，中央文献出版社，2007。

杨洋：《科技政策范式及其执行系统研究》，上海三联出版社，2015。

姚云：《中国博士后制度的制度分析与时代变革》，西南师范大学出版社，2012。

余兴安、唐志敏主编《人事制度改革与人才队伍建设（1978-2018）》，中国社会科学出版社，2019。

余兴安主编《当代中国人事制度》，中国社会科学出版社，2022。

张剑：《中国近代科学与科学体制化》，四川人民出版社，2008。

张金马主编《公共政策分析：概念·过程·方法》，人民出版社，2004。

张晋藩主编《中国官制通史》，中国人民大学出版社，1992。

张天麟：《中国地理学90年发展回忆录：20世纪我国第一位地理学家——张相文》，学苑出版社，2005。

张志坚主编《行政管理体制改革新思路》，中国人民大学出版社，2008。

张志坚、苏玉堂：《当代中国的人事管理》，当代中国出版社，1994。

赵东宛：《中国劳动人事年鉴》，劳动人事出版社，1989。

赵旭东：《技术革命对国家的影响》，上海人民出版社，1998。

赵元果编著《中国专利法的孕育与诞生》，知识产权出版社，2003。

中共中央文献研究室编《十六大以来重要文献选编》，中央文献出版社，2008。

中共中央文献研究室编《改革开放三十年重要文献选编》（下），中央文献出版社，2008。

中共中央文献研究室编《建国以来重要文献选编（第四册）》，中央文献出版社，1993。

中共中央文献研究室编《建国以来重要文献选编》（第二册），中央文献出版社，1992。

中共中央文献研究室编《十五大以来重要文献选编》（中），中央文献出版社，2000年。

中共中央文献研究室编《邓小平思想年编 1975-1997》，中央文献出版社，2011。

中共中央文献研究室编《十四大以来重要文献选编》（中），人民出版社，1997。

中共中央组织部：《中国人才资源统计报告（2015）》，党建读物出版社，2017。

中共中央组织部、中共中央党史研究室、中央档案馆：《中国共产党组织史资料（第九卷）文献选编》（下），中共党史出版社，2000。

中国第二历史档案馆编《中华民国史档案资料汇编：第五辑》，江苏古籍出版社，1994。

中国第二历史档案馆编《中华民国史档案资料汇编：第五辑第一编教育（二）》，江苏古籍出版社，1994。

中国科学院：《中国科学院编年史：1949—1999》，上海科技教育出版社，2009。

中国人力资源和社会保障部：《人才大潮夯筑强国路——党的十八大以来高层次人才选拔培养工作综述》，2017。

中国人事科学研究院：《2005年中国人才报告——构建和谐社会历史进程中的人才开发》，人民出版社，2005。

中国史学会：《中国近代史资料丛刊：太平天国（二）》，上海人民出版社，1957。

中华人民共和国科学技术部：《中国科技人才发展报告（2018）》，科学技术文献出版社，2019。

中华人民共和国人力资源和社会保障部：《2021 年度人力资源和社会保障事业发展统计公报》，2022。

中央职称改革领导小组：《关于改革职称评定、实行专业技术职务聘任制度的报告》，1986。

庄子健、潘晨光：《中国博士后》，经济管理出版社，2006。

**期刊、文章、报道：**

《2018 博士后创新人才支持计划亮点纷呈》，《中国组织人事报》2018 年 2 月 28 日。

《"国家百千万人才工程"新十年首批人选揭晓》，《中国科技信息》2013 年第 23 期。

杨舒：《"杰青"基金释放科技人才巨大效能》，《光明日报》2019 年 9 月 12 日。

《"科学的春天"——1978 年全国科学大会》，《中国科学院院刊》2018 年第 4 期。

《〈关于开展科技人才评价改革试点的工作方案〉政策解读》，科学技术部官网，2022 年 11 月 9 日。

《博士后创新人才支持计划：加速培养优秀青年科技创新人才》，《科学中国人》2021 年第 36 期。

《吹响"高端引领"的时代号角》，《中国劳动保障报》2013 年 1 月 26 日。

任社宣：《党的十八大以来博士后事业发展综述》，《中国劳动保障报》2023 年 10 月 25 日。

《第五届全国杰出专业技术人才表彰大会在京举行刘云山会见与会代表并讲话》，新华网，2014。

《改革开放——科学技术是第一生产力》，《中国科技奖励》2009 年第 10 期。

《改革完善基层卫生专技人员职称评审》，《中国劳动保障报》2015 年 11 月 27 日。

《构造良好创新环境，持续释放创新势能——〈关于高等学校、科研院所薪酬制度的改革试点的意见〉的评述》，《中国日报》2023年7月19日。

《关于深化卫生事业单位人事制度改革的实施意见》，《中国医院》2000年第8期。

《关于深化卫生专业技术人员职称制度改革的指导意见（征求意见稿）》，《中国实用乡村医生杂志》2020年第12期。

《国家劳动总局关于将原拟在科研、设计、高等学校、医疗卫生等事业单位中试行的临时津贴折合为升级人数的通知》，《劳动工作》1980年第2期。

《国家人事局关于贯彻执行国务院颁发的七种业务技术职称暂行规定若干问题的说明》，《会计研究》1981年第2期。

《国家自然科学奖一等奖产生"双子星"》，《新华每日电讯》2021年11月4日。

《加强交流合作　实现互利共赢》，《人民日报》2014年1月11日。

刘祖华：《坚持高端引领　选拔培养领军人才——〈国家百千万人才工程实施方案〉》，《现代人才》2013年第1期。

《坚持高端引领选拔培养领军人才》，《中国组织人事报》2013年1月28日。

《培养国家未来科技创新主力军》，《人民日报》2019年12月20日。

《企业博士后工作》，《人事与人才》2000年第9期。

《人力资源社会保障部专技司、工业和信息化部人教司有关负责人答记者问》，《中国组织人事报》2019年2月27日。

王燕琦、高敏婧：《人事部等为专业技术人才"充电"》，《光明日报》2006年11月8日。

《深化科技奖励制度改革》，《人民日报》2017年6月10日。

《师德表现作为职称评审首要条件》，《中国组织人事报》2020年7月30日。

《完善评价指挥棒　激励高技能人才》，《人民日报》2017年12月6日。

《我国累计招收博士后二十八万余人》，《人民日报》2021年12月19日。

《习近平在科学家座谈会上的讲话》，2020年9月11日。

楚燕、陈芳：《一年获8项国家级科研立项》，《厦门日报》2009年1月13日。

《中共中央 国务院关于加速科学技术进步的决定》，《内江科技》1995年第5期。

《中共中央国务院关于对做出突出贡献的专家、学者、技术人员继续实行政府特殊津贴制度的通知》，中国科学院人事教育局，2002。

《中国博士后制度实施35周年座谈会在北京召开》，《中国组织人事报》2020年12月3日。

《中华人民共和国基本医疗卫生与健康促进法》，《中华人民共和国最高人民检察院公报》2020年第2期。

周飞飞、钟勇：《自然资源系统2人获评全国杰出专业技术人才》，《中国自然资源报》2021年11月2日。

鲍鸥：《苏联"动员式"科研管理运行模式及其现实意义》，《民主与科学》2007年第5期。

卜秀平：《××省D市税务局干部考核评价体系优化研究》，江西财经大学硕士学位论文，2023。

蔡秀萍：《高层次人才的"品牌加油站"——记"新世纪百千万人才工程"国家级人选高级研修班》，《中国人才》2007年第13期。

曹健林：《辉煌60年——见证新中国科技奖励工作60年发展历程》，《中国科技奖励》2009年第10期。

曹伟：《我国卫生专业技术资格考试体系研究》，天津大学硕士学位论文，2004。

陈汉英：《科技传播对经济发展的影响研究》，中国地质大学硕士学位论文，2004。

陈佳蕊、李朝兴、李金惠：《破"唯"背景下科技人员职称评审分类评价指标体系实证分析——以〈广东省自然科学研究人员评价标准条件〉为例》，《科技管理研究》2023 年第 19 期。

陈克现：《我国农村教师薪酬体系激励功能的缺失与对策》，《现代教育论丛》2009 年第 6 期。

陈雪薇：《建国以来党的知识分子政策的变化和历史经验》，《中国党政干部论坛》1999 年第 9 期。

程立、郭秋琴：《我国研制"两弹一星"的辉煌成就及其主要经验》，《军事历史研究》1999 年第 3 期。

崔禄春：《建国以来中国共产党的科技政策研究》，中共中央党校博士学位论文，2000。

崔永华：《当代中国重大科技规划制定与实施研究》，南京农业大学博士学位论文，2008。

戴宏、刘玄、周大亚：《中国科技工作者结构特征分析及建议——基于2020 年中国科技工作者的总量测算》，《科技导报》2023 年第 9 期。

邓斌：《论党的第一代中央领导集体"向科学进军"的战略决策》，《西南大学学报》（人文社会科学版）2006 年第 4 期。

邓斌、杨永纯：《毛泽东科技发展战略思想探析》，《生产力研究》2006 年第 7 期。

邓小平：《在全国科学大会开幕式上的讲话》，《人民日报》1978 年 3 月 22 日。

丁娟：《技术跨越：基于技术进步与制度变迁的分析》，复旦大学博士学位论文，2004。

董志超：《我国职称制度的发展与改革》，《中国卫生人才》2011 年第 5 期。

董志超：《新中国职称制度的历史追溯》，《人民论坛》2011 年第 20 期。

杜扬：《江泽民科教兴国战略思想研究》，东北林业大学硕士学位论文，2005。

段治文：《当代中国的科学文化变革》，浙江大学博士学位论文，2004。

樊春良：《对外开放和国际合作是如何帮助中国科学进步的》，《科学学与科学技术管理》2018 年第 9 期。

樊春良：《面向科技自立自强的国家创新体系建设》，《当代中国与世界》2022 年第 3 期。

樊洪业：《"研究院"东渐考》，《自然辩证法通讯》1990 年第 4 期。

樊洪业：《"院士"的来历》，《知识就是力量》，1994 年第 8 期。

樊洪业：《马相伯与函夏考文苑》，《中国科技史料》1989 年第 4 期。

高巍：《浅谈邓小平的科技观》，《河南教育学院学报》（哲学社会科学版）2001 年第 2 期。

高阵雨、陈钟、刘权、田起宏、王长锐、孟宪平：《国家杰出青年科学基金 20 周年回顾与展望》，《中国科学基金》2014 年第 3 期。

郜岭：《我国专业技术人员继续教育 30 年回顾与展望（上）》，《成人教育》2009 年第 7 期。

郭炜：《1978-1992 年中国共产党知识分子政策的研究》，中共中央党校博士学位论文，2014。

韩联郡：《中国科技人才政策演变研究（1949-2009 年）》，上海交通大学博士学位论文，2019。

何宪：《公务员工资管理体制问题研究》，《行政管理改革》2016 年第 3 期。

何宪：《科研单位工资收入分配制度研究》，《中国科技论坛》2021 年第 4 期。

何宪、熊亮：《机关和事业单位工资脱钩问题研究》，《中国人事科学》2018 年第 10 期。

何勇涛：《军队医学院校博士后研究人员出站考核评价指标体系的研究》，第三军医大学硕士学位论文，2004。

胡正生：《邓小平同志南巡重要谈话是中国加快改革开放的强大动力》，《理论学刊》1992 年第 5 期。

华伟：《高等教育改革发展背景下思想政治教育的变化研究》，兰州大学硕士学位论文，2012。

黄道炫、钟建安：《1927-1937年中国的学术研究》，《史学月刊》2001年第2期。

黄少成、吴东华：《邓小平的科技观新论》，《辽宁工学院学报》（社会科学版）2003年第1期。

黄云：《新中国成立后科技思想及科技政策演变研究》，重庆师范大学硕士学位论文，2010。

姬养洲：《世纪之交我党人才工作实现飞跃发展》，《中国人才》2021年第5期。

焦仁：《实施"长江学者奖励计划"成效显著》，《中国高等教育》2006年第9期。

缴旭、豆鹏、纪媛：《新中国70年科研事业单位工资制度的发展》，《中国人事科学》2019年第12期。

《教育部：让人才培养扎根在中国大地上》，"中国青年报"百家号，2021年10月8日。

《解读〈关于深化自然科学研究人员职称制度改革的指导意见〉》，《劳动保障世界》2019年第19期。

科技部人才中心政策研究小组：《党的十八大以来科技人才政策综述》，《中国科技人才》2021年第5期。

兰庆庆、金莹：《新中国干部队伍建设70年：发展轨迹与制度创新》，《西南政法大学学报》2019年第5期。

李安平：《向科学进军——1956年的全国知识分子问题会议》，《科学新闻》1999年第23期。

李安平：《中国科技百年——从科学救国到科教兴国》，《科学新闻》2000年第4期。

李菲：《基于群决策技术的科技奖励评价研究》，湖南大学硕士学位论文，2017。

李国兴、沈荣华：《坚持职称改革方向完善专业技术职务聘任制度》，《党政论坛》1988 年第 1 期。

李建忠：《建立公务员职务与职级并行制度的路径选择》，《人事天地》2013 年第 6 期。

李丽莉：《改革开放以来我国科技人才政策演进研究》，东北师范大学博士学位论文，2014。

李平辉：《胡锦涛人才思想述论》，《湖北经济学院学报》（人文社会科学版）2013 年第 4 期。

李倩：《我国博士后经费投入政策存在的问题及改进建议》，东北大学硕士学位论文，2009。

李荣娟、张潇婧：《改革开放以来我国科技人才政策的演进及其时代特点分析》，《湖北行政管理论坛（2012）——行政体制改革与政府能力建设研究》，2011。

李潇：《〈"百千万人才工程"实施方案〉隆重出台》，《中国人才》1996 年第 1 期。

李雄文、姚昆仑：《新中国的科技奖励制度》，《西南师范大学学报》（人文社会科学版）2001 年第 3 期。

李焱：《雏鹰工程：中关村开启市场选才新机制》，《投资北京》2013 年第 9 期。

李勇：《发挥财政职能作用　服务人才发展战略》，《中国人才》2012 年第 5 期。

李政道：《前程似锦的中国博士后事业：纪念中国博士后制度建立 25 周年》，《中国博士后》2010 年第 4 期。

林艾英：《做好博士后工作　促进河南经济腾飞》，《行政人事管理》1999 年第 6 期。

刘丹华：《中国博士后制度的制度分析》，浙江大学硕士学位论文，2004。

刘海飞：《中国博士后制度的起源和发展》，《人力资源管理》2015 年第 12 期。

刘建军、甘向阳：《中国近代科技奖励制度建立的曲折历程——专利性质的奖励制度》，《科学技术与辩证法》2004 年第 1 期。

刘利：《鄂兴科技与科技兴鄂——论半个多世纪以来湖北省科学技术的发展》，武汉大学硕士学位论文，2005。

刘浏：《全国人事厅局长会议在京举行》，《人才开发》1998 年第 3 期。

刘琪：《建国初期中共科技思想及其实践研究（1949-1956）》，江苏大学硕士学位论文，2010。

刘薇：《新中国成立以来科技工作者队伍的发展》，《科技导报》2019 年第 18 期。

刘霞：《党的百年人才事业成就与经验》，《中国人事科学》2021 年第 8 期。

刘永林、金志峰、张晓彤：《我国职称制度改革之探》，《中国行政管理》2021 年第 9 期。

路甫祥：《中国近现代科学的回顾与展望》，《自然辩证法研究》2002 年第 8 期。

吕桁宇、马春爱、汤桐、曹梦瑶：《董事会非正式层级、机会响应与企业创新效率》，《科技进步与对策》2024 年第 5 期。

罗伟：《反思知识分子政策》，《科学学研究》2015 年第 2 期。

马爱杰：《浅析"科学技术是第一生产力"和"科教兴国战略"的关系》，《西北第二民族学院学报》（哲学社会科学版）1999 年第 S1 期。

马忠法：《邓小平"科学技术是第一生产力"思想的实现途径及时代价值》，《邓小平研究》2020 年第 5 期。

穆恭谦：《阮崇武同志谈科技计划管理工作》，《中国科技论坛》1989 年第 4 期。

潘晨光、方虹：《全球化背景下的中国博士后发展模式研究》，《社会科学管理与评论》2005 年第 4 期。

彭燕媛：《知识产权从业人员职业道德研究》，南京理工大学博士学位论文，2020。

綦良群、于渤：《高新技术产业政策评估指标体系设计》，《哈尔滨理工大学学报》2010年第1期。

綦良群、于颖、朱添波：《高新技术产业政策评估要素的系统分析》，《中国科技论坛》2008年第4期。

钱斌：《新中国科技体制的建立和初步发展（1949-1966）》，中国科学技术大学博士学位论文，2010。

秦全胜：《改革开放铸辉煌人才发展谱新篇——改革开放40年来中国科技人才事业发展综述》，《中国科技人才》2018年12月29日。

《人社部负责人就〈职称评审管理暂行规定〉答记者问》，《中国组织人事报》2019年7月10日。

《人社部组织实施人才服务专项行动》，2020年8月27日。

沈晓平、苗润莲、贺文俊：《科技人才继续教育的需求与对策研究——基于北京市科学技术研究院的实证分析》，《2017年北京科学技术情报学会年会——"科技情报发展助力科技创新中心建设"论坛论文集》，2017。

施云燕：《我国职称评价改革现状及未来发展策略研究》，《中国科技人才》2021年第6期。

司永海：《略论斯大林和联共（布）的科技与人才思想》，《社会主义研究》2004年第1期。

宋河发：《更高水平、更规范的科研人员薪酬制度呼之欲出》，央广网，2023年7月12日。

宋沁潞、徐先蓬、信春雨：《新时代山东籍海外留学生齐鲁文化认同的实证分析》，《山东省社会主义学院学报》2019年第4期。

睢纪刚：《科学把握和实施创新驱动发展战略》，《国家治理》2023年第12期。

孙彩红：《公务员考核的内容与标准——历史、现状与未来》，《地方政府管理》2001年第4期。

孙一平、谢晶：《深化职称制度改革背景下职称评聘模式研究》，《中国行政管理》2017 年第 10 期。

孙忠法：《枝秀花繁香愈馥——人才工程托举创新中国崛起》，《中国人才》2018 年第 3 期。

田子俊：《中国高校教师职称评聘制度历史沿革》，《湖南科技学院学报》2006 年第 3 期。

汪继年：《公务员现代科技培训工作发展问题研究：学科与培训体系建设》，《成人教育》2010 年第 11 期。

王常青：《习近平创新驱动发展思想述要》，《岭南学刊》2017 年第 4 期。

王华、高学华：《适应社会主义市场经济　改革薪资分配制度》，《航海教育研究》1998 年第 1 期。

王珂：《当代中国专区制度研究——以许昌专区为例》，中共中央党校博士学位论文，2011。

王蕾：《新时期干部队伍"四化"方针的形成》，《当代中国史研究》2016 年第 2 期。

王新岭：《邓小平对马克思主义科学技术论的建树》，《发展论坛》1998 年第 1 期。

王莹：《国务院政府特殊津贴选拔政策回顾与分析——以中国社会科学院为例》，《社会科学管理与评论》2007 年第 1 期。

王永钦：《三篇好文章三个里程碑——学习周恩来关于知识分子问题的三次讲话》，《教育研究》1997 年第 4 期。

王再进、徐治立、田德录：《中国科技创新政策价值取向与评估框架》，《中国科技论坛》2017 年第 3 期。

文兴吾：《当代中国的科学文化变革》，《经济体制改革》2000 年第 10 期。

闻增昌：《专业技术人员继续教育培训质量体系建设探究》，《陕西教育（高教）》2019 年第 5 期。

吴家睿：《新中国主要科技政策纪事（续）（1949—1989）》，《中国科技史料》1989 年第 4 期。

吴恺：《我国科技奖励制度研究》，武汉大学博士学位论文，2010。

吴荣秀、刘保峰：《再谈邓小平尊重知识尊重人才思想》，《求实》2006
年第 S1 期。

武志红：《中国公务员制度再发展研究——制度变迁理论视角》，华东
师范大学博士学位论文，2009。

肖艳：《我国普通高中教师工资制度改革研究》，华中师范大学硕士学
位论文，2010。

谢璐：《浅谈高校岗位绩效工资制度》，《经营管理者》2009 年第 9 期。

熊亮：《我国科研事业单位工资制度改革的趋势、脉络和建议》，《中国
行政管理》2019 年第 3 期。

修志君：《我国教育立法的回顾与展望》，《青岛大学师范学院学报》
1999 年第 4 期。

徐庆全：《建国后党对知识分子阶级属性认定的艰辛历程》，《湘潮》
2007 年第 5 期。

许士荣：《试析全球化视野下的我国博士后政策取向》，《黑龙江高教研
究》2010 年第 7 期。

薛建明：《中国共产党科技思想及其实践研究》，南京农业大学博士学
位论文，2007。

薛泽洲：《中国中部地区现代化发展战略研究》，中共中央党校博士学
位论文，2004。

杨宏波：《胡锦涛人才思想研究》，大连海事大学博士学位论文，2011。

杨火林：《1949—1954 年的中国政治体制》，中共中央党校博士学位论
文，2005。

杨丽凡：《发展科技的指导思想：从延安时期到建国初期》，《自然科学
史研究》2002 年第 1 期。

杨汝涛：《市场经济条件下职称制度改革研究》，《社会科学战线》2010
年第 12 期。

姚昆仑：《中国科学技术奖励制度研究》，中国科学技术大学博士学位论文，2007。

姚锐：《中国博士后制度发展——政策分析的视角》，南京大学博士学位论文，2011。

姚云：《中国博士后制度的发展与创新》，《教育研究》2006 年第 5 期。

叶溪生：《江泽民科技创新思想论》，《求索》2003 年第 5 期。

尹蔚民：《全面深化职称制度改革　充分发挥人才评价指挥棒作用》，《中国人才》2017 年第 6 期。

于飞：《建国 70 年中国科技人才政策演变与发展》，《中国高校科技》2019 年第 8 期。

于瑞丰：《苏联对科技人员是怎样管理的》，《人才研究》1987 年第 9 期。

于世梁：《邓小平科技创新思想简论》，《求实》2000 年第 8 期。

余兴安、苗月霞：《干部管理制度的百年历程与核心特质》，《国家治理现代化研究》2021 年第 2 期。

俞家栋：《让作出贡献的人才有成就感获得感》，《中国党政干部论坛》2017 年第 2 期。

俞家栋：《造就爱国奉献的优秀专技人才队伍》，《中国组织人事报》2019 年 3 月 4 日。

岳瑾明、姚明敏：《山西红色文化发展的历史进程探析》，《忻州师范学院学报》2020 年第 3 期。

曾敏：《从"两个科学规划"的制定看聂荣臻的科技发展战略思想》，《毛泽东思想研究》1998 年第 6 期。

张睦楚：《在探索中改革：我国博士后创新人才培养政策发展的历程》，《黑龙江高教研究》2017 年第 3 期。

张蕊：《新中国全国科技大会主题研究》，江西农业大学硕士学位论文，2014。

张婉茹：《新工资制度中的增资机制及其考核》，《咸阳师专学报》1994

年第 5 期。

张文成：《加快三支人才队伍建设，促进公司快速健康发展》，《价值工程》2015 年第 3 期。

张向东：《当代中国政府公共人才资源开发的战略与目标》，《沙洋师范高等专科学校学报》2009 年第 1 期。

张潇婧：《我国科技人才激励政策的问题与对策——基于政策内容维度的分析》，湖北大学硕士学位论文，2012。

赵福来、孙宝升：《军地工资制度比较及军队干部工资制度改革思路》，《军事经济研究》1999 年第 2 期。

赵世均：《略论邓小平的人才思想》，《江西社会科学》1997 年第 4 期。

赵苏阳：《学习型社会视野下继续教育的发展》，《现代企业教育》2013 年第 6 期。

赵向标、贾润莲：《邓小平提出"科学技术是第一生产力"思想的主体条件》，《甘肃理论学刊》1997 年第 2 期。

郑筱：《国家最高科学技术奖获得者的群体特征及成功因素研究》，合肥工业大学硕士学位论文，2021。

钟柯吉：《当代中国科技政策纪事（续）》，《科技进步与对策》1990 年第 2 期。

左希洋：《中国私立医院可持续发展政策框架研究》，华中科技大学博士学位论文，2008。

# 附　录

附表 1　国家最高科学技术奖获得者名单

| 年度 | 获奖人 | 科学院院士 | 工程院院士 |
|---|---|---|---|
| 2000 | 袁隆平 | | √ |
| | 吴文俊 | √ | |
| 2001 | 王选 | √ | √ |
| | 黄昆 | √ | |
| 2002 | 金怡濂 | | √ |
| 2003 | 刘东生 | √ | |
| | 王永志 | | √ |
| 2004 | 空缺 | | |
| 2005 | 叶笃正 | √ | |
| | 吴孟超 | √ | |
| 2006 | 李振声 | √ | |
| 2007 | 闵恩泽 | √ | √ |
| | 吴征镒 | √ | |
| 2008 | 王忠诚 | | √ |
| | 徐光宪 | √ | |
| 2009 | 谷超豪 | √ | |
| | 孙家栋 | √ | |
| 2010 | 师昌绪 | √ | √ |
| | 王振义 | | √ |
| 2011 | 吴良镛 | √ | √ |
| | 谢家麟 | √ | |

续表

| 年度 | 获奖人 | 科学院院士 | 工程院院士 |
|---|---|---|---|
| 2012 | 郑哲敏 | √ | √ |
| | 王小谟 | | √ |
| 2013 | 张存浩 | √ | |
| | 程开甲 | √ | |
| 2014 | 于敏 | √ | |
| 2015 | 空缺 | | |
| 2016 | 赵忠贤 | √ | |
| | 屠呦呦 | | |
| 2017 | 王泽山 | | √ |
| | 侯云德 | | √ |
| 2018 | 刘永坦 | √ | √ |
| | 钱七虎 | | √ |
| 2019 | 黄旭华 | | √ |
| | 曾庆存 | √ | |
| 2020 | 顾诵芬 | √ | √ |
| | 王大中 | √ | |
| 2024 | 李德仁 | | √ |
| | 薛其坤 | √ | |

附表 2　国家技术发明奖一等奖获奖项目信息（部分）①

| 获奖年份 | 第一完成人 | 获奖项目 | 第一完成单位 |
|---|---|---|---|
| 1979 | | 高钛型钒钛磁铁矿的高炉冶炼新技术 | 冶金部攀枝花钒钛磁铁矿高炉冶炼试验组 |
| 1981 | 庞居勤 | 高产稳产棉花新品种"鲁棉一号" | 山东省棉花研究所 |
| 1982 | 盛家廉 | 高产抗病甘薯品种"徐薯18" | 江苏省徐州地区农业科学研究所 |
| 1982 | | 橡胶树在北纬 18–24 度大面积种植技术 | 全国橡胶科研协作组 |
| 1982 | 景奉文 | 优良玉米自交系"330" | 丹东市农业科学研究所 |

---

① 《国家技术发明奖》，搜狗百科，http://baike.sogou.com。

| 获奖年份 | 第一完成人 | 获奖项目 | 第一完成单位 |
|---|---|---|---|
| 1982 | 陈惠波 | 二辊斜轧穿孔机斜轧曲线和复合线轧辊 | 太原重型机器厂 |
| 1983 | 工国栋 | 优良大豆品种铁丰13号 | 辽宁省铁岭地区农业科学研究所 |
| 1983 | 王汀华 | 利用原子能辐射引变育成水稻新品种"原丰早" | 浙江省农科院原子能利用研究所辐射育种研究组 |
| 1983 | 戴铭杰 | 棉花高抗枯萎病的抗源品种52-128、57-681 | 四川省农科院植保所 |
| 1983 | 沈荣显 | 马传染性贫血病驴白细胞弱毒疫苗 | 中国农科院哈尔滨兽医研究所 |
| 1983 | 方时杰 | 猪瘟兔化弱毒疫苗 | 中国兽药监察所 |
| 1984 | 潘际銮 | 新型MIG焊接电弧控制法（QH-ARC法） | 清华大学 |
| 1984 | 李竞雄 | 多抗性丰产玉米杂交种"中单二号" | 中国农科院作物所 |
| 1984 | 赵乃刚 | 河蟹繁殖的人工半咸水及其工业化育苗工艺 | 安徽省农牧渔业厅 |
| 1984 | 吴自良 | 甲种分离膜的制造技术 | 中国科学院冶金所 |
| 1984 | 茅于海 | 自适应和数字电可控非相参频率捷变雷达系统 | 清华大学 |
| 1984 | 高歌 | 沙丘驻涡（BD）火焰稳定器设计原理及方法 | 北京航空学院 |
| 1985 | 冯达仕 | 高产优质小麦品种"绵阳11号" | 四川省绵阳地区农科所 |
| 1985 | 于仲嘉 | 手或全手指缺失的再造技术 | 上海市第六人民医院 |
| 1985 | 李有泉 | 火**药模锻锤 | 320厂 |
| 1985 | 葛昌纯 | 乙种分离膜的制造技术 | 冶金部钢铁研究总院 |
| 1985 | 李振声 | 远缘杂交小麦新品种"小堰六号" | 西北植物研究所 |
| 1985 | 贾翠莹 | 甘蓝自交不亲和系的选育及其配制的七个系列新品种 | 中国农科院蔬菜所 |
| 1987 | 王菊珍 | 钨铈电极 | 上海灯泡厂 |
| 1988 | 何崇藩 | 坩埚下降法工业生产锗酸铋（BGO）大单晶方法 | 中国科学院上海硅酸盐研究所 |
| 1988 | 许东 | 一种新型的非线性光学材料--L精氨酸磷酸盐（LAP）晶体 | 山东大学晶体材料研究所 |
| 1988 | 罗家珂 | 白云鄂博中贫氧化矿浮选--选择性团聚选矿工艺 | 冶金部浮选一选择性团聚选矿试验组 |

| 获奖年份 | 第一完成人 | 获奖项目 | 第一完成单位 |
|---|---|---|---|
| 1988 | 周开达 | 籼亚种内品种间杂交培育雄性不育系及冈、D型杂交稻 | 四川农业大学 |
| 1990 | 邓蓉仙 | 疟疾治疗新药本芴醇及其亚油酸胶丸制剂 | 军事医学科学院微生物流行病研究所 |
| 1990 | 颜济 | 小麦高产、抗锈的优良种质资源"繁六"及姊妹系 | 四川农业大学小麦研究所 |
| 1990 | 谭联望 | 抗病高产优质棉花新品种中棉12 | 中国农科院棉花所 |
| 1991 | 陈创天 | 新型非线性光学晶体--三硼酸鲤（LiB305） | 中国科学院福建物质结构研究所 |
| 1995 | 李再婷 | 石油重质组分催化裂解（I型）制取低碳烯烃工艺及催化剂 | 中国石油化工总公司石油化工科学研究所 |
| 1997 | 李晴祺 | 冬小麦矮轩、多抗、高产新种质"矮孟牛"的创造及利用 | 山东农业大学 |
| 2004 | 黄伯云 | 高性能炭/炭航空制动材料的制备技术 | 中南大学 |
| 2004 | 张立同 | 耐高温长寿命抗氧化陶瓷基复合材料应用技术 | 西北工业大学 |
| 2005 | 宗保宁 | 非晶态合金催化剂和磁稳定床反应工艺的创新与集成 | 中国石化股份公司巴陵分公司 |
| 2006 | 谭久彬 | 超精密特种形状测量技术与装置 | 哈尔滨工业大学 |
| 2007 | 房建成 | 卫星新型姿控储能两用飞轮技术 | 北京航空航天大学 |
| 2008 | 郭东明 | 硬脆材料复杂曲面天线罩精密制造技术与装备 | 大连理工大学 |
| 2008 | 张广军 | 小型高精度CMOS天体敏感器技术 | 北京航空航天大学 |
| 2008 | 徐惠彬 | 宽温域耐腐蚀巨磁致伸缩材料及其应用 | 北京航空航天大学 |
| 2009 | 张军 | 空地协同的民航空域监视新技术及装备 | 北京航空航天大学 |
| 2009 | 管华诗 | 海洋特征寡糖的制备技术（糖库构建）与应用开发 | 中国海洋大学 |
| 2016 | 汪瑞军 | 高温/超高温涂层材料技术与装备 | |
| 2017 | 高翔 | 燃煤机组超低排放关键技术研发及应用 | 浙江大学 |

续表

| 获奖年份 | 第一完成人 | 获奖项目 | 第一完成单位 |
|---|---|---|---|
| 2017 | 贾振元 | 高性能碳纤维复合材料构件高质高效加工技术与装备 | 大连理工大学 |
| 2018 | 梅宏 | 云端融合系统的资源反射机制及高效互操作技术 | 北京大学 |
| 2018 | 何继善 | 大深度高精度广域电磁勘探技术与装备 | 中南大学 |
| 2019 | 张军 | 复杂机场高精度飞行校验技术及装备 | 北京航空航天大学 |
| 2020 | 高文 | 超高清视频多态基元编解码关键技术 | 北京大学 |
| 2024 | 路新春 | 集成电路化学机械抛光关键技术与装备 | 清华大学 |
| | 吴丰昌 | 京津冀地下水污染防治关键技术与应用 | 南方科技大学环境科学与工程学院 |

**附表3　获国家技术发明奖情况（部分公开）**

单位：项

| 年份 | | 获奖总项数 | 一等奖 | 二等奖 | 三等奖 | 四等奖 |
|---|---|---|---|---|---|---|
| 1979 | 全国授奖项数 | 43 | 1 | 12 | 24 | 6 |
| | 中国科学院获奖数 | 12 | 1 | 3 | 7 | 1 |
| 1980 | 全国授奖项数 | 109 | | 13 | 75 | 21 |
| | 中国科学院获奖数 | 22 | | 4 | 17 | 1 |
| 1981 | 全国授奖项数 | 123 | 3 | 10 | 56 | 54 |
| | 中国科学院获奖数 | 6 | | | 3 | 3 |
| 1982 | 全国授奖项数 | 153 | 4 | 17 | 68 | 64 |
| | 中国科学院获奖数 | 9 | | | 4 | 5 |
| 1983 | 全国授奖项数 | 212 | 5 | 18 | 108 | 81 |
| | 中国科学院获奖数 | 11 | | 2 | 8 | 1 |
| 1984 | 全国授奖项数 | 264 | 7 | 25 | 125 | 107 |
| | 中国科学院获奖数 | 15 | 1 | 3 | 8 | 3 |
| 1985 | 全国授奖项数 | 185 | 6 | 18 | 92 | 69 |
| | 中国科学院获奖数 | 6 | | | 4 | 2 |
| 1986 | 全国授奖项数 | 30 | | 3 | 12 | 15 |
| | 中国科学院获奖数 | | | | | |

| 年份 | | 获奖总项数 | 一等奖 | 二等奖 | 三等奖 | 四等奖 |
|---|---|---|---|---|---|---|
| 1987 | 全国授奖项数 | 225 | 1 | 24 | 96 | 104 |
| | 中国科学院获奖数 | 12 | | 1 | 9 | 2 |
| 1988 | 全国授奖项数 | 217 | 4 | 20 | 97 | 96 |
| | 中国科学院获奖数 | 12 | 1 | 2 | 6 | 3 |
| 1989 | 全国授奖项数 | 150 | | 14 | 67 | 69 |
| | 中国科学院获奖数 | 4 | | | 3 | 1 |
| 1990 | 全国授奖项数 | 224 | 3 | 15 | 113 | 93 |
| | 中国科学院获奖数 | 5 | | | 4 | 1 |
| 1991 | 全国授奖项数 | 209 | 1 | 12 | 92 | 104 |
| | 中国科学院获奖数 | 7 | 1 | 1 | 4 | 1 |
| 1992 | 全国授奖项数 | 170 | | 10 | 68 | 92 |
| | 中国科学院获奖数 | 5 | | 1 | 1 | 3 |
| 1993 | 全国授奖项数 | 175 | | 16 | 74 | 85 |
| | 中国科学院获奖数 | 5 | | 2 | 3 | |
| 1995 | 全国授奖项数 | 131 | 1 | 12 | 59 | 59 |
| | 中国科学院获奖数 | 4 | | 1 | 3 | |
| 1996 | 全国授奖项数 | 111 | 1 | 8 | 56 | 46 |
| | 中国科学院获奖数 | 9 | | 1 | 6 | 2 |
| 1997 | 全国授奖项数 | 100 | 1 | 13 | 46 | 40 |
| | 中国科学院获奖数 | | | | | |
| 1998 | 全国授奖项数 | 72 | | 10 | 30 | 32 |
| | 中国科学院获奖数 | 4 | | 1 | 1 | 2 |
| 1999 | 全国授奖项数 | 69 | | 13 | 38 | 18 |
| | 中国科学院获奖数 | 7 | | 2 | 4 | 1 |
| 2000 | 全国授奖项数 | 23 | | 23 | | |
| | 中国科学院获奖数 | 2 | | 2 | | |
| 2001 | 全国授奖项数 | 14 | | 14 | | |
| | 中国科学院获奖数 | 1 | | 1 | | |
| 2002 | 全国授奖项数 | 21 | | 21 | | |
| | 中国科学院获奖数 | 1 | | 1 | | |
| 2003 | 全国授奖项数 | 19 | | 19 | | |
| | 中国科学院获奖数 | 1 | | 1 | | |
| 2004 | 全国授奖项数 | 28 | 2 | 26 | | |
| | 中国科学院获奖数 | 1 | | 1 | | |

续表

| 年份 | | 获奖总项数 | 一等奖 | 二等奖 | 三等奖 | 四等奖 |
|---|---|---|---|---|---|---|
| 2005 | 全国授奖项数 | 40 | 1 | 39 | | |
| | 中国科学院获奖数 | 8 | | 8 | | |
| 2006 | 全国授奖项数 | 56 | 1 | 55 | | |
| | 中国科学院获奖数 | 5 | | 5 | | |
| 2007 | 全国授奖项数 | 51 | 1 | 50 | | |
| | 中国科学院获奖数 | 3 | | 3 | | |
| 2008 | 全国授奖项数 | 55 | 3 | 52 | | |
| | 中国科学院获奖数 | 3 | | 3 | | |
| 2009 | 全国授奖项数 | 55 | 2 | 53 | | |
| | 中国科学院获奖数 | 2 | | 2 | | |
| 2010 | 全国授奖项数 | 46 | 3 | 44 | | |
| | 中国科学院获奖数 | 2 | | 2 | | |
| 2011 | 全国授奖项数 | 55 | 2 | 53 | | |
| | 中国科学院获奖数 | 6 | | 6 | | |
| 2012 | 全国授奖项数 | 77 | 3 | 74 | | |
| | 中国科学院获奖数 | 7 | | 7 | | |
| 2013 | 全国授奖项数 | 71 | 2 | 69 | | |
| | 中国科学院获奖数 | 12 | | 12 | | |
| 2014 | 全国授奖项数 | 70 | 3 | 67 | | |
| | 中国科学院获奖数 | 5 | 1 | 4 | | |
| 2015 | 全国授奖项数 | 66 | 1 | 65 | | |
| | 中国科学院获奖数 | 3 | | 3 | | |
| 2016 | 全国授奖项数 | 66 | 3 | 63 | | |
| | 中国科学院获奖数 | 4 | 1 | 3 | | |

注：①1994年国家技术发明奖停评一年。②表中院获奖数是院直属单位为第一完成单位的获奖数。自2000年始国家技术发明奖分设一、二等奖，2003年增设特等奖。

# 致　谢

　　甲辰龙年冬月某夜，华灯初上，在京城海淀的某个角落，我落笔掩卷，合目沉思。数年时光转瞬即逝，回忆却像潮水般涌来……

　　2021 年 7 月 1 日，盛夏的北京城，烈日炎炎、蝉鸣阵阵，在举国欢庆中国共产党百岁华诞之际，我正式成为中国人事科学研究院一名新晋科研人员。初入育慧里 5 号，两侧松木挺拔、转角竹林掩映，一派生机勃勃之景；镌刻在图书室的院训——"进德修业、经世致用"，我默念数遍、深埋心底，与母校南京理工大学的校训——"进德修业、志道鼎新"何其相似，其中缘分妙不可言，从这一刻起，我的中国人事科学研究院职业生涯正式开始。

　　我虽然拿的是管理学博士学位，从事的是人事人才研究，但我是地地道道的工科生出身，因此一直以来对科技发展有着浓厚的兴趣。参加工作以后，出版一部与科技人才相关的著作，成为我的个人小目标之一，但是科技人才涉及概念之繁、门类之广、理论之多，让我千头万绪始终不得要领。一次偶然的机会，经院里推荐，我有幸参与了《科技评估人员能力评价规范》起草工作，从中了解到科技人员管理工作中的诸多细节，心中萌发了学习并研究科技人事管理制度的想法。后在一次与余兴安院长的深入交流中，他敏锐地指出，科技人员的人事管理制度研究是一块亟待填补的学术空白，该领域研究内容丰富、研究意义重大，是科研单位落实中央关于教育、科技、人才"三位一体"指示精神，聚焦主责主业的有效体现。于是，在余院长的

337

建议与指导下，在内生动力与外界压力的共同作用下，我开启了本书的写作历程。

书稿写作的过程是幸运的，一路走来得到了许许多多的恩师长辈、亲朋好友、同侪同仁，甚至陌生人的支持与帮助。从提笔开始写作，到即将付梓，时间已经匆匆走过一个完整的四季，说长不长，说短也不短，其间有苦亦有甜，有泪也有笑，但更多的是内心的感恩。首先，衷心感谢中国人事科学研究院余兴安院长循循善诱的教诲与不厌其烦的指导，以及对我从始至终坚定不移的信任！感谢分管副院长柳学智对我的肯定、鼓励与支持！感谢科研管理处黄梅处长与柏玉林老师在书稿写作过程中不厌其烦地辅导和督促，以及为推进书稿顺利出版所做的大量沟通、协调工作！感谢国外人力资源与国际合作研究室副主任王伊在整个过程中对我持续的鼓励与无私的帮助！感谢社会科学文献出版社编辑老师对本书严谨细致的审阅与一丝不苟的校对！感谢诸多科技人才与人事制度研究领域的著作为本书写作提供的重要参考！最后，我发自肺腑地对所有在成书过程中给予过关心、鼓励、支持与帮助的家人、朋友、同事们道一声真挚的感谢，你们，让我有勇气一路前行！

本书是我四年博士学业研究成果的继承，也是我三年多中国人事科学研究院认真工作的总结，更是我未来科研道路的起点！回首过去，感谢帮我打下科研基础的博士生导师冯俊文教授，谆谆教诲，言犹在耳，师恩厚重，此生感念；更感谢引领我进入人事人才研究领域的余兴安院长，品行高洁，言传身教，治学严谨，启迪人生。此刻，唯愿敬爱的两位老师永远身体健康，弟子致以最诚挚的谢意和最深沉的祝福！

古人云，滴水之恩，当涌泉相报，致敬在我人生道路上曾经给予我帮助的朋友们，此情此意，铭感五内，他日相聚，定当把酒言欢。路漫漫其修远兮，吾将上下而求索，科研之路雄关漫道，而我一直在路上。

吴雨晨

2024 年 12 月

于北京

# 中国人事科学研究院学术文库
# 已出版书目

《人才工作支撑创新驱动发展——评价、激励、能力建设与国际化》

《劳动力市场发展及测量》

《当代中国的行政改革》

《外国公职人员行为及道德准则》

《国家人才安全问题研究》

《可持续治理能力建设探索——国际行政科学学会暨国际行政院校联合会 2016 年联合大会论文集》

《澜湄国家人力资源开发合作研究》

《职称制度的历史与发展》

《强化公益属性的事业单位工资制度改革研究》

《人事制度改革与人才队伍建设（1978-2018）》

《人才创新创业生态系统案例研究》

《科研事业单位人事制度改革研究》

《哲学与公共行政》

《人力资源市场信息监测——逻辑、技术与策略》

《事业单位工资制度建构与实践探索》

《文献计量视角下的全球基础研究人才发展报告（2019）》

《职业社会学》

《职业管理制度研究》

《干部选拔任用制度发展历程与改革研究》

《人力资源开发法制建设研究》

《当代中国的退休制度》

《当代中国人事制度》

《中国人才政策环境比较分析（省域篇）》

《社会力量动员探索》

《中国人才政策环境比较分析（市域篇）》

《人才发展治理体系研究》

《英国文官制度文献选译》

《企业用工灵活化研究》

《外国公务员分类制度》

《中国福利制度发展解析》

《国有企业人事制度改革与发展》

《大学生实习中的权益保护》

《数字化转型与工作变革》

《乡村人力资源开发》

《高校毕业生就业制度的变迁》

《中国事业单位工资福利制度》

《中外职业分类概述》

《人力资源管理实践与创新：基于双元理论视角》

《海外及港澳台人才引进政策新动向分析》

《中国特色行政学：发展与创新》

《人才队伍建设实践与发展趋势研究》

《人才评价：理论·技术·制度》

《考核制度概论》

《人才研究重要命题辨析》

《人才队伍建设实践与发展趋势研究》

《绿色人力资源开发》

《新时代背景下人才发展若干问题研究》

**《新中国科技人事管理制度发展历程》**

**图书在版编目（CIP）数据**

新中国科技人事管理制度发展历程／吴雨晨著．
北京：社会科学文献出版社，2024.12. -- ISBN 978-7
-5228-4160-1

Ⅰ.G322

中国国家版本馆 CIP 数据核字第 2024HQ4567 号

**新中国科技人事管理制度发展历程**

著　　者／吴雨晨

出 版 人／冀祥德
责任编辑／宋　静
责任印制／王京美

出　　版／社会科学文献出版社·皮书分社（010）59367127
　　　　　地址：北京市北三环中路甲 29 号院华龙大厦　邮编：100029
　　　　　网址：www.ssap.com.cn
发　　行／社会科学文献出版社（010）59367028
印　　装／三河市尚艺印装有限公司

规　　格／开　本：787mm×1092mm　1/16
　　　　　印　张：21.75　字　数：333 千字
版　　次／2024 年 12 月第 1 版　2024 年 12 月第 1 次印刷
书　　号／ISBN 978-7-5228-4160-1
定　　价／128.00 元

读者服务电话：4008918866